压电致动的超精密柔性机构
设计及应用

卢 倩 著

本书的出版得到了国家自然科学基金项目（51805465，51375224）的资助。

科学出版社

北 京

内 容 简 介

本书面向光学精密工程，以柔性铰链的结构参数作为具体研究对象，探讨了基于柔性铰链的柔性精密机构的结构优化设计方法，研究了压电精密致动器的设计方法与技术应用，设计了多自由度串联和并联精密定位平台。全书内容涉及柔性机构设计方法学、压电智能结构静力学、并联机构运动学、动力学等方法理论，主要包括绪论、压电陶瓷材料概述、柔性压电精密致动器基础理论、柔性铰链参数化设计方法、柔性正交式压电精密致动器、柔性杠杆式压电精密致动器、柔性菱形压电精密致动器、柔性精密运动平台、压电致动的 3-DOF 串联精密定位平台、压电致动的 3-DOF 并联精密定位平台和压电精密致动技术应用展望等主要内容。

本书可作为压电材料、精密机械系统及并联机器人等方向的研究生、博士生、教科研人员及工程技术人员的参考书。

图书在版编目(CIP)数据

压电致动的超精密柔性机构设计及应用 / 卢倩著. —北京：科学出版社，2021.12

ISBN 978-7-03-070958-5

Ⅰ. ①压… Ⅱ. ①卢… Ⅲ. ①压电效应-应用-精密定位-柔性连杆机构-研究 Ⅳ. ①TH112.1

中国版本图书馆 CIP 数据核字（2021）第 260719 号

责任编辑：孙露露 王会明 / 责任校对：王 颖
责任印制：吕春珉 / 封面设计：东方人华平面设计部

科 学 出 版 社 出版
北京东黄城根北街 16 号
邮政编码：100717
http://www.sciencep.com
北京中科印刷有限公司 印刷
科学出版社发行 各地新华书店经销
*

2021 年 12 月第 一 版 开本：787×1092 1/16
2021 年 12 月第一次印刷 印张：12 3/4
字数：302 000
定价：118.00 元
（如有印装质量问题，我社负责调换〈中科〉）
销售部电话 010-62136230 编辑部电话 010-62138978-2010

序

在光通信技术的发展和广泛应用过程中,光波导器件的出现极大地推动了光学精密工程技术的发展。光波导技术的发展水平不仅关乎光通信产业等国民经济重要领域的发展,还是推动激光技术和光信息处理等尖端科技领域发展的重要技术支撑。在光波导器件的工艺发展中,首先需要解决的关键问题是如何提高光波导器件的封装精度,这也是该技术发展的必然趋势,而其技术瓶颈囿于如何提高光波导器件定位平台的定位精度。随着微纳米技术的不断发展与应用,许多应用领域,尤其是光学精密工程应用领域,对微纳米级定位平台提出了更严苛的性能指标,其中高精度、大行程工作区间和多自由度是衡量微纳米级定位平台性能最重要的指标。我国目前尚欠缺成熟商用化的多自由度精密定位平台,其中很多核心关键技术尚未完全自主掌握与实现。因此,多自由度精密定位平台的研究及商用化还有很长一段路要走。

本书以压电材料的压电效应作为切入点,面向光学精密工程,以光波导器件封装所需的多自由度精密定位平台为应用对象,在介绍了压电材料性能参数的基础上提出了柔性铰链结构参数化设计方法,分析了基于柔性铰链的柔性精密机构的结构优化设计方法,探讨了基于柔性铰链的压电精密致动器的设计方法,设计了多自由度串联精密定位平台和多自由度并联精密定位平台,研究了精密定位平台的拓扑结构设计方法。全书内容涉及柔性机构设计方法学、压电智能结构静力学、并联机构运动学、动力学,以及模糊优化设计方法、多参数灵敏度优化设计方法等方法理论,对基于压电精密致动器的多自由度光学精密定位平台系统的关键技术和科学问题进行了系统而深入的研究,取得了一些创新性的成果,具有重要的理论意义和工程应用价值。

全书研究内容丰富,原理叙述清楚,表达清晰,图表规范,表明作者掌握了本研究领域内坚实宽广的基础理论和系统深入的专业知识。当然,全书也略有遗憾,如未能深入研究多自由度定位平台的驱动控制方法,但这并不影响本书的科学性与可读性。本书是高等院校教师、硕博研究生及工程技术人员的重要阅读书籍。最后,欢迎读者对本书提出中肯的建议或有益的意见。

黄卫清

2021 年 11 月 11 日

前　言

随着微电子、精密制造、生物工程、航空航天工程等高新技术的飞速发展，精密机械系统的应用越来越广泛。随着微纳米技术的不断发展与应用，许多应用领域对微纳米级精密机构及精密系统提出了更多的性能指标，其中高分辨率、大行程区间及多自由度成为关键性能指标。在众多的功能材料中，压电陶瓷材料具有体积小、重量轻、精度和分辨率高、频响高、输出力大等优点，可以很好地作为微小位移的驱动元件，且压电陶瓷材料的作动原理决定了压电致动器理论上可以实现无限小的高分辨率和无限大的工作行程，因而基于压电陶瓷材料的精密致动机构已广泛应用于微纳米加工、MEMS（micro-electro-mechanical system，微机电系统）微装配、光纤精密校准和生物微操作等领域。

在光学精密工程领域，面向光波导封装领域的多自由度精密定位平台目前基本被国外企业垄断。为了实现微纳米级精密定位平台能够同时满足大行程和高精度要求，本书提出将压电精密致动器作为驱动元件，利用压电精密致动器直接驱动多自由度精密定位平台，简化系统控制方式。连续作动工作模式可实现大行程作动，而步进作动工作模式可实现高分辨率的精确致动。一套压电精密致动器即可在不同工作模式下实现工作台的宏动大行程与微动高精度两个关键性能指标。

本书面向压电致动的柔性精密机构，对柔性铰链机构、压电精密致动器、多自由度串联精密定位平台和多自由度并联精密定位平台等关键基础科学问题展开了理论和实验研究。本书获得的一些结论为提高光波导器件封装设备的精度提供了有效的解决方案，并为光学精密工程应用领域的相关核心技术发展提供了技术支撑，对于压电致动技术的发展和智能化应用也有重要的理论意义和工程应用价值。

本书不图在引用前人的理论和方法方面多而全，而力求内容能够新颖和切合实用。本书的内容多为作者近年来发表的一些研究及学习心得，并吸收了国内外同行的研究成果。在本书的研究和形成过程中，得到了黄卫清教授的悉心指导和帮助，相关研究得到了国家自然科学基金的资助，部分研究成果已发表于相关期刊及作者的博士论文中；在压电精密致动器的设计和实验方面，得到了陈西府教授、王寅教授的热心帮助；对于其他指导过作者，并对本书的研究和形成有帮助的人员，作者在此一并表示感谢。本书的出版得到了国家自然科学基金项目（51805465，51375224）及盐城工学院学术专著出版基金的资助。

由于时间仓促，加之作者本身水平有限，书中疏漏在所难免，欢迎广大读者指正。

目　　录

第1章 绪　　论

　　柔性机构的使用来源已久，人类使用柔性机构的历史可以追溯至远古时期。几千年前，人类就利用柔性机构做成弓、弩等工具。尽管人类使用柔性机构的历史悠久，但是真正对其进行科学系统的研究才仅有几百年的时间。柔性机构学的基础是虎克在1678年提出的弹性定理[1]，经历了近百年的发展后，麦克斯韦首次使用柔性机构实现了精密定位功能，进而产生了柔性精密机构。但是，柔性机构学理论研究却开端于20世纪。1965年Paros等首次系统分析了圆弧型缺口的柔性铰链的特性，直到20世纪80年代末期，终于在Purdue大学成立了专门的学科，开始对含有柔性部件的机构进行系统性研究。现代柔性机构学在20世纪末期才正式开端，柔性精密机构理论也随之不断发展完善。

　　柔性机构对比于传统的刚性机构，有其不可替代的特点[2]。刚性机构往往为了满足使用需求，会不断优化其刚度避免发生形变，因为形变会导致刚性系统发生难以预测的破坏，对整个刚性系统产生负面影响。随着科技发展应运而生的柔性精密机构，借助创新思维将机构的变形构件造成的影响从积极的方面利用起来，使得精密变形在一定条件下非但不会破坏系统，还能改善和提高机械系统的性能。柔性精密机构便是利用材料的多种形变，如弹性变形等传递或转换运动、力或能量，并将力或者能量以一个精准的可控的数值反映出来的新型机构[3]。柔性精密机构主要通过机构中的柔性单元的变形储存应变能、恢复释放应变能实现能量的传递，进而实现预定的运动状态和功能。相对于刚性机构及传统的柔性机构，柔性精密机构具有诸多优点，具体如下[4-6]：

　　1）在设计和制造方面实现一体化，使得整体结构向微型化、小型化、轻量化发展，降低或减小装配误差，提高机构的可靠性与准确性。在微机电系统（micro-electro-mechanical system，MEMS）技术领域，该优点为其快速高质量发展提供了一种技术方案。

　　2）无装配过程或者较少的装配，且间隙和摩擦在装配过程中不存在或者可以忽略，能够实现较高精度的重复运动和快速响应，在设计精密机械时得到广泛推广。

　　3）无磨损，几乎没有噪声，可以提高结构的使用寿命。没有磨损就无须考虑机械结构几何尺寸变化导致的失效破坏，只需考虑材料的疲劳极限，产品寿命一般高于其他类型机构。

　　4）无润滑，不需要润滑剂等化学用剂来加强其使用效果，保证了机械结构在相对稳定的工作环境下运行，设计理念绿色健康环保，可持续发展。

1.1　柔性精密机构概述

1.1.1　柔性精密机构应用领域

　　目前，随着微纳米技术的急速发展，国防、信息、生物、医疗、制造和材料等诸多领域的要求与指标不断优化，目前的微型机器人、精密工程、微电子和微操作等领域对精度的要求不断提高，精密度也成了衡量高新技术领域产品的主要指标，柔性精密机构的优点进一步显现[7]。柔性精密机构与现代先进的各种精密加工技术和快速成型技术及柔性材料等技术相结合，使得柔性精密机构在加工制造方面有了更大的技术保障和原料方面的支撑，为设计制造出具有高运动精度、高稳定性和高可靠性的柔性精密机构奠定坚实基础。因此，柔性精密机构的发展具有极大的理论研究前景和极大的潜在应用价值，对推进机械结构实现微型化和精密化具有积极意义。图 1.1 展示了柔性精密机构的主要应用领域。

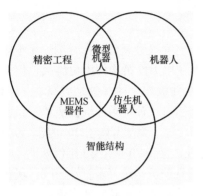

图 1.1 柔性精密机构的主要应用领域

柔性机构因具有运动精度高，方便一体化加工等方面的优势，从 20 世纪末期以来就得到各领域研究人员的重视。近年来，柔性精密机构在微定位、微操作、生物医疗等高精度领域发挥的作用越来越不可替代。传统刚性机构虽然稳定较好，但是其装配使用需要复杂的部件相配合，这使得刚性机构精密平台的分辨率始终无法突破 50nm，精度始终在 1nm 左右，其部件复杂累计误差多等因素也造成了这种研究瓶颈[8]。因此，发展有整体化设计制造优势的柔性机构，可以克服刚性运动副带来的误差，累积误差因其部件少而很小，柔性精密定位平台甚至可以将运动精度提高 1~3 个数量级。因此，柔性机构在精密定位平台、精密传动机构、超精密加工机床等领域被广泛应用[9]。

柔性机构在自身构件因外力发生形变时吸收并储存能量，因而在仿生机器人领域得到广泛应用。高精密度的柔性运动副为仿生机器人的设计提供了可靠的设计元件，柔性机构利用其一体成型的优势，在微小仿生领域得到越来越多的应用。柔性运动副的设计结合了仿生学，是具有巨大意义的全新设计理念，突破了人们对人体架构的有限理解，从工程角度重新审视对人体架构的设计。脊椎类动物骨骼与骨骼间的联结转动副以柔性铰链（韧带）作为设计原料，与传统平面转动副相比，该类转动副具有更好的人体工程性，并且具有轴心漂移特征。近年来，热门研究的灵长类动物的"灵巧手"也受到这种设计理念的影响，以柔性运动副为基础设计原料，已经可以完成相当丰富且复杂的动作。同时，柔性关节以及柔性驱动器的研发和应用，极大地提高了仿生机器人运动的灵活度。

图 1.2 和图 1.3 所示分别是基于柔性运动副设计的柔性仿生蝎和柔性仿生章鱼，利用柔性机构运动副能够实现类似蝎子与章鱼的运动特性与运动效果。

图 1.2 柔性仿生蝎

图 1.3 柔性仿生章鱼

柔性机构的弹性特性使其很容易与其他结构有机融合，从而与其他结构共同完成刚性机构不能完成的工作。因此，柔性机构在智能结构方面有着广阔的应用前景。将材料的功能特性与信息科学融合成一体集成的智能结构或智能系统，具有重量轻、能耗低、适应能力强的特点[10]。图 1.4 展示了利用新型材料，借助柔性机构设计实现的人工心脏及人工血管，其能够从根本上替代人体心脏和人体血管，完成人体心脏和人体血管的全部功能，从而挽救数以亿计的心脏病患者。目前，大、中口径的人工血管已经应用于临床并取得了令人满意的治疗效果。未来，基于柔性精密机构的智能结构，尤其是智能仿生结构拥有巨大的应用潜能，将在医疗康复领域大放异彩。

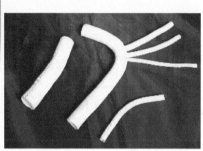

图 1.4　人工心脏及人工血管

1.1.2　柔性精密机构主要性能指标

柔性精密机构利用柔性运动副将各元件连接起来，在运动过程中并不存在元件之间的间隙、摩擦及磨损等情况。柔性精密机构比较适合应用在小变形领域，在 MEMS 和微定位领域有着广阔的应用前景。相比刚性机构，其构件的数量大大减少，重量更轻，加工、装配更简单。与刚性机构相比，柔性机构在结构和功能上的优势主要如下[11-13]：

1）结构简单，可整体化设计加工，可靠性高。

2）没有运动副间隙，可以实现高精度运动。

3）没有摩擦和磨损，噪声小。

4）不需要润滑，故不需要润滑系统，避免污染。

5）机构整体刚度改变，柔性构件可以减少冲击和振动，增强系统适应环境的能力。

6）柔性构件可以储存和转化能量，提高传动效率，改变原有运动缺陷。

鉴于上述优势，柔性精密机构在精密定位、精微操作等领域具有巨大的潜在应用价值。目前，大量学者对柔性精密机构进行了研究，在精密机构的设计与优化方面获得了较多的成果。在评价一个柔性精密机构的性能与质量特性的优劣时，通常采用的评价指标为柔性机构的运动行程、精度、刚度/柔度、强度与应力。下面具体分析柔性精密机构的主要性能评价指标[14-15]。

1. 运动行程

运动行程是柔性机构或柔性单元在其保持线弹性范围内的最大转动或移动范围，材质（许用应力）与几何形状决定其运动行程的大小。显然，柔性机构在运动过程中，在能回到原始位置的前提下所能达到的最大运动范围即为运动行程。运动行程并不是越大越好，一定要符合工程应用的要求。

2. 精度

绝大多数的柔性铰链会不可避免地出现轴心漂移（axis drift）的情况，这也是影响柔性铰链性能的一个非常重要的因素。实际上，柔性转动副在转动过程中，其转动中心并不是恒定不变的，而是随着转角的变化而发生偏移，这称为轴心漂移，如图 1.5 所示。对于柔性直线运动副同样也存在着类似情况，如平行四杆型柔性运动副在实际运动过程中，其上边杆会产生寄生运动（parasitic motion），如图 1.6 所示。显然，在产生相同变形的条件下，轴心漂移或寄生运动越小越好。

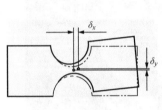
图 1.5　轴心漂移

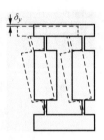
图 1.6　寄生运动

3. 刚度/柔度

根据材料力学知识可知，刚度是指在运动方向上产生单位位移时所需要的力的大小，这里所说的力是指广义力。柔度与刚度互逆，柔度是指在运动方向上施加单位力所产生的位移量。功能方向是柔性单元的主要运动方向，是其发挥作用的方向。柔性单元在其功能方向上具有较小的刚度，即意味着驱动时需要较小的力。因此，功能方向上的刚度越小越好。非功能方向是指柔性单元在运动时产生寄生运动的方向。寄生运动对柔性单元来说是消极的，会减小它的运动精度，造成较大的运动误差，严重影响柔性单元的运动性能。因此，柔性单元非功能方向上的刚度应足够大。

鉴于柔性单元本质上就是一个柔性梁，因此在分析柔性单元变形位移时不能仅考虑纯粹的弯曲变形，还要同时考虑拉压、扭转、剪切等其他形式的变形。

柔性铰链是典型的柔性单元，下面分析其在受力发生变形时的特性。柔性铰链一端固定，另一端受力，其空间受力变形如图 1.7 所示。其变形可以用空间柔度矩阵表示，方程如下[16]：

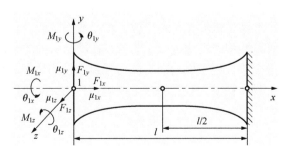
图 1.7　柔性铰链空间受力变形

$$C_1 \cdot F_1 = \mu_1 \tag{1-1}$$

式中：C_1——柔性铰链的柔度矩阵；

　　　F_1——柔性铰链节点 1 处的变形；

　　　μ_1——柔性铰链节点 1 处所受的广义力。

$$\mu_1 = [\mu_{1x},\ \mu_{1y},\ \mu_{1z},\ \theta_x,\ \theta_y,\ \theta_z]^T \tag{1-2}$$

$$F_1 = [\mu_x,\ \mu_y,\ \mu_z,\ M_x,\ M_y,\ M_z]^T \tag{1-3}$$

柔性铰链的柔度矩阵一般可写为[16]

$$C_1 = \begin{bmatrix}
C_{1x-F_x} & 0 & 0 & 0 & 0 & 0 \\
0 & C_{1y-F_y} & 0 & 0 & 0 & C_{1y-M_z} \\
0 & 0 & C_{1z-F_z} & 0 & C_{1z-M_y} & 0 \\
0 & 0 & 0 & C_{1\theta_x-M_x} & 0 & 0 \\
0 & 0 & C_{1\theta_y-F_z} & 0 & C_{1\theta_y-M_y} & 0 \\
0 & C_{1\theta_z-F_z} & 0 & 0 & 0 & C_{1\theta_z-M_z}
\end{bmatrix} \tag{1-4}$$

式（1-4）中的各元素可由卡氏第二定理求得[16]。

本书后续章节将深入探讨柔性铰链的柔度矩阵及其计算应用。

4. 强度与应力

在柔性精密机构的性能评价指标中，强度特性非常重要，因为强度反映的是承受载荷（或抵抗柔性元素失效）能力的大小，这使得任何柔性单元都有变形的极限，一般以达到屈服强度极限为标志。这有别于机构的刚度特性，刚度特性用来衡量机构在负载条件下的变形程度。另外，柔性单元在经过一定次数的运动循环后也会产生疲劳。疲劳寿命受很多因素共同影响，如表面粗糙度、缺口类型、应力水平等。在设计柔性机构的过程中，不能一味追求柔性行程而忽略机构本身的强度要求，尤其是承受交替往复运动特性的柔性机构，其强度应力往往是整个设计过程中的重要指标。

1.1.3　柔性精密机构技术瓶颈

柔性精密机构依靠自身的弹性变形实现精密致动，且没有摩擦和损失，因而被广泛应用于精密仪器仪表的设计中。柔性机构与传统的刚性机构相比，考虑到稳定性、精度、材料及经济性，显然柔性精密机构更可取，但目前柔性机构尚未实现大规模的应用与开发。究其原因，主要在于柔性精密机构技术难度高，不易掌握，且缺乏新型功能材料和高精度的加工技术。尽管在过去十几年里已经解决了柔性机构设计与制造过程中的基础问题，但是柔性精密机构的设计与规模化应用仍然存在技术瓶颈。

目前，对于柔性精密调整机构的设计主要有两种方法[17]：一种是以伪刚体模型法为理论，将柔性精密调整机构演化为刚性机构，并使用刚性机构已有的相关设计理论方法，通过优化计算得到所需的柔性精密调整机构；另一种是基于结构拓扑方法的柔性并联微动机构优化设计。在过去几十年里，众多专家学者研究和开发了

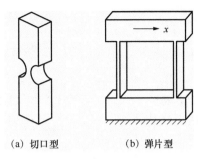

(a) 切口型　　　　(b) 弹片型

图 1.8　两种类型的柔性铰链

多种柔性铰链，但是大多是由两种类型演化出来的，即切口型柔性铰链和弹片型柔性铰链，如图 1.8 所示。

柔性转动副通过切口材料变形实现转动，驱动输入的扭矩会导致转动副切口转轴中心点偏离其铰链切口的几何中心，从而影响转动副的角位移精度。理想转动副应可以绕固定转动轴线转动；对于实际使用的柔性转动副，要让它做旋转运动，就必须施加扭矩。但纵然施加的扭矩很小，也会导致转动副轴线的改变，这就会影响柔性转动副的指向精密性。由于切口处不可避免地会有轴心漂移，因此只优化切口的形状并不能从根本上提高微动机构的精度。因此，柔性转动副因轴线漂移的存在，可实现的高精度的转动范围有限，有时不能满足现代高精度指向及定位设备的技术要求。如何解决柔性转动副的轴线漂移是现代柔性精密机构技术瓶颈的一部分。

从现有文献中可以看出，过去的研究主要集中在单轴和双轴柔性铰链上，其动机主要是由过去 20 年中平面纳米定位应用的巨大需求驱动的。传统上，凹口型柔性铰链由数控机床和电火花线切割加工制造，其中旋转柔性铰链在制造过程中很难在空间结构内保持整体性[18]。为了提高系统的带宽和响应速度，减少摩擦力对系统闭环特性的影响，负载支撑方式通常采用具有无摩擦、无空回、无须润滑等优点的柔性支撑方式。柔性支撑的结构形式包括柔性铰链、柔性平板和柔性轴等。与柔性平板和柔性轴相比，柔性铰链具有结构形式简单、转动中心有很好的稳定性等优点，常用于高精度场合[19]。柔性精密机构一般由多个柔性铰链组成，以提供多个方向的运动。所以，柔性铰链的精度代表着柔性机构的精度。柔性铰链材料的刚度和精度是重要的性能指标，但是刚度和精度是一对矛盾体，如果要增强刚度则必然会降低精度，如果需要提高精度则必然会降低机构刚度。因此，在实际应用中需要对柔性机构的刚度和精度进行合理的优化，才能达到最优应用效果。柔性机构经过短短几十年的发展，虽然实现了许多的应用，发展出许多相关的理论知识，但是其在设计、制造及应用方面尚有关键技术问题亟待解决[20-21]。

1）材料及加工方法的问题。柔性机构依靠自身材料的弹性变形实现运动和力的传递，但材料不可能无止限弹性变形。在重复的运动过程中，材料会受到不同程度的损伤；即使是相同的材料，不同形状的柔性机构，其产生的运动精度也会有很大的差别，这对于高精密位移平台是非常不利的因素。另外，柔性机构加工方法不同，得到的效果也不同，如光刻技术、SPM（scanning probe microscopy，扫描探针显微镜）技术。这些技术可以改变材料局部的弹性极限，从而影响柔性机构的强度和寿命。因此可以认为，选择什么样的材料及其加工技术对于柔性机构十分关键。

2）设计理论和分析方法不健全。目前大部分柔性机构的设计分析方法是基于刚体直接替换实现的，方法复杂且不易理解，因而很难规模化应用。尽管弹性变形分析理论较健全和成功，但是日常生活中柔性机构尺寸普遍偏大，由此造成柔性机构伴生运动十分明显，进而导致柔性机构的输出运动和输出精度不准确。虽然目前已经发展出多种分析和设计柔性机构的方法和理论,如伪刚体设计方法、动力学设计法等,但是柔性机构的规模化设计与应用还有很长的一段路要走。

3)刚柔耦合机构的研究需进一步完善。柔性机构不可能完全脱离构型机构和刚性部件而存在,在现实中都是刚性机构和柔性机构相互配合实现其特定的柔性功能。尽管传统的刚性机构的分析方法已经很成熟,但其并不适用于柔性机构;另外,柔性机构的分析方法也在不断完善,但同样不完全适用于刚性体和柔性体两者结合后形成的刚柔耦合机构。刚柔耦合机构中的耦合机制、变形影响机制等关键问题尚不清楚,需要进一步研究和完善相关理论模型与应用。

1.2 柔性精密机构研究进展与应用现状

1.2.1 研究进展

柔性精密机构由于其摩擦小、易于安装、间隙小、精度高而被广泛应用于各种精密机构中。对于柔性精密机构的研究,国内外学者做了相当多的工作,包括对柔性精密机构结构的优化设计、研究新型柔性精密机构的结构特性。针对柔性精密机构的结构设计方法主要包括运动学综合方法和连续体综合方法两种。

1. 运动学综合方法

运动学综合方法基于传统的刚体运动学,是设计柔性机构的主要方法。例如刚体替代法[伪刚体模型法(pseudo-rigid-body model)、结构矩阵法],其在设计分析时将柔性机构的形状和尺寸分开考虑。伪刚体模型法是将柔性机构模拟为传统的刚性机构,这开辟了在柔性机构设计中使用为刚体机构开发的设计和分析方法的可能性[22]。通过伪刚体模型法,柔性部件被建模为两个刚性连杆及中间连接的弹簧;更进一步地,移动可用拉伸弹簧表示,转动可用扭转弹簧表示,而弹簧的刚度用于表示柔性机构对运动的阻力。张展宁等[23]基于伪刚体模型法建立了柔性铰链的径向平移刚度模型,以此提高了回转柔性铰链的平移刚度和回转角度。杨毅等[24]利用伪刚体模型研究了柔性曲梁的弹性回复力和刚度特性,推导出了柔性曲梁的直线刚度表达式,改善了曲梁的刚度特性。šalinić等[25]利用为刚体模型法研究出一种在平面小变形情况下挠性铰链的伪刚体模型,用于平面柔性机构的准静态响应分析。Zheng 等[26]设计了一种新型柔性机构,给出了柔性连杆、中心链和悬臂梁的伪刚体模型。邱丽芳等[27]采用伪刚体模型法设计了一种具有提升功能的新型柔性铰链,这种新型铰链可以提升平板折展。他们通过有限元仿真分析,设计实验与仿真进行对比,验证了其有效性。Li 和 Wu[28]提出了一种 4PPPRR&PPPR 型空间平动柔性微定位平台,采用伪刚体模型法建立了平台小位移条件下的线性刚度模型,并建立了平台的动力学方程。

伪刚体模型法由于只考虑单一的结构参数,其准确性受到限制,并且在将其应用于设计之前需要进行合理的简化,存在一定局限性,因此有相当多的学者运用连续体综合方法对柔性精密机构展开研究。

2. 连续体综合方法

连续体综合方法在设计过程中需要考虑更多的参数,其常用的方法有变密度法、均匀化方法、基结构方法和水平集方法等，这些方法可以统称为拓扑优化法。由于拓扑优化法能够产生新型的结构形式，因此在新型柔性精密机构的结构设计方面被广泛应用。Zhang 和 Xu 等[29]通过采用基于旋量理论的自由度与约束空间拓扑法造出具有两移一转自由度且结构简单紧凑的四杆型柔性模块，并进一步设计了由同一模块组成的六支链6-PPPR 型大行程平台，通过将两对称支链的驱动端以刚性杆件连接来避免传动过程中被动副的压缩变形，从而减小了动平台的丢失运动。付永清和张宪民[30]提出一种基于无棋盘格约束的柔性机构拓扑优化设计方法，建立具有体积约束的拓扑优化模型，分析了拓扑优化结果中的棋盘格现象。赖俊豪等[31]针对空间柔性机构拓扑构型难以加工或加工成本过高的问题，提出一种可装配式空间柔性拓扑设计方法，为柔性机构精确建模与应用提供了切实可行的途径。赵立杰等[32]提出一种基于离散材料优化（discrete material optimization，DMO）法的复合材料机翼前缘柔性机构拓扑优化设计方法，将离散材料优化法与拓扑优化相结合，设计了一种机翼前缘柔性机构来实现其自适应连续变形。Li 等[33]基于几何拓扑优化框架内的平面柔性机构的设计问题，用拓扑优化法开发了一个集成模型来识别用于精确运动输出的最佳变形传递路径。与传统的拓扑优化方法相比，该方法在计算效率和数值鲁棒性方面具有更高的搜索复杂运动学行为的最优拓扑的能力。

　　连续体综合方法在设计中考虑的参数很多，设计过程较为复杂。针对传统柔性精密机构设计中存在的这些问题，研究者们又提出了一些新的设计方法，如约束设计法、FACT 综合法（事实综合法）、模块法、基于屈曲原理的设计方法等，以此弥补传统运动学综合方法和连续体综合方法的设计不足。

　　另外，根据柔性精密机构在运动时变形区域的不同，柔性机构又可分为分布式柔性机构和集中式柔性机构，如图 1.9 和图 1.10 所示。

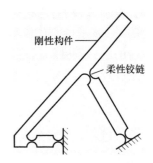

图 1.9　分布式柔性机构　　　　彩图 1.9　　　　图 1.10　集中式柔性机构

　　1）分布式柔性机构。分布式柔性机构一般指柔性体机构，是利用整体机构各部位的弹性变形实现运动的柔性机构。对于此类机构，由于其无相对固定的结构设计参数，因此设计分析难度较大，目前对于得到分布式柔性机构的研究大多集中在如何避免产生单点铰链问题上。刘敏等[34]利用最小化性能差法，即减小结构在输出端设置负载和不设置负载两种情况下的位移差值，来避免单点铰链。占金青等[35]采用全局应力约束的大变形柔性机构拓扑优化方法获得机构构型铰链区域，使柔度分布更加均匀，抑制了集中式柔度单节点铰链的出现，应力分布更加均匀。

2）集中式柔性机构。集中式柔性机构能够利用局部柔性变形实现对精密机构的控制，其中柔性铰链属于典型的集中式柔性机构，其将柔性铰链替代传统的运动副来连接刚性构件，并利用其弹性变形实现运动。国内外对柔性铰链的设计与计算开展了许多公式推导和研究工作。赵传森等[36]针对传统柔性铰链在行程、承载力性能方面的不足，利用一系列 LET（lamina emergent torsion，平板扭转）型柔性铰链串并联，采用独特的布置方式以增强柔性铰链的移动范围，在安全可靠的工作条件下实现大位移和大承载能力，并通过有限元仿真验证了新型柔性铰链设计的可行性。刘佳莉等[37]将折纸结构的折展、柔性特性和连杆机构的运动特性有机结合，提出了折叠式柔性铰链概念，以及具有预期运动性能的折叠式摆转铰链、扭转铰链及复合铰链的参数化设计方法，建立了刻画折叠角、摆转角/扭转角、保持扭矩间量化关系的静力学模型，为新概念柔性机构、可变形移动机器人、柔性驱动器/执行器等领域提供了全新的柔性铰链方案。李林等[38]利用柔性铰链设计了一种新型的像旋补偿机构，根据柔性单元的结构特性建立柔性单元的理论计算模型，通过有限元仿真计算多组不同结构参数的柔性单元的变形，根据理论模型分析柔性单元变形与各结构参量的关系，最终确定柔性单元的几何参数，并对其进行有限元仿真，仿真结果验证了理论计算模型的准确性。吴松航等[39]设计了一种应用于快速反射镜的椭圆弧柔性铰链，利用最小二乘法和积分思想推导了三个转动轴的转动柔度公式，基于改进的非支配排序遗传算法（non-dominated sorted genetic algorithm-Ⅱ，NSGA-Ⅱ）对三个转动轴进行了多目标优化设计，对 NSGA-Ⅱ算法所得最优解进行了有限元验证。该椭圆弧柔性铰链与以往的结构比具有更好的效果。Lu 等[40]为了解决传统平行定位平台高精度、大工作范围的内在矛盾，研究了一种基于优化柔性铰链的新型大工作范围平行精度平台，提出了新的结构参数 λ，并通过比较常用的柔性铰链分析其对旋转刚度的影响，总结了旋转精度的影响因素，并优化了大行程圆柱型柔性铰链，利用圆柱型柔性铰链构造了新颖的精密定位平台。实验结果表明，结构参数优化后的平台具有较高精度。Liu 等[41]利用拓扑优化法确定出最优的去除材料轮廓线，并按照该轮廓从柔性铰链的中间变截面部分切割出两个合适形状的切口，确保了柔性铰链的转动精度。

1.2.2　应用现状

由于柔性机构较之于传统的刚性机构具有可以整体化设计、无间隙、无摩擦、无磨损、无须润滑、便于能量储存和转化、可以抵抗冲击和恶劣环境等[42]优点，因此其在精密工程、仿生机器人、智能结构等领域得到了广泛应用。

在精密工程领域，柔性机构可以设计作为精密运动定位平台、超精密加工机床、精密传动装置、执行器、传感器等。张颖等[43]设计了图 1.11 所示的两种解耦式平面二自由度柔性定位平台，实验结果表明桥式外出型定位平台在 X 轴和 Y 轴上的位移放大比例分别为 5.39 和 5.51，工作空间为 346.1μm×357.2μm；桥式内出型定位平台在 X 轴和 Y 轴上的位移放大比例分别为 5.83 和 5.71，工作空间为 174.9μm×171.3μm。为了实现高质量的成像效果，Kim 等[44]设计了一款基于柔性铰链的自动聚焦模块，如图 1.12 所示，其行程可达 260～265μm，具有出色的动态稳定性。

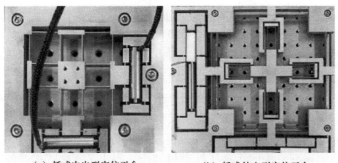

(a) 桥式内出型定位平台　　　　　　　　　(b) 桥式外出型定位平台

图 1.11　解耦式平面二自由度柔性定位平台

　　为解决微夹钳夹持行程较小问题，并满足大尺寸微小物体操作需求，周烁方等[45]设计了一种同时具备高位移放大率、大夹持行程和平动夹持等特点的新型柔性微夹钳，如图 1.13 所示。实验结果表明，该微夹钳最大夹持行程可达 882.3μm，放大率高达 24.5 倍。

图 1.12　镜头自动调焦模块

图 1.13　一种柔性微夹钳

　　在微电子、光电子元器件的精密对准、微装配或封装、生物工程及显微手术的微操作等应用场合，都对微操作机器人的自由度及运动精度提出了很高的要求。研究表明，柔性平台非常适合 MEMS/MOEMS 产品的操作及装配[46]。西安理工大学贺磊等[47]采用基于 V 形折叠簧片的高精度驱动器，替代封装压电陶瓷等价格昂贵的驱动器，设计了一种基于 V 形折叠簧片的高精度整体式柔性微位移平台。该平台可实现毫米级输入、微米级输出，其分辨率为 0.01μm，定位精度为 0.05μm。将其应用于 3A-S100 微细铣削机床上，可实现零件的位置微调。

　　在仿生机器人领域，柔性机构也发挥着越来越重要的作用。各种新型柔性关节及驱动器的开发大大改善了仿生机械及仿生机器人的灵活性与机动性，如多足机器人、蛇形臂等。魏铭辰等[48]设计了一种亚手掌尺度的双驱扑翼微飞行器，其采用一种柔性铰链球面四连杆机构，并进行了数值优化，提高了传动比和传动机构输出最大角，提升了传动机构输入/输出曲线线性度。李康康和陈巍巍[49]提出了一种基于预张力主动刚度柔性关节的大范围变刚度柔性仿生机器鱼，鱼体的主被动刚度解耦机构由硅胶柔性外壳和外壳内部的预张力主动刚度柔性关节组成，调节机器鱼变刚度关节的预张力，可使其达到最大游速、最大推力和最大摆幅。李岩等[50]在跳跃机器人刚柔混合模型的基础上提出了利用分布式柔性机构来实现机器人的脚部设计，柔性脚在着地时的变形可以储存能量，可以很大程度上增大系统弹性储能能力，降低能耗，提高能量使用效率。

在智能结构领域，柔性机构主要用来实现空间结构的精确定位、校正和拓扑保形，结构外形的自适应调节和拓扑变换，结构监测和寿命预测，减振降噪，储能等功能。吴大鸣等[51]基于柔性电极材料和微结构传感元件的压力传感器单元，并以传感器单元为基础设计了传感器阵列，将其应用于智能安全毯系统，实现了对有害人体危险源的判断和预警，有效地保证了车间安全。莫菲等[52]从智能导电材料入手，设计了一种智能服装柔性传感器，在日常穿着使用中即可实现人体生理信号的检测。

1.3 本书主要内容

在光学精密工程领域，面向光波导封装领域的多自由度精密定位平台目前基本被国外厂家所垄断。本书以压电材料的压电效应作为切入点，面向光学精密工程，以光波导器件封装所需的多自由度精密定位平台为应用对象，在压电材料性能参数的基础上，提出了柔性铰链结构参数化设计方法，分析了基于柔性铰链的柔性精密机构的结构优化设计方法，探讨了基于柔性铰链的压电精密致动器的设计方法，设计了多自由度串联精密定位平台和多自由度并联精密定位平台，研究了精密定位平台的拓扑结构设计方法。为了使微纳米级精密定位平台能够同时满足大行程和高精度的要求，本书提出将压电精密致动器作为驱动元件，利用压电精密致动器直接驱动多自由度精密定位平台，简化系统控制方式，连续作动工作模式可实现大行程作动，而步进作动工作模式可实现高分辨率的精确致动，一套压电精密致动器即可在不同工作模式下实现工作台的宏动大行程与微动高精度两个关键性能指标。

本书具体章节内容安排如下：

第 1 章为绪论，主要介绍柔性精密机构的概念、性能指标、技术瓶颈、研究进展及应用现状。

第 2 章为压电陶瓷材料概述，主要介绍压电材料及压电效应，分析了压电陶瓷材料的基本性能参数，讨论了压电振子的振动模式，在此基础上探讨了压电叠堆的结构与基本性能，并给出了基于压电叠堆的柔性作动系统的设计方案。

第 3 章为柔性压电精密致动器基础理论，主要介绍压电致动器的概念、特点与分类，探讨了压电致动器的发展与应用，从振动状态和作动机理两个方面分析了压电致动器的柔性致动原理。

第 4 章为柔性铰链参数化设计方法，提出了新的结构参数 ε 和柔度参数 λ，并分析了结构参数 ε 和柔度参数 λ 对常用柔性铰链输出性能的影响机理；在此基础上，研究了深切口椭圆型柔性铰链的刚度/柔度模型与结构参数灵敏度，给出了柔性铰链结构的参数化设计方法及模糊优化设计方法。

第 5 章为柔性正交式压电精密致动器，设计并研究了一种柔性正交式压电精密致动器，提出了定子结构和夹持预紧结构的结构优化设计方法，实验验证了该柔性精密致动器的步进作动分辨率和连续作动性能。

第6章为柔性杠杆式压电精密致动器，设计并研究了一种柔性杠杆式压电精密致动器，提出了定子结构和夹持预紧结构的结构优化设计方法，实验验证了该柔性精密致动器的步进作动分辨率和连续作动性能。

第7章为柔性菱形压电精密致动器，设计并研究了一种柔性菱形压电精密致动器，提出了定子结构和夹持预紧结构的结构优化设计方法，实验验证了该柔性精密致动器的步进作动分辨率和连续作动性能。

第8章为柔性精密运动平台，主要介绍柔性精密运动平台的发展、分类及其应用，重点分析讨论了一维直线精密运动平台和一维旋转精密运动平台。

第9章为压电致动的3-DOF串联精密定位平台，设计并研究了压电驱动的三自由度串联精密定位平台，给出了其结构设计方案，分析了其运动学和动力学特性，通过实验验证了该精密定位平台的定位精度与运动性能。

第10章为压电致动的3-DOF并联精密定位平台，设计并研究了压电驱动的三自由度并联精密定位平台，给出了其结构设计方案，分析了其运动学和动力学特性，通过实验验证了该精密定位平台的定位精度与运动性能。

第11章为压电精密致动技术应用展望，主要介绍了压电精密致动技术的应用展望，重点从微振动抑制和智能结构能量利用两个方面讨论了压电精密致动技术在柔性机构中的应用。

本书内容涉及柔性机构设计方法学、压电智能结构静力学、并联机构运动学、动力学，以及模糊优化设计方法、多参数灵敏度优化设计方法等方法理论，对基于压电精密致动器的多自由度光学精密定位平台系统的关键技术和科学问题进行了系统而深入的研究，取得了一些创新性的成果，具有重要的理论意义和工程应用价值。

参 考 文 献

[1] 于靖军，郝广波，陈贵敏，等. 柔性机构及其应用研究进展 [J]. 机械工程学报，2015，51（13）：53-68.

[2] 高平，张建峰. 柔性机构发展及展望 [J]. 中国设备工程，2021（5）：249-251.

[3] WANG P，XU Q. Design and modeling of constant-force mechanisms：A survey [J]. Mechanism and Machine Theory，2018（119）：1-21.

[4] 房善想，赵慧玲，张勤俭. 超声加工技术的应用现状及其发展趋势 [J]. 机械工程学报，2017，53（19）：36-46.

[5] 于靖军，毕树生，裴旭，等. 柔性机构的分析与综合 [M]. 北京：高等教育出版社，2018.

[6] 刘向阳. 悬丝约束微纳测头的变刚度机理及力学特性分析 [D]. 淮南：安徽理工大学，2019.

[7] MARCHESE A D，ONAL C D，RUS D. Autonomous soft robotic fish capable of escape maneuvers using fluidic elastomer actuators [J]. Soft Robotics，2014，1（1）：75-87.

[8] 于靖军，裴旭，毕树生，等. 柔性铰链机构设计方法的研究进展 [J]. 机械工程学报，2010，46（13）：2-13.

[9] HOWELL L，SPENCER P，OLSEN B M，et al. 柔顺机构设计理论与实例 [M]. 北京：高等教育出版社，2015.

[10] 张凯. 基于附加弹簧双滑块四杆机构的柔顺恒力机构构建与实验 [D]. 淮南：安徽理工大学，2020.

[11] 刘佳莉，许勇，张强强，等. 一种新型折叠式柔性铰链的柔顺性能设计 [J]. 机械设计与研究，2020，36（5）：44-49+53.

［12］席守治，赖磊捷. 波纹梁夹持型双平行四边形柔性机构性能分析 ［J］. 智能计算机与应用，2021，11（2）：190-194.

［13］ZELENIKA S，MUNTEANU M G，DE B F. Optimized flexural hinge shapes for microsystems and high-precision applications ［J］. Mechanism and Machine Theory，2009，44（10）：1826-1839.

［14］于霖冲. 柔性机构动态性能可靠性分析方法研究 ［J］. 机床与液压，2010，38（23）：141-143.

［15］刘垒. 柔性微传动机构特性分析及评价 ［D］. 重庆：重庆大学，2015.

［16］LOBONTIU N，PAINE J S N，O'MALLEY E，et al. Parabolic and hyperbolic flexure hinges：flexibility，motion precision and stress characterization based on compliance closed-form equations ［J］. Precision Engineering，2002，26（2）：183-192.

［17］谢俐，杨乐. 三平移全柔性并联机构多目标拓扑优化设计 ［J］. 机械设计与制造，2017（9）：193-196.

［18］WEI H，SHIRINZADEH B，TANG H，et al. Closed-form compliance equations for elliptic-revolute notch type multiple-axis flexure hinges ［J］. Mechanism and Machine Theory，2021（156）：104-154.

［19］王姝歆，陈国平，周建华，等. 复合型柔性铰链机构特性及其应用研究 ［J］. 光学精密工程，2005，13（S1）：91-97.

［20］GRÄSER P，LINß S，HARFENSTELLER F，et al. High-precision and large-stroke XY micropositioning stage based on serially arranged compliant mechanisms with flexure hinges ［J］. Precision Engineering，2021，72（6）：469-479.

［21］JUNG J，NGUYEN V S，LEE D，et al. A single motor-driven focusing mechanism with flexure hinges for small satellite optical systems ［J］. Applied Sciences，2020，10（20）：70-87.

［22］LI J，CHEN G. A general approach for generating kinetostatic models for planar flexure-based compliant mechanisms using matrix representation ［J］. Mechanism and Machine Theory，2018（129）：131-147.

［23］张展宁，张静，寇子明. 一种双层回转柔性铰链的设计 ［J］. 机械传动，2019，43（7）：79-83.

［24］杨毅，鹿碧洲，李小毛，等. 一种 2 自由度柔顺移动并联机构研究及其在对接装置上应用 ［J］. 机械工程学报，2019，55（11）：114-122.

［25］ŠALINIĆ S，NIKOLIĆ A. A new pseudo-rigid-body model approach for modeling the quasi-static response of planar flexure-hinge mechanisms ［J］. Mechanism and Machine Theory，2018（124）：150-161.

［26］ZHENG Y，YANG Y，WU R，et al. Dynamic analysis of a hybrid compliant mechanism with flexible central chain and cantilever beam ［J］. Mechanism and Machine Theory，2021（155）：104095.

［27］邱丽芳，陈明坤，冷迎春，等. 具有提升功能的新型柔性铰链设计 ［J］. 哈尔滨工程大学学报，2018，39（8）：1389-1394.

［28］LI Y，WU Z. Design，analysis and simulation of a novel 3-DOF translational micromanipulator based on the PRB model ［J］. Mechanism and Machine Theory，2016（100）：235-258.

［29］ZHANG X，XU Q. Design，fabrication and testing of a novel symmetrical 3-DOF large-stroke parallel micro/nano-positioning stage ［J］. Robotics and Computer Integrated Manufacturing，2018（54）：162-172.

［30］付永清，张宪民. 基于无棋盘格约束的柔顺机构拓扑优化方法 ［J］. 机械设计与研究，2017，33（3）：50-53.

［31］赖俊豪，朱大昌，占旺虎，等. 可装配式空间三平移柔顺机构拓扑构型研究 ［J］. 机械设计，2020，37（8）：41-49.

［32］赵立杰，李凯，常莹莹，等. 复合材料机翼前缘柔性机构拓扑优化设计 ［J］. 机械设计与制造，2020（9）：75-79.

［33］LI B，DING S，GUO S，et al. A novel isogeometric topology optimization framework for planar compliant mechanisms［J］．Applied Mathematical Modelling，2021（92）：931-950.

［34］刘敏，占金青，朱本亮，等．面向单向输入力的柔顺正交位移放大机构拓扑构型设计［J］．中国科学：技术科学，2019，49（5）：579-588.

［35］占金青，刘天舒，刘敏，等．考虑疲劳性能的柔顺机构拓扑优化设计［J］．机械工程学报，2021，57（3）：59-68.

［36］赵传森，许勇，张强强，等．新型大行程高承载力的柔性铰链设计［J］．轻工机械，2021，39（1）：17-22.

［37］刘佳莉，许勇，张强强，等．一种新型折叠式柔性铰链的柔顺性能设计［J］．机械设计与研究，2020，36（5）：44-49.

［38］李林，颜昌翔，田海英，等．基于柔性铰链的像旋补偿机构设计与分析［J］．济南大学学报（自然科学版），2021，35（2）：95-101.

［39］吴松航，董吉洪，徐抒岩，等．快速反射镜椭圆弧柔性铰链多目标优化设计［J］．红外与激光工程，2021，50（4）：187-195.

［40］LU Q，CHEN X，ZHENG L，et al. A novel parallel precision stage with large working range based on structural parameters of flexible hinges［J］．International Journal of Precision Engineering and Manufacturing，2020，21（3）：483-490.

［41］LIU M，ZHANG X，FATIKOW S. Design and analysis of a multi-notched flexure hinge for compliant mechanisms［J］．Precision Engineering，2017（48）：292-304.

［42］于靖军，郝广波，陈贵敏，等．柔性机构及其应用研究进展［J］．机械工程学报，2015，51（13）：53-68.

［43］张颖，赵建国，沈鑫．Delta 并联机器人的运动学分析及虚拟样机仿真［J］．计量与测试技术，2019，46（11）：20-24.

［44］KIM C，SONG M，KIM Y，et al. Design of an auto-focusing actuator with a flexure-based compliant mechanism for mobile imaging devices［J］．Microsystem Technologies，2013，19（9-10）：1633-1644.

［45］周烁方，赵世瑾，康升征，等．高放大率柔性微夹钳的优化设计与分析［J］．机械设计与制造工程，2021，50（1）：5-11.

［46］于靖军，宗光华，毕树生．全柔性机构与 MEMS［J］．光学精密工程，2001，9（1）：1-5.

［47］贺磊，吉晓民，杨先海，等．并联 Roberts 柔性机构及其微定位平台的结构与位移分析［J］．机械强度，2015，37（6）：1057-1063.

［48］魏铭辰，张卫平，王晨阳，等．基于智能复合微结构的亚手掌尺度压电双驱扑翼微飞行器的研究［J］．压电与声光，2020，42（3）：326-329.

［49］李康康，陈巍巍．扑翼的变刚度设计及其对升力和推力的影响［J］．航空学报，2020，41（11）：418-427.

［50］李岩，葛文杰，寇鑫．仿袋鼠机器人分布式柔性脚的设计与研究［J］．机械设计，2013，30（2）：18-24.

［51］吴大鸣，李哲，黄尧，等．微结构构筑方式对柔性传感器性能的影响［J］．塑料，2020，49（4）：16-19.

［52］莫菲，陈慰来，万林焰，等．剪切角度对熔纺氨纶织物脱散性能的影响［J］．浙江理工大学学报（自然科学版），2016，35（5）：659-662.

第2章 压电陶瓷材料概述

压电材料是指受到压力作用时会在两端面间产生电压的晶体材料。压电现象是 100 多年前居里兄弟研究石英时发现的。压电效应的基本原理如下：如果对压电材料施加压力，它便会产生电位差（称为正压电效应）；反之施加电压，则会产生机械应力（称为逆压电效应）。如果压力是一种高频震动，则产生的就是高频电流。高频电信号加在压电陶瓷上时，则产生高频声信号（机械震动），这就是我们平常所说的超声波信号。压电效应原理如图 2.1 所示。

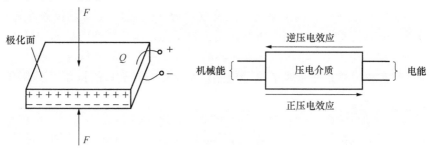

图 2.1 压电效应原理

压电陶瓷是一类具有压电特性的电子陶瓷材料，其与典型的不包含铁电成分的压电石英晶体的主要区别如下[1]：构成其主要成分的晶相都是具有铁电性的晶粒。由于陶瓷是晶粒随机取向的多晶聚集体，因此其中各个铁电晶粒的自发极化矢量也是混乱取向的。为了使陶瓷能表现出宏观的压电特性，就必须在压电陶瓷烧成并于端面被复电极之后，将其置于强直流电场下进行极化处理，以使原来混乱取向的各自发极化矢量沿电场方向择优取向[1]。经过极化处理后的压电陶瓷在电场取消后，会保留一定的宏观剩余极化强度，从而使陶瓷具有一定的压电性质。

压电材料一般指压电单晶体，是指按晶体空间点阵长程有序生长而成的晶体。这种晶体结构无对称中心，因此具有压电性，如水晶（石英晶体）、镓酸锂、锗酸锂、锗酸钛及钽酸锂等。相比较而言，压电陶瓷压电性强，介电常数高，可以加工成任意形状，但机械品质因子较低，电损耗较大，稳定性差[2]，因而适合于大功率换能器和宽带滤波器等应用，但对高频、高稳定应用不理想。石英等压电单晶压电性弱，介电常数很低，受切型限制，存在尺寸局限，但稳定性很高，机械品质因子高[2]，多用来作标准频率控制的振子、高选择性（多属高频狭带通）的滤波器及高频、高温超声换能器等。

2.1 压电陶瓷材料的应用

2.1.1 压电式加速度传感器

压电式加速度传感器如图 2.2 所示。传感器一般由两块压电晶片组成。在压电晶片

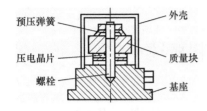

图 2.2 压电式加速度传感器

的两个表面上镀有电极,并引出引线。在压电晶片上放置一个质量块,质量块一般采用比较大的金属钨或高相对密度的合金制成。用一硬弹簧或螺栓、螺帽对质量块预加载荷,整个组件装在一个厚基座的金属壳体中[3]。为了避免试件的任何应变传送到压电元件上去产生假信号输出,一般要加厚基座或选用刚度较大的材料制造基座,壳体和基座的质量大约占传感器质量的一半。

测量时,将传感器基座与试件刚性地固定在一起。当传感器受振动力作用时,由于基座和质量块的刚度相当大,而质量块的质量相对较小,因此可以认为质量块的惯性很小。因此,质量块经受到与基座相同的运动,并受到与加速度方向相反的惯性力的作用。这样,质量块就有一正比于加速度的应变力作用在压电晶片上[3]。由于压电晶片具有压电效应,因此在它的两个表面上就会产生交变电荷(电压)。当加速度频率远低于传感器的固有频率时,传感器的输出电压与作用力呈正比,即与试件的加速度呈正比,输出电量由传感器输出端引出,输入前置放大器后就可以用普通的测量仪器测试出试件的加速度。如果在放大器中加进适当的积分电路,就可以测试试件的振动速度或位移。

2.1.2 超声波传感器

超声波传感器包括超声波发射器、超声波接收器、定时电路和控制电路四个主要部分。它的工作原理(图 2.3)大致如下:首先由超声波发射器向被测物体方向发射脉冲式的超声波。超声波发射器发出一连串超声波后即自行关闭,停止发射;同时,超声波接收器开始检测回声信号,定时电路也开始计时。当超声波遇到物体后,就被反射回来。等到超声波接收器收到回声信号后,定时电路停止计时,此时定时电路记录的时间是从发射超声波开始到收到回声波信号的传播时间。

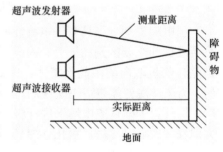

图 2.3 超声波传感器工作原理简图

利用传播时间值,可以换算出被测物体到超声波传感器之间的距离。该换算公式很简单,即超声波传播时间的一半与超声波在介质中传播速度的乘积。超声波传感器整个工作过程都是在控制电路控制下顺序进行的。

2.1.3 压电灵巧手

如果说压电式加速度传感器和超声波传感器应用得比较成熟,那么压电灵巧手则是目前前沿和复杂的应用技术之一。

传统的采用电动机驱动机器人关节的刚性驱动相对于经典的位置控制有更高的带宽和稳定性,但刚性驱动所带来的系统柔性不足、控制精度偏低等问题同样不可避免。另外,在生物医疗器械、光学精密定位等领域所需的机械手爪有其特殊的性能需求,如应用于生物医疗领域中的多指机械手手术刀不仅要求高精度,而且还要求具有较高的柔性及响应实时性,以确保手术过程的安全性;应用于光学精密定位领域中的多指机械手夹持平台对系统定位精度、柔顺度及动态响应特性都具有很高的要求,以此适应不同抓取目标的形状、物理特性及生物特性。传统技术采用电磁电动机经丝杠驱动多自由度机械手运动，由于传动链较长，致使系统刚度低，响应慢；另外，系统精度在电磁驱动方式下难以进一步提升，只能依靠其他驱动方式进行更高精度的补偿，这使得系统对致动器的控制难度增加。因此机械手爪的柔性驱动相关研究越来越多。机械灵巧手的刚性驱动关节和压电柔性驱动关节分别如图 2.4 和图 2.5 所示。

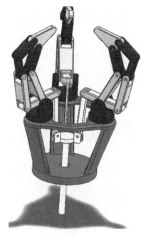

图 2.4　刚性驱动关节[4]　　　　　　　　　图 2.5　压电柔性驱动关节[5]

　　表 2.1 为各类柔性驱动方式的主要性能特点对比。从表 2.1 中可以发现，压电陶瓷材料具有精度和分辨率高、复杂度简单、频响高、输出力大、稳定性好[6-7]等优点，可以很好地作为微小位移的驱动元件。压电陶瓷元件目前主要应用在精密光学干涉仪、生物显微镜载物台等，在微型机器人的应用上也越来越为科研工作者所重视。压电灵巧手依靠压电陶瓷材料的高频特性和复杂驱动控制逻辑，最终目的是实现类似人手抓取的功能。

表 2.1　各类柔性驱动方式的主要性能特点对比

驱动方式	控制精度	控制复杂度	响应实时性	输出抓取力	系统稳定性
可压缩气/液体	差	简单	差	较大	差
气动人工肌肉	差	稍复杂	较差	偏小	较好
钢丝绳（柔索）挠性驱动	较好	简单	较差	偏小	较好
形状记忆合金驱动	好	较复杂	好	较大	好
生物肌电驱动	好	复杂	好	较大	较好
压电陶瓷材料驱动	好	简单	好	较大	好

2.2　压电陶瓷的基本性能参数

2.2.1　介电常数

　　在外部电场作用下，压电陶瓷材料在极化方向上会产生感应电荷，使原来的电场被削弱。在相同的原电场中，某一介质中的电容率 ε 与真空中的电容率 ε_0 的比值即为相对介电常数，通常用 ε_r 表示，其公式如下[8]：

$$\varepsilon_r = \frac{\varepsilon}{\varepsilon_0} \left(\varepsilon = \frac{Ct}{A} \right) \tag{2-1}$$

式中：C——电容量；

　　　A——电极面积；

　　　t——电极间距。

压电陶瓷极化处理后为各向异性的晶体，极化后的压电陶瓷的介电常数矩阵可写为[8]

$$\boldsymbol{\varepsilon} = \begin{bmatrix} \varepsilon_{11} & 0 & 0 \\ 0 & \varepsilon_{11} & 0 \\ 0 & 0 & \varepsilon_{33} \end{bmatrix} \quad (z\ 向极化) \tag{2-2}$$

$$\boldsymbol{\varepsilon} = \begin{bmatrix} \varepsilon_{11} & 0 & 0 \\ 0 & \varepsilon_{33} & 0 \\ 0 & 0 & \varepsilon_{11} \end{bmatrix} \quad (y\ 向极化) \tag{2-3}$$

$$\boldsymbol{\varepsilon} = \begin{bmatrix} \varepsilon_{33} & 0 & 0 \\ 0 & \varepsilon_{11} & 0 \\ 0 & 0 & \varepsilon_{11} \end{bmatrix} \quad (x\ 向极化) \tag{2-4}$$

压电效应使得压电陶瓷材料的介电常数随着外界载荷状态的不同而改变，通常用 ε^T 表示自由状态下压电陶瓷的介电常数，用 ε^S 表示加载状态下压电陶瓷的介电常数。因此，极化后的压电陶瓷具有四个介电常数：ε_{11}^T、ε_{33}^T、ε_{11}^S、ε_{33}^S。

2.2.2　压电常数

压电材料的性能参数常常用压电常数表征。假设压电陶瓷受到外部作用力为 F，在其相应表面上产生表面电荷 Q，则力 F 与电荷 Q 之间存在如下关系[8]：

$$Q = d \cdot F \tag{2-5}$$

式中：d——压电常数。

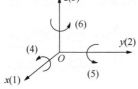

图 2.6　晶体坐标系

在图 2.6 所示的晶体坐标系中，当受到某方向外力作用时，不同晶体表面上的电荷积累是不同的。当用单位面积上的力和电荷表征压电效应时，可得到如下关系：

$$P_i^j = d_{ij} \cdot \sigma_j \tag{2-6}$$

式中：P_i^j——j 方向上受力时在 i 方向上积累的表面电荷密度，即沿 i 方向的极化强度；

　　　d_{ij}——压电常数，表征 j 方向受力、i 方向产生电荷的压电常数；

　　　σ_j——沿 j 方向施加外力时，单位面积上感受到的应力。

压电陶瓷的压电特性可以用以下压电常数矩阵表示[8]：

$$\begin{bmatrix} d_{11} & d_{12} & d_{13} & d_{14} & d_{15} & d_{16} \\ d_{21} & d_{22} & d_{23} & d_{24} & d_{25} & d_{26} \\ d_{31} & d_{32} & d_{33} & d_{34} & d_{35} & d_{36} \end{bmatrix} \tag{2-7}$$

另外，根据自变量或者边界条件的不同，压电陶瓷共有 d、e、g、h 四组压电常数。其中，d_{ij} 为压电应变常数，e_{ij} 为压电应力常数，g_{ij} 为压电电压常数，h_{ij} 为压电劲度常数。上述四组压电常数的定义可用如下一组公式表示[9]：

$$\begin{cases} d_{ij} = \left(\dfrac{\partial D_i}{\partial T_j} \right)_E = \left(\dfrac{\partial S_i}{\partial E_j} \right)_S \\[3mm] e_{ij} = \left(\dfrac{\partial D_i}{\partial S_j} \right)_E = \left(-\dfrac{\partial T_i}{\partial E_j} \right)_S \\[3mm] g_{ij} = \left(-\dfrac{\partial E_i}{\partial T_j} \right)_D = \left(\dfrac{\partial S_i}{\partial D_j} \right)_T \\[3mm] h_{ij} = \left(-\dfrac{\partial E_i}{\partial S_j} \right)_D = \left(\dfrac{\partial T_i}{\partial D_j} \right)_S \end{cases} \tag{2-8}$$

式中：D_i——电位移；S_i——机械应变；T_i——机械应力；E_i——电场强度；$i=1$，2，3；$j=1$，2，3，4，5，6。

极化后的压电陶瓷材料各向异性，共有四组压电常数：$d_{31}=d_{32}$，d_{33}，$d_{15}=d_{24}$；$e_{31}=e_{32}$，e_{33}，$e_{15}=e_{24}$；$g_{31}=g_{32}$，g_{33}，$g_{15}=g_{24}$；$h_{31}=h_{32}$，h_{33}，$h_{15}=h_{24}$。

一般工程手册中给出的压电应力常数矩阵形式如下[9]：

$$\boldsymbol{e} = \begin{bmatrix} 0 & 0 & e_{31} \\ 0 & 0 & e_{31} \\ 0 & 0 & e_{33} \\ 0 & e_{15} & 0 \\ e_{15} & 0 & 0 \\ 0 & 0 & 0 \end{bmatrix} \tag{2-9}$$

2.2.3　弹性常数

经极化后的压电陶瓷材料有五个独立的弹性柔度系数：s_{11}、s_{12}、s_{13}、s_{33}、s_{44}；五个独立的弹性刚度系数：c_{11}、c_{12}、c_{13}、c_{33}、c_{44}。由于压电陶瓷具有压电效应，因此在不同的电学条件下压电陶瓷的弹性系数也不同。在外电阻很小或电场强度为零的条件下测得的常数称为短路弹性柔度系数，记作 S^E；在外电阻很大或电位移为零时测得的常数称为开路弹性柔度系数，记作 S^D。因此，压电陶瓷共有 10 个弹性柔度系数（s_{11}^E，s_{12}^E，s_{13}^E，s_{33}^E，s_{44}^E，s_{11}^D，s_{12}^D，s_{13}^D，s_{33}^D，s_{44}^D）、10 个弹性刚度系数（c_{11}^E，c_{12}^E，c_{13}^E，c_{33}^E，c_{44}^E，c_{11}^D，c_{12}^D，c_{13}^D，c_{33}^D，c_{44}^D）。

一般工程手册中给出的压电陶瓷柔度和刚度矩阵如下[9]：

$$\begin{cases} s = \begin{bmatrix} s_{11} & s_{12} & s_{13} & 0 & 0 & 0 \\ s_{12} & s_{11} & s_{13} & 0 & 0 & 0 \\ s_{13} & s_{13} & s_{33} & 0 & 0 & 0 \\ 0 & 0 & 0 & s_{44} & 0 & 0 \\ 0 & 0 & 0 & 0 & s_{44} & 0 \\ 0 & 0 & 0 & 0 & 0 & 2(s_{11}-s_{12}) \end{bmatrix} \\[4pt] c = \begin{bmatrix} c_{11} & c_{12} & c_{13} & 0 & 0 & 0 \\ c_{12} & c_{11} & c_{13} & 0 & 0 & 0 \\ c_{13} & c_{13} & c_{33} & 0 & 0 & 0 \\ 0 & 0 & 0 & c_{44} & 0 & 0 \\ 0 & 0 & 0 & 0 & c_{44} & 0 \\ 0 & 0 & 0 & 0 & 0 & 2(c_{11}-c_{12}) \end{bmatrix} \end{cases} \tag{2-10}$$

2.2.4 机械品质因数

机械品质因数是压电陶瓷材料在一个振动周期内储存的机械能与损耗的机械能之比。根据压电陶瓷的等效电路，机械品质因数为[10]

$$Q_{\mathrm{m}} = \frac{1}{\omega_{\mathrm{s}} R_1 C_1} \tag{2-11}$$

式中：ω_{s}——串联谐振角频率；

R_1——等效电阻；

C_1——谐振时振子的等效电容。

假设振子的并联谐振角频率为 ω_{p}，振子的静电容为 C_0，则机械品质因数还可以表示为[10]

$$Q_{\mathrm{m}} = \frac{\omega_{\mathrm{p}}^2}{(\omega_{\mathrm{p}}^2 - \omega_{\mathrm{s}}^2)\omega_{\mathrm{s}} R_1 (c_0 + c_1)} = \frac{f_{\mathrm{p}}^2}{2\pi f_{\mathrm{s}} R_1 (C_0 + C_1)(f_{\mathrm{p}}^2 - f_{\mathrm{s}}^2)} \tag{2-12}$$

式中：f_{p}——并联谐振频率；

f_{s}——串联谐振频率。

当 $\Delta f = f_{\mathrm{p}} - f_{\mathrm{s}}$ 很小时，机械品质因数表达式可以简写为[10]

$$Q_{\mathrm{m}} = \frac{f_{\mathrm{p}}^2}{4\pi R_1 (C_0 + C_1)\Delta f} \tag{2-13}$$

2.2.5 机电耦合系数

机电耦合系数 K 表示压电陶瓷的电能和机械能间的耦合效应，定义如下[10]：

$$K = \frac{U_{\mathrm{I}}}{\sqrt{U_{\mathrm{M}} U_{\mathrm{E}}}} \tag{2-14}$$

式中：$U_I=(d_{ij}T_jE_i)/2$——压电陶瓷输出的能量密度；

$U_M=(sE_{ij}T_iT_j)/2$——压电陶瓷储存的机械能密度；

$U_E=(\varepsilon T_{ij}E_iE_j)/2$——压电陶瓷储存的电能密度。

机电耦合系数与各压电常数之间的关系可以表示为[10]

$$K_{ij}=\sqrt{\frac{1}{\varepsilon^T s^E}}d_{ij}=\sqrt{\frac{1}{\varepsilon^T c^E}}e_{ij}=\sqrt{\frac{\varepsilon^T}{s^E}}g_{ij}=\sqrt{\frac{\varepsilon^S}{c^D}}h_{ij} \tag{2-15}$$

式中：ε^T——应力恒定时的介电常数；

ε^S——应变恒定时的介电常数；

s^E——电场恒定时的弹性柔度系数；

c^E——电场恒定时的弹性刚度系数；

c^D——电位移恒定时的弹性刚度系数。

2.3 压电方程及压电振子的振动模式

2.3.1 压电方程

压电振子的压电方程应当充分考虑其电学边界条件和机械边界条件。电学边界条件包括短路、开路，机械边界条件包括机械自由、机械夹持。因此，根据上述不同的电学边界条件和不同的机械边界条件的组合，可以得到四类压电振子的压电方程，如表 2.2 所示[10]。

表 2.2 压电振子的四类压电方程

类别	边界条件	压电方程
第一类	机械自由：$T=0$，$S\neq0$ 电学短路：$E=0$，$D\neq0$	（d 型）$\begin{bmatrix}S_i\\D_m\end{bmatrix}=\begin{bmatrix}s_{ij}^E & d_{ni}\\d_{mj} & \varepsilon_{mn}^T\end{bmatrix}\begin{bmatrix}T_j\\E_n\end{bmatrix}$
第二类	机械夹持：$T\neq0$，$S=0$ 电学短路：$E=0$，$D\neq0$	（e 型）$\begin{bmatrix}T_j\\D_m\end{bmatrix}=\begin{bmatrix}-e_{nj} & c_{ji}^E\\\varepsilon_{mn}^S & e_{mj}\end{bmatrix}\begin{bmatrix}E_n\\S_i\end{bmatrix}$
第三类	机械自由：$T=0$，$S\neq0$ 电学开路：$E\neq0$，$D=0$	（g 型）$\begin{bmatrix}S_i\\E_n\end{bmatrix}=\begin{bmatrix}g_{mi} & s_{ij}^D\\\beta_{nm}^T & -g_{nj}\end{bmatrix}\begin{bmatrix}D_m\\T_j\end{bmatrix}$
第四类	机械夹持：$T\neq0$，$S=0$ 电学开路：$E\neq0$，$D=0$	（h 型）$\begin{bmatrix}T_j\\E_n\end{bmatrix}=\begin{bmatrix}c_{ji}^D & -h_{mj}\\-h_{ni} & \beta_{nm}^S\end{bmatrix}\begin{bmatrix}S_i\\D_m\end{bmatrix}$

注：$i=1$, 2, 3, 4, 5, 6；$j=1$, 2, 3, 4, 5, 6；$m=1$, 2, 3；$n=1$, 2, 3。

T_j—机械应力矢量；D_m—电位移矢量；S_i—机械应变矢量；E_n—电场强度矢量。

对于目前压电陶瓷材料普遍应用致动器设计而言，在给定的电场下压电振子产生的机械位移显然更为重要。由于一般电场参数已给定，因此通常选用表 2.2 中的第二类压电方程。

2.3.2 压电振子的振动模式

由于压电陶瓷具有逆压电效应，因此当交变电场按照不同方式施加于压电陶瓷时，可激发起多种振动模式。压电陶瓷的振动模式主要包括 LE（length expansion，长度扩展）模式、TE（thickness expansion，厚度膨胀）模式、FS（face shear，表面切变）模式和 TS（thickness shear，厚度剪切）模式四种类型，如图 2.7 所示。在这四种振动模式中，当其他条件相同时，LE 模式和 TE 模式为伸缩模式，变形较小；FS 模式和 TS 模式为剪切模式，变形较大。LE 模式和 TE 模式分别为垂直于电场方向的长度伸缩振动和平行于电场方向的厚度伸缩振动，FS 模式和 TS 模式分别为垂直于电场平面内的平面切变振动和平行于电场平面内的厚度切变振动[10]。

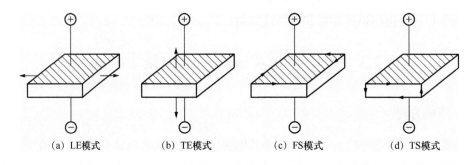

(a) LE模式　　(b) TE模式　　(c) FS模式　　(d) TS模式

图 2.7　压电振子的四种振动模式

由于晶体晶格的对称性，可能导致两种或多种模式相互耦合，这就会降低压电振子的效率，因此在压电振子的设计中应极力避免。另外，在设计压电致动器时，应合理设计或选择压电元件的形状和尺寸，以利于该振动模式的能量转换。

2.4　压电叠堆的结构与性能

2.4.1　压电叠堆的结构

压电叠堆实质上是利用机械结构串联、电学结构并联的原理，将多片压电陶瓷进行叠加。在电学结构上，将电容进行并联，采取相邻压电陶瓷片的极化方向相反的结构形式，原理上相当于弹簧串联和电容并联，这样每片压电陶瓷片的输出位移就会叠加，最终实现更大的输出位移[11]。图 2.8 所示是压电叠堆的构造原理及实物。

压电叠堆主要由多片压电陶瓷、绝缘体、内部电极及外部电极等几部分构成，多片压电陶瓷相互之间保证绝缘才能够叠加，并通过内部电极进行连接，最终通过外部电极输出。为了在减小施加电压的前提下增大输出位移，同时提高输出力学性能，在制作相同厚度的压电叠堆时最好采用厚度比较薄并且面积比较大的单片压电陶瓷[11]。

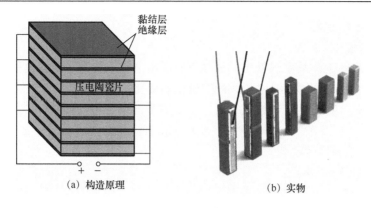

（a）构造原理 （b）实物

图 2.8 压电叠堆的构造原理及实物

2.4.2 压电叠堆的基本性能

2.4.2.1 机械性能

1. 最大载荷特性

压电陶瓷材料的机械强度通常只能够承受低于 250MPa 的压强,但是在实际应用中,压电陶瓷的承载压强应远小于上值,这是由于当承载压强达到 50～70MPa 时就非常容易引起压电陶瓷的退极化,同时还有可能引发压电陶瓷的破损甚至断裂。

反观压电叠堆,其承载能力就很强,如 PI 公司生产的标准压电叠堆就能够承受几千牛的力。但是,压电叠堆承受拉力载荷的能力非常差,在没有预压载荷作用的情况下,压电叠堆所能承受的极限拉力载荷仅为最大压力载荷的 5%～10%[12]。因此,将压电叠堆用于非共振式压电电动机动态驱动时,必须有预紧单元。另外,压电叠堆的抗剪能力同样较差,需要通过外部机构设计来消除压电叠堆可能存在的剪应力。

2. 刚度特性

压电叠堆的刚度特性是影响其输出力、共振频率、输出位移及系统响应性的重要因素。对于压电叠堆而言,固体力学中的刚度并不完全适用,需要针对信号大小、电极电路及运行状态等情况加以区分。压电叠堆的极化受驱动电压和外部作用力的双重影响,当外部作用力施加于极化后的压电叠堆时,压电叠堆的尺寸变化不仅取决于压电陶瓷的刚度,还会受到残余应变（由于极化状态改变引起）的影响。因此,当外部作用力和驱动信号都很小时,压电叠堆的刚度可近似为弹性常数,当外部作用力很大时,极化状态改变将对压电叠堆的刚度产生额外的影响。

另外,由于压电陶瓷材料是主动材料,当施加外部作用力时能够产生感应电荷,当电荷无法从压电材料中流出时,将会对外部作用力产生一种反向力,故压电元件的刚度在开路时会比短路时大一些[8,10]。因此,在动态测试压电叠堆的共振频率时,其结果并不完全符合单自由度谐振方程的计算结果。

综上所述,压电叠堆的刚度并非常数,其只能用来预估某些特定条件下的静态特性和动态特性,只有在某些定性判别或精度要求不高的场合可近似认为其刚度为常数。

2.4.2.2 电学性能

1. 电容特性

当压电叠堆的工作频率远低于共振频率时，压电叠堆就有了电容器的特征，且其电容会随着压电陶瓷的振幅、温度和载荷的变化而变化，施加载荷后最高可达无载荷时电容的 2 倍。但是，在小信号、低载荷时，压电叠堆的电容可近似认为[8]

$$C = n\varepsilon_0\varepsilon_{33}A/d_{\mathrm{s}} \tag{2-16}$$

式中：n——压电叠堆的层数；

ε_0——真空介电常数；

ε_{33}——相对介电常数；

A——电极表面积；

d_{s}——单层叠层的厚度。

对压电叠堆进行充电时，设激励电压为 U，则储存到压电叠堆中的能量为[8]

$$E = CU^2/2 \tag{2-17}$$

对于外部施加的电场而言，压电叠堆为容性负载，稳态下功耗极小。在不同工况下，压电叠堆可以认为是电容、电阻和电感的综合体，其中电感和电阻部分是耗能部分，而电容是储能部分。当压电叠堆在高频范围内工作时，其电感特性非常明显。因此，在激励信号频率很高时，必须设计高频放电回路，以增强压电叠堆的压电效应[10]。

2. 电流特性

压电叠堆具有多层压电陶瓷电学并联的特性，为高电容器件，因此驱动电压较低，需要的电流较高。其需要的电流 i 可以表示为[8,10]

$$i = C\frac{\mathrm{d}U}{\mathrm{d}t} \tag{2-18}$$

当采用正弦信号激励时，所需要的平均电流 i_{A} 可近似认为[8,10]

$$i_{\mathrm{A}} \approx fCU_{\mathrm{p\text{-}p}} \tag{2-19}$$

式中：f——驱动电压的频率；

$U_{\mathrm{p\text{-}p}}$——驱动电压的峰峰值。

此时所需的峰值电流 $i_{\max}$ 为[8,10]

$$i_{\max} \approx \pi fCU_{\mathrm{p\text{-}p}} \tag{2-20}$$

当采用三角波信号激励时，所需的最大电流与正弦激励相当，其作为最大输出波形时的最大工作频率 $f_{\max}$ 约为[8,10]

$$f_{\max} \approx i_{\max}/(2CU_{\mathrm{p\text{-}p}}) \tag{2-21}$$

3. 电压特性

压电叠堆是由被薄金属电极隔离的压电陶瓷片堆叠形成的，每个陶瓷片的厚度为 0.2～1mm，其最高操作电压与陶瓷片的厚度呈正比。与普通陶瓷片相比，压电叠堆的激励电压非常低。对于厚度相同的压电陶瓷片和压电叠堆而言，当它们的输出位移相同时，压电叠堆所需的激励电压仅为压电陶瓷片的 1/n。对压电陶瓷片而言，提高其输出位移就必然需要增加其厚度，其激励电压也会随着厚度的增加而迅速增高；相反，由于采用电学并联、机械串联的连接方式，因此压电叠堆的厚度增加能够提高其输出位移，但其激励电压不变。

2.4.2.3　输出特性

压电叠堆的输出特性直接影响压电作动系统的性能，其中最重要的两个输出特性分别是力输出特性和位移输出特性。

1. 力输出特性

压电致动器一般用于位移输出，但当与刚性元件刚性连接时，压电叠堆也能够产生输出力。其输出力来自对输出位移的限制，且最大输出力取决于最大输出位移和刚度，可以用公式表示为[10]

$$F_{max}=K_T \cdot \Delta L_0 \qquad (2\text{-}22)$$

式中：K_T——压电叠堆的弹性常数；

ΔL_0——最大名义输出位移。

理论上，对压电叠堆进行刚体限制时才会产生最大输出力，此时压电叠堆的输出位移为零。但是在实际应用中，载荷弹性系数可能比压电叠堆的弹性系数大，也可能较小，此时压电叠堆的有效输出力为[10]

$$F_{max\text{-}eff}=K_T \cdot \Delta L_0 \left[1-K_T/(K_T+K_S)\right] \qquad (2\text{-}23)$$

式中：K_S 为外部载荷的弹性常数。

2. 位移输出特性

在设计压电叠堆系统时，预紧弹簧的刚度应该小于压电叠堆刚度的 1/10，否则将导致较大的输出位移损失。另外，与其他致动器一样，当受到外力载荷时，压电叠堆也会产生压缩变形，施加外力的类型对其压缩变形和输出位移的影响不同。施加外力的类型可以分为恒定载荷和变载荷两种情况。下面分情况进行简要讨论。

（1）恒定载荷作用下的位移输出特性

当在压电叠堆上施加恒定载荷时，压电叠堆的输出位移会产生零点漂移现象，漂移的数值 $\Delta L_0 = F/K_T$。当外力在规定载荷极限范围内时，压电叠堆的最大输出位移保持不变。从图 2.9 可以看出，当直流电压作用于压电叠堆时，压电叠堆的输出位移与激励电压之间近似为线性关系。另外，压电叠堆的输出位移存在明显的滞后性，导致了位移/电压特性曲线中升程部分和回程部分路径不一致。压电叠堆的这一特性对其输出位移的精度影响较大，从而对基于压电叠堆的压电直线致动器的定位精度也有重要影响。

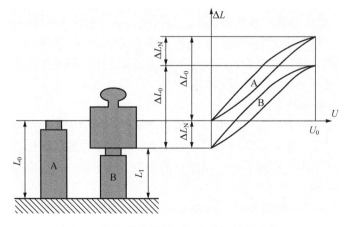

图 2.9　恒定载荷作用下压电叠堆的位移曲线

压电叠堆在其极化方向上的位移可由下式进行计算[8,10]：

$$E = U/t_0 \tag{2-24}$$

$$N = L_N/t_0 \tag{2-25}$$

$$\delta_1 = d_{33}U = t_0 d_{33}E \tag{2-26}$$

$$\delta_N = Nd_{33}U = Nt_0 d_{33}E = L_N d_{33}E \tag{2-27}$$

式中：δ_1——在极化方向上单片压电陶瓷的位移；

$\qquad$ δ_N——在极化方向上多层压电陶瓷的位移；

$\qquad$ d_{33}——压电陶瓷材料的压电应变系数；

$\qquad$ U——施加在压电陶瓷两个表面的电压；

$\qquad$ E——电场强度；

$\qquad$ t_0——单纯压电陶瓷片的厚度；

$\qquad$ N——压电叠堆的层数；

$\qquad$ L_N——压电叠堆的总厚度。

从式（2-24）～式（2-27）可知，压电陶瓷的输出位移不仅与压电陶瓷材料的压电应变系数 d_{33} 有关，而且与压电陶瓷的工作电压和厚度有关。单层压电陶瓷理论上可以通过增加其厚度提高输出位移，但需要以较高的驱动电压为代价；而压电叠堆可以在激励电压不变的情况下，通过增加压电陶瓷的层数以增加陶瓷的厚度，从而提高输出位移，相比单片压电陶瓷，工作电压更低[12]。

（2）变载荷作用下的位移输出特性

在自由状态时，压电叠堆的尺寸会随着激励电压的变化而变化，但由于压电叠堆自身质量与附加质量的惯性，激励电压的快速变化会产生作用于压电元件自身的推力或拉力。由于压电叠堆的抗拉能力较差，因此压电叠堆承受的拉力必须由一个机械预紧机构进行补偿，以防止压电叠堆被损坏。通常预紧载荷大小约为压力极限载荷的20%，预紧机构的刚度不应超过压电叠堆刚度的1/10。

当使用正弦电压激励压电叠堆时，假设激励频率为 f，位移振幅为 $\Delta L/2$，则作用于压电叠堆的力的幅值 F_{dyn} 可以表示为[12]

$$F_{\text{dyn}} = 4\pi^2 \cdot m_{\text{eff}} (\Delta L/2) f^2 \tag{2-28}$$

式中：m_{eff}——压电致动器的有效质量，约为压电叠堆质量的1/3再加上质量块的质量。

当对压电叠堆施加交变电压时，其输出位移不仅与施加电压有关，与施加的频率也存在一定的相关性。具体表现为：当施加的电压值固定时，随着频率的升高，在一定频率范围内，压电叠堆的输出位移基本保持不变[12]。

2.4.2.4 压电叠堆使用注意事项

相较于单片压电陶瓷，压电叠堆由于具有更加优越的电学特性与输出位移性能，因此被广泛应用。另外，压电叠堆作为压电致动器件，是非共振式压电直线致动器的核心部件，其性能的优劣将直接影响整个电动机的性能。鉴于此，压电叠堆在使用时应当注意以下几个方面的问题[12]：

1）压电叠堆的抗压能力较强，抗拉及抗剪能力均较差，因此在实际使用时应预加一定载荷，一般为最大输出力的50%。

2）压电叠堆只能串联使用，并且串联时所有的压电元件必须放置在同一条轴线上。

3）压电叠堆应当垂直固定于安装件与被驱动体之间，且安装件及被驱动体与压电叠堆的接触面积应不小于压电叠堆的端部面积。

4）压电叠堆应工作在许可的温度和湿度范围内。

5）压电叠堆必须在单向正电压（同陶瓷极化方向）状态下工作，同时应避免长时间工作在直流高压状态或接电场状态下，否则容易引起压电叠堆的退极化，导致失效。

6）压电叠堆两极的焊点不能与其相邻面接触，否则会引起短路危险，同时在金属面积其他面上应当使用环氧树脂固定。

2.5　压电叠堆作动系统设计

利用压电叠堆材料作为压电振子构建精密定位系统具有非常明显的优势：优良的线性度、稳定性、可重复性和高精度。在闭环运行时，传感器带宽、相角裕量和控制算法等也会影响到系统的定位精度等性能。因此，当利用压电叠堆作为作动元件时，不仅需要考虑其静态特性，还需要考虑其动态特性。

2.5.1　压电叠堆作动系统的动态特性

压电叠堆能够提供的加速度可达地球重力加速度的数千倍，因而能够很好地用于动态运行。设压电元件与某一质量块连接组成压电致动器，此时致动器的共振频率 f_r 可以表示为[8,10]

$$f_r = \frac{1}{2\pi}\sqrt{K_T / m_{eff}} \qquad (2\text{-}29)$$

式中：m_{eff}——压电致动器的有效质量，约为压电叠堆质量的 1/3 再加上质量块的质量；

K_T——压电叠堆的弹性常数。

在压电作动系统中，压电叠堆的工作频率必须低于其共振频率。在大信号状态下，尽管其工作频率满足上述要求，但由于压电叠堆具有非常理想的弹簧特征，因此上述方程推导的理论结果与压电作动系统的实际情况往往并不相符。

若给致动器增加质量 M，则压电致动器的共振频率降为[8,10]

$$f_r' = \frac{1}{2\pi}\sqrt{K_T / m_{eff}'} \qquad (2\text{-}30)$$

式中：f_r'——带有附加质量的压电致动器的共振频率；$m_{eff}' = M + m_{eff}$。

实际上，只要预紧弹簧的共振频率远高于压电叠堆的共振频率，那么弹簧的预紧力对压电叠堆的共振频率就不会产生显著影响。

压电致动器系统的响应可以近似看作一个二阶系统，设激励频率为 f，系统响应的相位角为 θ，则可以用下式表征此系统[8,10]：

$$\theta = 2\arctan\left(\frac{f}{f_r'}\right) \qquad (2\text{-}31)$$

2.5.2　压电叠堆作动系统的柔性设计

压电叠堆能够工作于静态和动态两种状态，且由于压电叠堆能够承受高压力，因此具有很高的刚度。但是，其抗拉和抗剪能力较差，同时为了获得较为理想的输出机械力和输出位移，需要根据机械系统的设计目标对压电叠堆作动系统进行柔性设计。这里所说的柔性设计主要是指借助于柔性铰链、弹性机构及具有自身弹性变形能力的机构实现的输出运动或位移目的结构设计[12]。柔性设计主要包含三个方面：柔性导向设计、柔性预紧设计和柔性支撑设计，下面分别讨论。

2.5.2.1　柔性导向设计

当压电元件驱动重载荷或大尺寸零件动态移动时，需要设计柔性导向系统，如图2.10所示。若忽略柔性导向设计，或者柔性导向设计不合理，则容易引起压电致动器倾斜振荡及其他非轴向力，甚至会损坏压电叠堆。柔性导向机构的作用正是为了在实现压电元件作动的同时保证其能够按照预期所设计的方向进行作动，避免压电元件受横向剪切应力作用而损坏，从而实现对压电元件的保护。

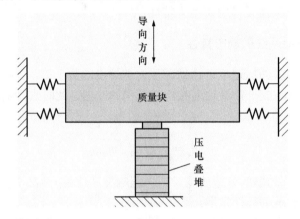

图 2.10　柔性导向系统原理

2.5.2.2　柔性预紧设计

由于压电叠堆的抗拉强度较差，没有内部预紧的压电叠堆对拉应力非常敏感，因此，在较强拉力的应用场合时，必须对压电叠堆进行外部预紧，预紧力的大小一般约为压电叠堆最大输出力的1/2。常用的外部预紧机构主要是以下几种。

1. 弹簧

对压电叠堆的预紧可以采用通常的螺纹紧固件配以普通螺栓弹簧的结构，但普通弹簧的尺寸较大，不适合作为压电致动器使用；另外，由于压电叠堆的输出位移为微米级，最大输出力为几百牛，因此压电叠堆的弹性预紧刚度通常较大。除普通螺栓弹簧外，应用得较多的是碟形弹簧，这主要是由于其刚度较大，所需空间小，且易于组合使用，经济性较高。

2. 弹性简支梁

利用材料力学中弹性梁的小挠度变形理论，可以将弹性梁看作一微变形弹簧。由于弹性梁结构简单，且其力学特性可以用材料力学理论求解，因此其设计相对简单。在本研究项目中,对于压电叠堆致动器的设计利用了简支梁结构,实现了对压电叠堆的预紧,结构简单,且体积较小,有利于实现压电致动器的微型化设计。

2.5.2.3　柔性支撑设计

目前压电叠堆普遍采用的柔性支撑结构主要包括两种类型:球副结构和柔性铰链结构。根据实际的设计需求,可以选用单面柔性支撑设计方案,如图 2.11(a)和图 2.11(b)所示;也可以选择双面柔性支撑设计方案,如图 2.11(c)和图 2.11(d)所示。压电叠堆的柔性支撑设计能够削弱压电叠堆所承受的弯曲应力和剪切应力,提高其使用寿命。

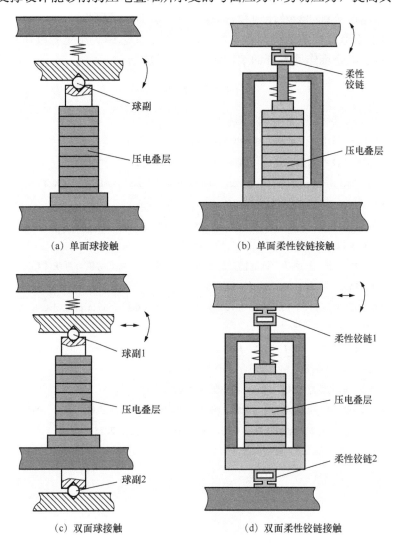

(a) 单面球接触　　　　　　　　(b) 单面柔性铰链接触

(c) 双面球接触　　　　　　　　(d) 双面柔性铰链接触

图 2.11　压电叠堆柔性支撑结构设计

柔性铰链是利用材料的微弹性变形产生位移的一种特殊运动副,具有无机械摩擦、无间隙及运动灵敏度高等优点[13],非常适合于压电致动器中支撑机构的应用。本书正是利用柔性铰链的参数化设计,通过合理的机构构型设计,借助于柔性铰链的切口方向,不使用任何外部机构即可消除压电致动器运动过程中所产生的弯曲应力及剪切应力。

本 章 小 结

本章围绕压电陶瓷材料的特性,对压电陶瓷材料进行了系统的介绍与总结:

1)对正压电效应与逆压电效应进行了介绍,分析了压电陶瓷材料及其压电效应当前在工程中的实际应用。

2)重点介绍了压电陶瓷的基本性能参数及压电振子的振动模式,这是基于压电陶瓷材料研制压电精密致动器及压电精密直线电动机的理论基础。

3)介绍了压电叠堆的结构与基本性能,并基于此总结了压电叠堆作动系统的设计方法,重点对压电叠堆作动系统的柔性设计进行了总结。

参 考 文 献

[1] 张福学. 现代压电学 [M]. 北京:科学出版社,2001.

[2] 钟维烈. 铁电体物理学 [M]. 北京:科学出版社,2000.

[3] 高长银. 压电效应新技术及应用 [M]. 北京:电子工业出版社,2012.

[4] SHUKLA A,KARKI H. Application of robotics in onshore oil and gas industry-A review Part I [J]. Robotics and Autonomous Systems,2016,75(1):490-507.

[5] MONTERO R,VICTORES J G,MARTÍNEZ S,et al. Past,present and future of robotic tunnel inspection [J]. Automation in Construction,2015,59(11):99-112.

[6] 段明磊,肖强,杨金铨. 一种基于机器视觉的平面光波导器件封装手动耦合系统 [J]. 应用光学,2012,33(6):1179-1184.

[7] HANG T,GLAUM J,GENENKO Y A. Investigation of partial discharge in piezoelectric ceramics [J]. Acta Materialia,2016,102(1):284-291.

[8] 李远. 压电与铁电材料测量 [M]. 北京:科学出版社,1984.

[9] 王矜奉. 压电振动理论与应用 [M]. 北京:科学出版社,2011.

[10] 张沛霖,张仲渊. 压电测量 [M]. 北京:国防工业出版社,1983.

[11] 李国荣,陈大任. PZT系多层片式压电陶瓷微驱动器位移性能研究 [J]. 无机材料学报,1999,14(3):418-424.

[12] 王寅. 多模式压电直线电机的研究 [D]. 南京:南京航空航天大学,2015.

[13] 李庆祥,王东升,李玉和. 现代精密仪器设计 [M]. 2版. 北京:清华大学出版社,2004.

第3章 柔性压电精密致动器基础理论

用于驱动精密工作台的高精度作动电动机的发展经历了下面几个阶段[1-5]。

（1）电磁伺服电机驱动阶段

伺服电动机经精密丝杠推动运动台运动，为满足封装要求，采用这种结构形式的工作台不仅对伺服电动机的控制性能和精度有较高的要求，而且对丝杠的精度、刚度均有较高的要求，因而成本较高。就目前的发展状况而言，由于传动链较长，该方式已经很难进一步提高驱动精度及响应速度。

（2）压电微致动器所致

随着精密致动技术的迅速发展，压电作动技术在精密致动领域得到应用[6]。目前其主要应用方式是在手动或电磁驱动的工作台的基础上叠加压电微致动器[7]。这种组合形式充分利用了压电微致动器高分辨的特性，但由于其作动行程较短，还不能完全脱离电磁驱动和人工干预，因此系统在控制性能和响应速度方面并没有得到提升。

（3）压电致动器阶段

毫无疑问，采用压电陶瓷材料研制定位装置成为非常引人注目的发展方向之一。首先，压电陶瓷在电场中发生形变的特性可以用于制作精密定位装置，其实体结构切合系统集成化的需求；其次，具有较高致密度的压电陶瓷材料响应频率高，拥有较高的能量密度和响应带宽；最后，除了利用压电陶瓷自身变形产生的位移实现定位外，还可通过多组压电陶瓷的配合以激励特定结构的变形，并借助摩擦耦合的方式设计形态多样的压电致动器。

压电致动器极大地拓展了压电陶瓷在定位装置中的应用领域。一方面，压电致动器继承了压电材料的所有特性；另一方面，摩擦耦合作用的引入增大了压电定位装置的作用行程，同时也拓宽了所作动对象的运动输出形式。因此，压电致动器拥有基于电磁感应的电动机所不具备的特性，在工业自动化领域成为传统电磁作动的有力补充。直接推动负载输出直线运动的一类压电致动器称为压电直线致动器，相对于传统直线作动机构，压电直线致动器无须机构转换，因此不存在回程间隙，同时具有响应快、体积小等优势。

3.1 压电致动器的概念、特点与分类

压电致动器是一种将电能转化为机械能的能量转换装置，它利用压电材料的逆压电效应将电场能转化为弹性应变能，并表现为压电材料发生形变，进而对外实现作动[1-2]。根据压电致动器是否利用摩擦耦合作用将压电材料的伸缩微变形转化为作动对象的单向宏观运动，压电致动器可分为直动式压电致动器和摩擦耦合式压电致动器。理论上，直动式压电致动器作动行程受限于压电材料所能输出的最大变形量，而摩擦耦合式压电致动器则可具有无限行程[3-4]。

　　压电直线致动器是摩擦耦合式压电致动器的一种，它利用压电材料的逆压电效应激发弹性体的微幅振动，并通过摩擦作用将弹性体往复微幅运动转化为作动对象宏观单向直线运动。相对于传统电磁驱动而言，压电直线致动器有以下几个特点[5-10]：

　　1）易于小型化。电动机定子为实体结构，无须线圈绕组，结构可做到更小；且随着尺寸的减小，其效率不会骤减。压电直线致动器在微作动领域具有广阔的应用前景，如微型摄像机、内窥镜等。

　　2）结构形式简单灵活。压电材料具有多种效应模式，且易于做成多种结构形式，因此压电直线致动器在结构形式上可适应场合的各种需求，更容易与系统集成，缩小系统体积。

　　3）电磁兼容。工作时利用压电效应，因此不需要磁场，自身也不产生磁场，适用于工作在强磁环境下的应用，如核磁共振仪及磁悬浮列车中需要电动机的场合。

　　4）分辨率高。利用微幅振动，无须机构转换直接推动动子，可实现高分辨率的作动，在刀具补偿、精密仪器中应用广泛。

　　5）响应快。由于动子与定子间无转换机构，压电材料对电场响应快，因此压电直线致动器具备较快的响应速度，适用于一些实时性要求较高的场合，如镜片防抖系统、实时调焦。

　　6）断电自锁。定动子间相互接触，工作时定子的振动借摩擦作用推动动子运动，而断电时定子对动子的摩擦力起锁紧作用。这一特点适用于需要静态保持力的场合，如沿重力方向作动，系统无须另加锁紧装置，不仅能够简化系统结构，还能省去另加锁紧装置的能耗。

　　随着压电驱动技术的发展，大行程、高精度的压电致动器在精密工作台中逐步得到应用。压电致动器无须机构转换即可直接推动工作台进行直线和旋转运动，因而响应速度相对电磁驱动系统得到较大提升；同时，压电致动器的使用也使系统的结构得到了简化。上述这些特点使得压电致动器得到了广泛研究与快速发展，出现了原理多样、形式各异的压电致动器[11-19]。这些压电致动器从作动方式的角度主要可分为两大类：一类是共振式压电致动器（超声电动机），另一类是非共振式压电致动器。两种方式都可以在不同工作模式下分别实现大行程快速运动和高精度定位。对于共振式压电致动器，在实现大行程运动时，电动机定子工作在共振状态，并且其驱动电路工作在谐振状态，整个系统强烈的非线性使作动过程中的稳定性不高且控制难度较高。此外，采用共振式压电致动器的作动系统在接近目标位置时通常采用脉冲激励方式实现高分辨率的步进作动，因此作动精度取决于最小步距。这类压电致动器在国外已经产品化，典型产品有PI 公司的 P-661 型压电致动器，如图 3.1 所示，其开环步距为 50nm，最大速度可达500mm/s[16]，同类产品还有 Elliptec 公司的产品（图 3.2）、Nanomotion 公司的系列产品（图 3.3）[20] 和韩国 Piezoelectric Technology 公司的系列产品（图 3.4）[21]。

　　不同于超声电动机已经进入成熟应用的阶段，非共振式压电电动机的应用尚处于研究开发阶段，并且目前非共振式压电致动器的核心技术基本被国外公司所垄断，其电动机售价十分高昂，配套的控制系统需单独购买。非共振式压电致动机构采用压电叠堆作为振动激励源，无须设计共振定子机构即可实现输出较大的运动位移。相较于传统的共振式压电致动机构，非共振式压电致动机构能够在很大程度上避免因共振而引起的性能

图 3.1　PI 公司的 P-661 型压电致动器

图 3.2　Elliptec 公司的压电致动器

图 3.3　Nanomotion 公司的压电致动器

图 3.4　Piezoelectric Technology 公司
的压电致动器

不稳定等现象。另外，从结构设计角度来说，共振式压电致动机构的设计任务集中在共振定子机构的结构动力学设计方面，而非共振式压电致动机构的设计任务集中在结构静力学设计方面。相较于共振式压电致动机构，非共振式压电致动机构的设计工作量得到了极大的简化，仅需要关注致动器内部定子机构及其外围辅助机构的静力学设计，有利于实现对非共振式压电致动机构的控制。

3.2　压电致动器的发展、研究现状与应用

3.2.1　压电致动器的发展

共振型直线压电致动器的发展较早，技术已经发展得很成熟，目前也已经得到了广泛的应用，但存在运行稳定性较差等缺点。相较于共振电动机，非共振压电致动器的稳定性和可控性更高，更重要的是，其不仅可以采用脉冲激励方式实现高分辨率的步进作动，还能通过直接控制压电单元的变形实现理论上无限小的分辨率。德国 PI 公司的N-216 型直线电动机[21]（图 3.5）便是具有上述功能的非共振压电致动器，其闭环分辨率可达 5nm；美国 Dynamic Structures & Materials 公司的 DSM I-20 压电致动器[22]（图 3.6）的闭环分辨率可达 20nm。这类非共振式压电致动器比共振式压电致动器具有更高的推重比。

非共振型直线压电致动器是利用压电叠堆在非共振状态下的大位移输出实现直线位移输出的一类致动器或作动电动机。与共振式压电致动器相比，非共振状态具有较宽的工作频带，对周围环境的抗干扰性强；且对电动机定子的尺寸和加工精度要求不太高，

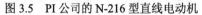

图 3.5　PI 公司的 N-216 型直线电动机　　　　图 3.6　DSM I-20 压电致动器

易于保证电动机运行的平稳性。非共振式压电致动器根据电动机的运行原理大致可分为以下几种类型：惯性冲击式[23-28]、尺蠖式[29-34]、直接驱动型[35-40]及摩擦驱动型[41-44]等。惯性冲击式电动机通过压电元件快速伸缩时对质量块的冲击产生位移输出，其结构简单，体积小，易于集成；尺蠖式压电直线致动器通常由箝位机构、驱动机构和底座三部分组成，其中箝位机构可以由两组或多组组成；直接驱动型电动机利用压电元件的变形直接驱动，电动机位置分辨率精度高，输出推力较大，但行程一般比较小，往往需要借助于各种位移放大机构[45-49]；摩擦驱动型电动机在非共振状态下工作，具有较宽的工作频带，易于保证电动机的工作平稳性，对驱动控制信号和加工精度等要求较低。

3.2.2　压电致动器的研究现状

由于共振式压电致动器发展得比较早，目前技术也比较成熟，因此这里不予赘述。本书重点讨论非共振式压电致动器。

非共振式压电致动器目前已应用于航空航天[50-51]、精密定位[52-55]、微操作系统[56-59]等领域中，但制约压电致动器广泛应用的一个重要因素就是压电致动器的体积偏大，输出推力过小，难以推广应用。因此，减小非共振式压电致动器的体积，提高压电致动器的输出推力，实现压电致动器更大的工程应用价值是目前国内外很多学者的研究重点。很多学者从不同方面对压电致动器进行了优化设计[60-65]，但上述改进研究普遍集中在超声电动机领域，在非共振式电动机领域内针对高精度输出的相关研究较少。

国内黄卫清及其团队[66-69]提出了非共振式压电致动器，并结合非共振式压电致动器的驱动原理，采用双足驱动设计研制了若干种新型结构的压电致动器，并对电动机开展了输出机械特性的实验研究及其优化设计，但是目前输出的推力仍然偏小；国外很多研究机构与学者在压电致动器的输出机械特性优化设计方面同样做了很多研究：日本学者[70-72]对惯性冲击式压电致动器进行了系统的研究与优化设计，并将其应用于微机器人手臂的驱动机构、电火花加工的输送机构中；新加坡国立大学[73]也对该类电动机进行了输出推力的优化设计。德国 PI 公司研制的 P-840/P-841 系列预紧型压电陶瓷致动器，陶瓷通电后的变形幅度与其厚度呈正比，其中厚度为 10mm 的压电陶瓷输出位移最高可达 15μm；2012 年法国 CEDRAT 公司也推出了惯性式压电直线致动器[74]，该设计采用的压电作动模块经椭圆形放大机构放大后可实现较大步距，其 SPA30uXS 型电动机尺寸为 15mm×5mm×9mm，质量小于 2g，如图 3.7 所示；哈尔滨工业大学博实精密测控有限责任公司基于上述致动器研制了 MPT-2JR 二维闭环工作平台[75]，其工作原理是利用压电叠堆自身的变形直接驱动，行程为 10μm×10μm，分辨率达到 1nm，运动方向的推力最大为 1kN，该产品如图 3.8 所示。

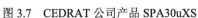

图 3.7　CEDRAT 公司产品 SPA30uXS　　　　　图 3.8　MPT-2JR 二维闭环工作台

此外，Zhou 等[76]基于三明治结构设计了一种新型多模压电致动器，通过改变激励方式能够实现三种不同的速度模式，得到了三种不同的输出模式；Peng 等[77]利用兰杰文振子设计了一种双层杯状旋转压电致动器，给出了电动机的机械结构设计方案，并对电动机的驱动力、扭矩、转速等性能进行了实验验证；Wan 和 Hu[78]利用基于平面纵向和弯曲振动模式原理设计了一种新型大输出力压电直线致动器，给出了定子机构的设计方案，实验证明定子的接触尖端的振幅明显增加，有利于提高电动机的输出力；Lu 等[79]设计了一种基于双环形定子机构的旋转压电致动器，利用兰杰文振子的纵向弯曲振动模式有效提高了电动机驱动力矩，并给出了电动机性能实验结果；Yang 等[80]和 Liu 等[81-83]利用纵向弯曲振动原理设计了多种新型结构的压电致动器及压电电动机，采用有限元设计方法确定了电动机定子机构参数，并通过实验研究获取了电动机的输出机械特性；Pang 等[84]提出了一种采用双频励磁组合激励的平板式压电致动器，分析了其工作原理，通过实验验证了电动机定子机构具有较大的振幅，有利于提高电动机的转速；Saito 等[85]提出了一种利用压电换能器谐振实现的静电直线感应电动机，给出了电动机的工作原理和设计方案；其他学者[86-89]还从激励信号、压电换能器，以及新的陶瓷材料等角度入手进行优化设计，优化压电致动器的输出机械特性。

综上所述，尽管非共振式压电致动器相较于传统的共振式压电致动器有着突出的优势，但是受限于其偏大的体积、过小的输出推力，其应用远不如共振式压电致动器广泛。目前针对压电致动器的输出机械特性，尤其是针对小型化非共振式压电致动器结构的优化设计研究，基本集中于共振式超声电动机领域。目前仍然缺乏有效的小型化非共振式压电致动器的设计方案。因此，面向非共振式压电致动器，开展小型化压电致动机构的机械结构优化设计研究十分有必要。

3.2.3　压电致动器的应用

1. 精密制造

在工业生产中，提高效率是永恒的主题。提高生产线的自动化程度，减少人工干预是降低人力成本、提高生产效率的重要途径。压电直线电动机断电自锁、响应快、无须转换机构直接推动负载的特点使其在提高自动化生产线的效率上具有良好的应用前景。

现代加工技术的飞速发展，对自动化设备提出了更高的精度要求，以制造出性能更优良的产品。压电直线电动机微纳米级的定位精度正切合了这一发展需求，在精密制造领域得到了越来越广泛的应用，典型的有以色列 Kyocera 公司的二维精密运动平台[90]，如图 3.9 所示；Intel 公司在 Pentium 芯片生产中就利用了 Anorad 公司生产的 PCLM 系列压电直线电动机[91]，如图 3.10 所示。

 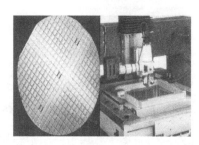

图 3.9　压电二维精密运动平台　　　　图 3.10　用于 Pentium 芯片制造的压电电动机

2. 光学精密工程

另外，压电致动器还以其高分辨率特性广泛应用于光学精密工程领域，如目前利用压电精密致动器实现的光学定位校准机构，以及多自由度光学定位平台。PI 公司的六自由度并联机构[21]如图 3.11 所示，该定位机构的三个平动自由度最小步进量可达 0.1μm，三个转动自由度最小步进量可达 2μrad；图 3.12 所示为美国 New Port 公司的六自由度并联机构[92]，其平动自由度最小步进量为 50nm，转动自由度最小运动量为 0.0005°；ALIO Industries 公司研发出了串、并联混合组合六自由度工作台[93]，如图 3.13 所示，这种形式将其中两个平面内的平动自由度独立出来，可弥补并联结构平动自由度行程较小的劣势，满足特定场合对大行程工作区间的需求。事实上，利用压电精密致动器实现高分辨率和大行程工作区间已经成为当前的研究热点之一。

图 3.11　PI 公司的　　　图 3.12　New Port 公司的　　　图 3.13　ALIO Industries 公司的
　　六自由度并联机构　　　　六自由度并联机构　　　串、并联混合组合六自由度工作台

3. 生物医疗

用于研究细胞的设备不仅需要较高的定位精度，还需要极高的作动加速度。具有复杂传动链的传统方式难以满足这一需求，而压电直线电动机在这种应用中以其出色的响应速度显示出了明显的优越性。日本学者提出将惯性式压电直线电动机用于细胞穿刺实

验[94]，由于其出色的加速特性，穿刺细胞时可以避免传统液压方式对细胞的压迫变形，如图 3.14 所示。

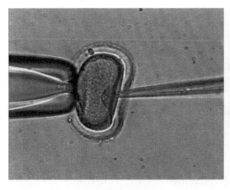 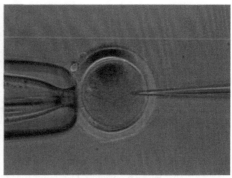

（a）液压式作动　　　　　　　　　　　（b）压电式作动

图 3.14　细胞穿刺中的应用

图 3.15 是日本研制的三自由度微操纵系统[95]，可用于白细胞的操作。人的白细胞直径大约为 10μm，该定位系统的定位精度可以达到 0.1μm，其工作范围可以达到 586μm×586μm×52μm。该系统主体机构采用叠层压电陶瓷作动，主操作针模仿筷子进行设计。该系统不仅可以进行外科手术，还能操作直径 2μm 的玻璃球，可在微装配领域应用。

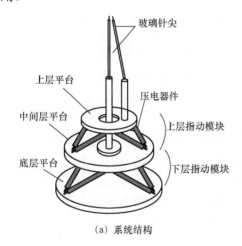 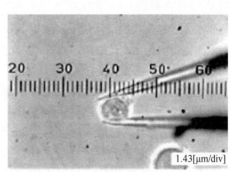

（a）系统结构　　　　　　　　　　　（b）操纵白细胞

图 3.15　三自由度微操纵机构

4. 航空飞行器

对于飞行器中的致动器，重量轻、体积小为其重要衡量指标。压电直线电动机直接推动负载的特点使其在飞行器中具有较好的应用前景。除质量小的需要，在空间环境中，易于维护也是设计致动器的重要考虑因素。利用摩擦驱动的压电直线电动机具有无齿轮转换机构、无须润滑等特点，故法国 Cedrat Technology 公司把其研制的 LPM20-3 型压电直线电动机[96]应用于人造卫星上，如图 3.16 所示，以此调整卫星中的望远镜部件姿态。

图 3.16 Cedrat Technology 公司的 LPM20-3 型压电直线电动机

3.3 压电致动器的振动状态

3.3.1 共振

现有压电器件中普遍使用压电陶瓷材料,压电陶瓷不仅具备较高的压电性能,还具有较高的频率响应,因此可获得较高的能量密度。然而,要直接使用压电陶瓷在电压激励下的变形,需要较厚的材料和很高的电压,往往在实际应用中难以实现。为此,压电材料通常制成片状结构,一方面便于较低压电下施加足够的电场强度,另一方面也便于与弹性结构组合形成复合压电振子。这类压电振子被设计工作在结构的共振状态,以获得足够的位移响应,其结构上一般采用胶结方式和螺栓连接方式与弹性结构组合;在有些场合也使用弹性预紧式结构,通常为了使驱动电压很低而采用电极共烧式压电叠堆,同时可获得更大的能量密度。

共振式压电致动器一般工作在超声频域,具有工作噪声低、速度快等特点;同时,由于共振现象的不稳定性,电动机的输出性能随激励频率变化剧烈,不仅不利于控制,而且对于电子驱动器具有的频率漂移要求严格;另外,结构本身的固有动态特性会随温度、湿度等环境条件及机械边界条件的改变发生改变,因而对工作环境也有一定要求。总之,共振现象的不稳定性给共振压电致动器的稳定运行带来了诸多技术上的难题,并增加了电动机的控制难度。

3.3.2 非共振

除了利用上述结构共振的方法获得足够的位移外,压电叠堆采用多层压电陶瓷薄片堆叠、层间叉指布置电极的方式也可在较低的电压下输出足够的位移。这种集成压电器件可使压电致动器在非共振工作状态就可获得作动能力。前人的实验研究发现,这种压电叠堆通常工作频率较低,精度高,且输出力大,输出速度随驱动电压和频率呈线性关系,易于控制。

不同于共振式压电致动器,非共振压电致动器中与压电材料组合弹性结构的变形为准静态变形，电动机的结构设计问题主要为静力学问题，属于较为简单的线性关系；而对于利用共振的机构或系统，其结构中存在严重的非线性，导致了对共振式机构或系统的控制难度大大增加，且其非线性的特征在一定程度上也容易降低其作动精度。因此，非共振电动机的设计问题相对简易，仅仅涉及静力学结构设计问题，且控制系统相对简单，容易实现。

3.3.3　共振与非共振的比较

共振式压电直线致动器基于压电元件的逆压电效应，激励弹性体作微幅振动，利用共振放大与摩擦耦合原理将微幅振动转化为动子的宏观直线运动，一般同时需要激励出定子弹性体的两个固有模态，并且模态之间要保持频率的严格一致。由于共振是一种不稳定态，精确控制较为困难，且受加工精度、材料均匀性和温度等影响较大，因此存在一定的难操控性。另外，由于电动机需要工作在特定的模态下，各模态之间相位关系要求非常严格，温度、边界条件及外力等因素的变化都会引起共振频率的变化，从而引起模态之间相位差发生变化，最终导致电动机运动速度和力矩的变化[66]；而且，由于电动机在超声频率内工作，摩擦传动又将成为其输出精度的瓶颈，位置重复精度很难小于50nm。这些因素将导致该类型的电动机难以实现精密定位控制。

非共振式直线电动机多数采用具有微米级输出变形的压电叠堆作为作动元件，定子无须共振即可产生足够的变形幅值来驱动动子。压电叠堆的工作电压较低，且在直流电压下仍然可以产生大变形用来驱动电动机，因此电动机相应的驱动器设计就比较方便。所以，在开环定位精度方面，非共振式电动机较传统的共振式电动机具有优势。再者，压电叠堆输出的最大变形与激励电压呈正比关系，输出位移可以通过电压进行精确控制。另外，应用压电叠堆激振的非共振式压电直线致动器的工作频率即为驱动电压的频率，所以其受温度变化等影响小，从而提高了电动机的稳定性。目前国内已经有很多研究机构实现了该类电动机的亚微米甚至纳米级的控制定位精度。

本书重点针对非共振式压电精密致动器，阐述非共振式压电致动机构的设计准则、工作原理及其优化设计方法，并利用对压电叠堆的激励实现压电致动机构运动位移的直接输出，提出了利用一套非共振压电致动机构的两种驱动激励模式，即可实现微观精密定位与宏观连续运动工作模式，并结合柔性铰链结构化参数设计方法提出了具体的优化设计方法。

3.4　多模式作动机理

非共振式压电致动器在实际工作过程中，根据所要实现作动目标的不同具有不同的作动方式和工作模式。非共振式压电直线致动器有四种作动方式，可以分为准静态直动、惯性作动、连续作动及箝位步进。依据激励电压的不同频响模式，非共振式压电直线致动器可以分为步进作动模式和连续作动模式两种。

3.4.1　作动方式

1. 准静态直动

准静态直动利用压电叠堆在施加电压产生的变形直接推动运动物体，可实现高加速度输出和理论上无限小的分辨率。此外,传动链短且中间环节较少也使这类系统刚度加高,适用于对响应速度和作动精度要求严格的应用场合。

然而,制约这类系统精度的因素通常是位置传感器的精度。这是因为压电材料迟滞特性及蠕变特性的存在使作动系统需要位置传感器的反馈,从而控制压电元件不断实时对由这两种特性引起的位置误差进行补偿,这也使最终的定位不易稳定,使压电元件在传感器实时位置误差输入下不断修正位置,形成持续抖动[8]。

2. 常接触应力惯性作动

采用这种作动方式的压电致动器通常在动子上装有压电元件和惯性配重,其中惯性配重通过压电元件连接在动子上且压电元件作动方向与动子运动方向平行;另外,支撑动子直线运动的导向机构与动子间存在预应力,断电时导向机构对动子存在摩擦锁紧作用[8]。图 3.17 所示是常接触应力惯性作动过程,图中 f_s 为导向机构与动子间的静摩擦力,F_a 为惯性力的反作用力。

工作时,施加在压电元件上的交变电压信号具有不同的上升速度和下降速度,上升、下降速度的快慢引起压电元件推动配重以不同的加速度往复运动。当配重以较小加速度运动时,其经压电元件作用在动子上的反作用力小于动子与导向机构间的最大静摩擦力,故而动子保持静止;而当配重以较大加速度运动时,其作用在动子上的反作用力大于导向机构对动子的最大静摩擦力,从而推动动子向配重运动方向的反方向滑动。这样反复施加上述信号,动子便在宏观上表现出单向运动。

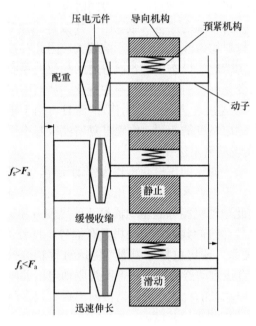

图 3.17　常接触应力惯性作动过程

需要特别指出的是,在整个作动过程中,这种作动方式的摩擦力并不作为动力而是作为保持力,并且摩擦接触面上的接触应力始终保持恒定。为区别于变接触应力惯性作动方式,这里的惯性作动为常接触应力惯性作动。

3. 交变接触应力连续作动

这种作动方式以摩擦力作为动力推动动子运动。这类压电致动器中的压电振子在摩擦接触面上质点的同时具有摩擦接触面法向和切向振动分量。振动的法向分量引起接触面上接触力的周期性交替变化,由于同时存在接触面切向振动分量,相接触的两个表面一直处于相对滑动状态,由此引起滑动摩擦力周期性变化。这种变化不仅是力大小的变化,还伴随着力方向的改变。通过合适的法向和切向振动的叠加,就可以实现摩擦力单向累积做功,从而推动动子宏观单向运动。

4. 交替箝位作动

尺蠖式压电直线致动器就是采用这种作动方式实现精密致动的。其电动机主体包括两组箝位机构和一组作动单元，作动时通过两组箝位机构交替箝位的方式累积作动单元的输出位移。

根据箝位机构工作方式的不同，可将这类电动机分成主动箝位和被动箝位两类，二者之间在性能上的最大区别在于断电自锁力[8]。主动箝位式只有通电时才产生箝位力，因此断电时原理上没有自锁力，除非在装配时对箝位机构施加预应力；被动箝位式不同，其在断电状态时两组箝位机构都是预先锁紧动子，而在通电时二者交替释放动子，从而实现交替箝位。

3.4.2　工作模式

1. 步进作动模式

压电叠堆的分辨率指的是用仪器可以测得的其伸长时所能达到的最小位移量，是压电叠堆重要的性能参数之一。根据压电叠堆的自身特性，连续变化的电压理论上可以得到无穷小的连续分辨率。但是在现有条件下，压电叠堆的分辨率是受限制的，压电材料的极化条件、致密度、均匀度等制备工艺条件及驱动电压的分辨率和测量仪器的分辨率等都会影响和制约压电叠堆的分辨率[97-98]。对非共振式压电直线致动器而言，分辨率是指其在步进作动过程中能够达到的最小稳定步长。由此可知，非共振式压电直线致动器无法获得理论上的无穷小的运动步长。在实际应用中，将非共振式压电直线致动器在能够响应到的最小激励电压下输出的稳定的最小运动步长称为非压电直线致动器的分辨率。利用非共振式压电直线致动器的步进作动模式能够实现多自由度定位平台的精密微动与精密定位。

2. 连续作动模式

非共振式压电直线致动器在不同类型脉冲信号及驱动电源的激励下所实现的连续作动称为连续作动模式。非共振式压电直线致动器利用连续作动模式能够实现大行程运动，并且运行速度与激励频率呈近似线性关系，可控性大大提高。

非共振式压电直线致动器利用连续作动模式可实现定位平台的宏动，从而实现其大行程指标；同时，利用步进作动模式可实现定位平台的微动，进而实现其高分辨率指标。利用一套非共振式压电直线致动器的两种工作模式即可同时实现多自由度定位平台的高精度与大行程，极大地简化了系统的结构设计与控制方法。

本 章 小 结

1）介绍了压电致动器的概念与主要特点，阐述了共振式压电致动器与非共振式压电致动器的特点、发展和当前研究现状，介绍了压电致动器目前的主要应用。

2）重点阐述了共振式压电电动机与非共振式压电电动机各自的特点及其区别与联系，总结了压电直线电动机的不同作动方式及两种工作模式机理，这是利用非共振式压电直线电动机的不同工作模式实现多自由度定位平台的大行程和高精度指标的关键理论基础。

参 考 文 献

[1] 赵淳生. 超声电机技术与应用 [M]. 北京：科学出版社，2007.

[2] UCHINO K. Piezoelectric actuators/ultrasonic motors-their developments and markets [C] // IEEE International

Symposium on Applications of Ferroelectrics. State College：IEEE，1991：319-325.

[3] 黄志，程晓华. 电机发展的几个重要方向 [J]. 防爆电机，2006 (5)：1-4.

[4] 赵淳生，朱华. 超声电机技术的发展和应用 [J]. 机械制造与自动化，2008，37 (3)：1-9.

[5] 刘俊标，黄卫清，赵淳生. 多自由度球形超声电机的发展和应用 [J]. 振动测试与诊断，2001，21 (2)：85-89.

[6] YONG Y K，FLEMING A J. Piezoelectric actuators with integrated high-voltage power electronics [J]. IEEE-ASME Transactions on Mechatronics，2015，20 (2)：611-617.

[7] 丁桂兰，陈才和，陈本智. 光纤—波导精密对准仪的设计与精度分析 [J]. 天津大学学报，1994，27 (5)：589-594.

[8] 王寅. 多模式压电直线电机的研究 [D]. 南京：南京航空航天大学，2015.

[9] 晁代宏，刘荣，吴跃民，等. 光波导封装机器人系统研究现状 [J]. 仪器仪表学报，2004，25 (6)：575-578.

[10] 李冲，许立志，高立超. 压电微传动电机发展综述 [J]. 微特电机，2016，44 (3)：71.

[11] TAKAHASHI S. Multilayer piezoelectric ceramic actuators and their applications [J]. Japanese Journal of Applied Physics，1985 (24)：41-45.

[12] KANAYAMA K，MASE H，SAIGOH H，et al. Gap structure multilayer piezoelectric actuator [J]. Japanese Journal of Applied Physics，Part 1：Regular Papers and Short Notes and Review Papers，1991，30 (9B)：2281-2284.

[13] SASHIDA T，KENJO T. An Introduction to Ultrasonic Motors [M]. New York：Clarendon Press，1993.

[14] BÜCHI R，ZESCH W，CODOUREY A，et al. Inertial drives for micro-and nanorobots：analytical study [C] // Proceedings of Microrobotics and Micromechanical Systems. Philadelphia：SPIE，1995：89-97.

[15] HEMSEL T，WALLASCHEK J. State of the art and development trends of ultrasonic linear motor [C] // Proceedings of the IEEE Ultrasonics Symposium. San Juan：IEEE，2000：663-666.

[16] YAO K，KOC B，UCHINO K. Longitudinal-bending mode micromotor using multilayer piezoelectric actuator [J]. IEEE Transactions Ultrasonics Ferroelectrics and Frequency Control，2001，48 (4)：1066-1071.

[17] SHIGEMATSU T，KUROSAWA M K，ASAI K. Sub-nanometer stepping drive of surface acoustic wave motor [C] // The Third IEEE Conference on Nanotechnology. San Francisco：IEEE，2003：299-302.

[18] LIA J，SEDAGHATIA R，DARGAHIA J，et al. Design and development of a new piezoelectric linear Inchworm actuator [J]. Mechatronics，2005，15 (6)：651-681.

[19] VAN D V W，VAN B H，REYNAERTS D. Design and control of a novel piezoelectric drive module for application in a multi-DOF positioning stage [C] // International Conference on Noise and Vibration Engineering. Heverlee：IEEE，2006：169-180.

[20] Nanomotion 公司网址 [DB/OL]. http：//www.nanomotions.com/.

[21] Piezo-tech 公司网址 [DB/OL]. http：//piezo-tech.com/?ckattempt=2.

[22] DSM 公司网址 [DB/OL]. https：//www.dynamic-structures.com/.

[23] POHL D W. Dynamic piezoelectric translation devices [J]. Review of Scientific Instruments，1987，58 (1)：54-57.

[24] JAIN R K，MAJUMDER S，GHOSH B. Design and analysis of piezoelectric actuator for micro gripper [J]. International Journal of Mechanics and Materials in Design，2015，11 (3)：253-276.

[25] ENG L M，ENG F C，SEURET A K，et al. Inexpensive，reliable control electronics for stick–slip motion in air and ultrahigh vacuum [J]. Review of Scientific Instruments，1996，67 (2)：401-405.

[26] 曾平，温建明，程光明，等. 新型惯性式压电驱动机构的研究 [J]. 光学精密工程，2006，14 (4)：623-627.

[27] 温建明. 新型惯性压电叠堆驱动机构的研究 [D]. 吉林：吉林大学, 2006.

[28] 程光明, 李晓韬, 曾平. 压电叠堆式惯性移动机构的设计与试验 [J]. 吉林大学学报（工学版）, 2007, 37（1）: 85-88.

[29] NEWTON D, GARCIA E, HORNER G C. A linear piezoelectric motor [J]. Smart materials and structures, 1998, 7（3）: 295.

[30] MOON C, LEE S, CHUNG J K. A new fast inchworm type actuator with the robust I/Q heterodyne interferometer feedback [J]. Mechatronics, 2006, 16（2）: 105-110.

[31] LI J, SEDAGHATI R, DARGAHI J, et al. Design and development of a new piezoelectric linear Inchworm actuator [J]. Mechatronics, 2005, 15（6）: 651-681.

[32] YI Q, BROCKETT A, MA Y, et al. Micro-manufacturing: research, technology outcomes and development issues [J]. The International Journal of Advanced Manufacturing Technology, 2010, 47（9-12）: 821-837.

[33] 朱鹏举, 时运来, 赵淳生. 新型大推力直线压电作动器的研究 [J]. 微电机, 2015（3）: 79-84.

[34] 赵宏伟, 吴博达, 华顺明, 等. 尺蠖型压电直线驱动器的动态特性 [J]. 光学精密工程, 2007, 15（6）: 873-877.

[35] FUJII T, SUZUKI M, MIYASHITA M, et al. Micropattern measurement with an atomic force microscope [J]. Journal of Vacuum Science & Technology B, 1991, 9（2）: 666-669.

[36] FU J, YOUNG R D, VORBURGER T V. Long-range scanning for scanning tunneling microscopy [J]. Review of scientific instruments, 1992, 63（4）: 2200-2205.

[37] GAO P, SWEI S, YUAN Z. A new piezodriven precision micropositioning stage utilizing flexure hinges [J]. Nanotechnology, 1999, 10（4）: 394.

[38] GAO P, SWEI S. A six-degree-of-freedom micro-manipulator based on piezoelectric translators [J]. Nanotechnology, 1999, 10（4）: 447.

[39] CHOI S B, HAN S S, LEE Y S. Fine motion control of a moving stage using a piezoactuator associated with a displacement amplifier [J]. Smart materials and structures, 2005, 14（1）: 222.

[40] BELAVIC D, BRADESKO A, ROJAC T. Construction of a piezoelectric-based resonance ceramic pressure sensor designed for high-temperature applications [J]. Metrology and Measurement Systems, 2015, 22（3）: 331-340.

[41] 李艳林, 黄卫清. 一种低频大行程直线型压电电机的研究 [J]. 压电与声光, 2009, 31（4）: 507-509.

[42] 陈培洪, 王寅, 黄卫清. 一种圆筒形压电直线电机的设计及实验研究 [J]. 中国机械工程, 2011, 22（12）: 1484-1488.

[43] 陈培洪, 王寅, 黄卫清. 一种新型直动式压电直线电机的设计 [J]. 压电与声光, 2011, 33（2）: 239-243.

[44] 黄卫清, 孟益民. 一种新型非共振压电直线电机的设计 [J]. 中国机械工程, 2009, 20（14）: 1717-1721.

[45] 宫金良, 张彦斐, 胡光学. 考虑全柔性单元复杂变形的微位移放大机构刚度分析 [J]. 北京工业大学学报, 2013, 39（12）: 1791-1797.

[46] 刘庆玲. 柔性对称微位移放大机构性能分析方法的研究 [J]. 工程设计学报, 2013, 20（4）: 344-347.

[47] BI S S, ZHAO S S, ZHAO X F. Dimensionless design graphs for three types of annulus-shaped flexure hinges [J]. Precision Engineering, 2010, 34（3）: 659-666.

[48] LOBONTIU N. Compliance-based matrix method for modeling the quasi-static response of planar serial flexure-hinge mechanisms [J]. Precision Engineering, 2014, 38（3）: 639-650.

[49] LOBONTIU N, CULLIN M. In-plane elastic response of two-segment circular-axis symmetric notch flexure hinges:

The right circular design [J]. Precision Engineering, 2013, 37 (3): 542-555.

[50] KANG C, YOO K, KO H, et al. Analysis of driving mechanism for tiny piezoelectric linear motor [J]. Electroceram, 2006 (17): 609-612.

[51] 陈维山, 李霞, 谢涛. 超声波电动机在太空探测中的应用 [J]. 微特电机, 2007 (1): 42-45.

[52] ZHAO C. Linear Ultrasonic Motors: Ultrasonic Motors [M]. Berlin: Springer, 2011.

[53] BAUER M G A T. Design of a linear high precision ultrasonic piezoelectric motor [D]. Raleigh: North Carolina State University, 2001.

[54] JEONG S H, KIM G H, CHA K R. A study on optical device alignment system using ultra precision multi-axis stage [J]. Journal of Materials Processing Technology, 2007 (187-188): 65-68.

[55] BHAGAT U, SHIRINZADEH B, CLARK L, et al. Design and analysis of a novel flexure-based 3-DOF mechanism [J]. Mechanism and Machine Theory, 2014, 74 (4): 173-187.

[56] 隋国荣. 光波导器件对接耦合的自动化技术研究 [D]. 上海: 上海理工大学, 2008.

[57] 马立, 荣伟彬, 孙立宁, 等. 面向光学精密装配的微操作机器人 [J]. 机械工程学报, 2009, 45 (2): 280-287.

[58] 胡俊峰, 郑昌虎, 蔡建阳. 基于支持向量机的压电微操作平台非线性特性描述 [J]. 中国机械工程, 2016, 27 (22): 3012-3019.

[59] 陈涛, 陈立国, 潘明强, 等. 基于压电驱动的靶球筛选操作机理及实验研究 [J]. 压电与声光, 2012, 34 (1): 56-60.

[60] 时运来, 赵淳生, 黄卫清. 一种轮式直线型超声电机 [J]. 中国电机工程学报, 2010, 30 (9): 68-73.

[61] 姚志远, 赵妹淳, 江超. 扇形直线超声电机的结构设计 [J]. 振动测试与诊断, 2013, 33 (1): 40-43.

[62] 石胜君, 陈维山, 刘军考, 等. 大推力推挽纵振弯纵复合直线超声电机 [J]. 中国电机工程学报, 2010, 30 (9): 55-61.

[63] 刘英想, 陈维山. 纵弯模态超声电机理论与实验研究 [J]. 机械工程学报, 2013, 49 (4): 82.

[64] 朱鹏举, 时运来, 赵淳生. 一种新型大推力直线压电作动器 [J]. 振动.测试与诊断, 2015, 35 (1): 163-169.

[65] 王金鹏, 金家楣. 用于精密定位平台的直线超声电机的异步并联 [J]. 光学精密工程, 2011, 19 (11): 2693-2702.

[66] 李海林, 王寅, 黄卫清. 一种双足驱动压电直线电机 [J]. 中国机械工程, 2014, 25 (20): 2719-2723.

[67] 陈西府, 王寅, 黄卫清. 一种非共振式压电叠堆直线电机的机理与设计 [J]. 中国电机工程学报, 2011, 31 (15): 82-87.

[68] 孟益民, 黄卫清. 新型压电直线电动机的设计 [J]. 微特电机, 2009, 37 (1): 20-21.

[69] 陈西府, 徐晶晶, 王寅, 等. 基于压电叠层振动的一种直线电机的设计 [J]. 机械设计与制造, 2012 (7): 58-60.

[70] YAMAGATA Y, HIGUCHI T. A micropositioning device for precision automatic assembly using impact force of piezoelectric elements [C] // IEEE International Conference on on Robotics and Automation. Nagoya: IEEE, 1995: 666-671.

[71] MARIOTTO G, ANGELO D M, SHVETS I V. Dynamic behavior of a piezowalker, inertial and frictional configurations [J]. Review of scientific instruments, 1999, 70 (9): 3651-3655.

[72] HA J, FUNG R, YANG C. Hysteresis identification and dynamic responses of the impact drive mechanism [J]. Journal

of Sound and Vibration，2005，283（3）：943-956.

［73］ JIANG T Y，NG T Y，LAM K Y. Optimization of a piezoelectric ceramic actuator［J］. Sensors and Actuators A：Physical，2000，84（1）：81-94.

［74］ HENDERSON D，PIAZZA D. Reduced-voltage，linear motor systems and methods thereof：US8217553［P］. 2012-07-10.

［75］ 李海林.双足驱动压电直线电机研究［D］. 南京：南京航空航天大学，2014.

［76］ ZHOU X Y，CHEN W S，LIU J K. A novel multi-mode differential ultrasonic motor based on variable mode excitation［J］. Sensors and Actuators A：Physical，2015，230（7）：117-125.

［77］ PENG T J，WU X Y，LIANG X，et al. Investigation of a rotary ultrasonic motor using a longitudinal vibrator and spiral fin rotor［J］. Ultrasonics，2015，61（8）：157-161.

［78］ WAN Z J，HU H. Modeling and experimental analysis of the linear ultrasonic motor with in-plane bending and longitudinal mode［J］. Ultrasonics，2014，54（3）：921-928.

［79］ LU X L，HU J H，YANG L，et al. A novel dual stator-ring rotary ultrasonic motor［J］. Sensors and Actuators A：Physical，2013，189（15）：504-511.

［80］ YANG X H，LIU Y X，CHEN W S，et al. Miniaturization of a longitudinal–bending hybrid linear ultrasonic motor［J］. Ceramics International，2015，41（S1）：S607-S611.

［81］ LIU Y X，CHEN W S，YANG X H. A T-shape linear piezoelectric motor with single foot［J］. Ultrasonics，2015，56（2）：551-556.

［82］ LIU Y X，CHEN W S，FENG P L，et al. A rotary piezoelectric motor using bending vibrators［J］. Sensors and Actuators A：Physical，2013，196（1）：48-54.

［83］ LIU Y X，CHEN W S，XU D M，et al. Improvement of a rectangle-shape linear piezoelectric motor with four driving feet［J］. Ceramics International，2015（41）：S594-S601.

［84］ PANG Y F，YANG M，LI S Y. Rotation angle analyses of plate ultrasonic motor under dual-mode coupling drive［J］. Sensors and Actuators A：Physical，2012，173（1）：202-209.

［85］ SAITO R，HOSOBATA T，YAMAMOTO A，et al. Linear resonant electrostatic induction motor using electrical resonance with piezoelectric transducers［J］. Mechatronics，2014，24（3）：222-230.

［86］ YU T H，YIN C C. A modal sensor integrated circular cylindrical wedge wave ultrasonic motor［J］. Sensors and Actuators A：Physical，2012，174（2）：144-154.

［87］ LEE W H，KANG C Y，PAIK D S，et al. Butterfly-shaped ultra slim piezoelectric ultrasonic linear motor［J］. Sensors and Actuators A：Physical，2011，168（1）：127-130.

［88］ SHI Y L，ZHAO C S. A new standing-wave-type linear ultrasonic motor based on in-plane modes［J］. Ultrasonics，2011，51（4）：397-404.

［89］ JIN J M，WAN D D，YANG Y，et al. A linear ultrasonic motor using （K0.5Na0.5）NbO3 based lead-free piezoelectric ceramics［J］. Sensors and Actuators A：Physical，2011，165（2）：410-414.

［90］ Kyocera 公司网址［DB/OL］. https：//www.kyocera.com.cn/.

［91］ ANORAD 公司网址［DB/OL］. https：//www.rockwellautomation.com/site-selection.html.

［92］ Newport 公司网址［DB/OL］. https：//www.newport.com.cn.

［93］ ALIO Industries 公司网址［DB/OL］. https：//www.alioindustries.com.

［94］ KUDOH M，TABUCHI S. Development of automatic micromanipulation system for biological cell sorter［J］. Journal of mammalian ova research，1998，15（3）：167-172.

［95］TANIKAWA T，ARAI T. Development of a micro-manipulation system having a two-fingered micro-hand［J］. IEEE Transactions on Robotics and Automation，1999（15）：152-162.

［96］Cedrat Technology 公司网址［DB/OL］. https：//www.cedrat-technologies.com.

［97］李国荣，陈大任. PZT 系多层片式压电陶瓷微驱动器位移性能研究［J］.无机材料学报，1999，14（3）：418-424.

［98］赵宏伟，刘建芳. 压电型步进精密旋转驱动器［J］. 光学精密工程，2005，13（3）：305-310.

第4章 柔性铰链参数化设计方法

压电精密致动技术正朝着高精度、大行程的方向发展,但基于压电精密致动的机构,其行程扩增会导致误差综合,这对系统定位精度构成威胁[1]。如何实现高精度与大行程之间的平衡,是压电致动精密仪器发展的瓶颈。柔性铰链以其无机械摩擦、无间隙及运动灵敏度高等优点成为光学精密定位平台及仪器的首选,但由于柔性铰链的微位移是利用自身结构薄弱部分的微小弹性变形及其自回复特性实现的,其范围一般在几微米到几十微米之间[1],因此必须借助微位移放大机构来实现柔性铰链机构输出的微位移的放大和传递,以满足精密定位工作台的行程要求。

目前国内外学者对各种形状的柔性铰链的研究已经较为透彻,尤其是一些常用的柔性铰链,如直梁型柔性铰链[2]、倒圆角直梁型柔性铰链[2-3]、直圆型柔性铰链[4-5]及椭圆型柔性铰链[6-7]等。但是,目前对柔性铰链的研究普遍集中在刚/柔度矩阵[8-10]、结构参数灵敏度[11]等方面,而对于柔性铰链的结构参数对性能的影响鲜有涉及。另外,基于柔性铰链的位移放大机构,其放大率直接影响柔性微位移放大机构的整体性能。很多学者采用不同的建模方法对柔性放大机构的放大性能进行了研究[12-13],但基本遵循"给定结构参数→得到输出位移→计算放大率"的思路,并没有给出放大增益比的参数化设计与计算方法。事实上,位移放大率是体现和反映柔性微位移放大机构性能优劣的决定性指标,且与柔性放大机构的柔性铰链结构尺寸息息相关。

在上述相关研究中,或集中讨论某一类特定结构形式的柔性微位移放大机构,或将柔性铰链视作理想铰链考察柔性放大机构的放大特性,或仅考虑柔性铰链最薄处的变形,而将柔性铰链的其他部分视作刚性体;普遍缺乏基于柔性铰链结构参数的柔性放大机构放大率的参数化设计与研究,目前在柔性铰链的结构参数设计及基于柔性铰链的柔性机构的参数化设计方面的研究并不多,而柔性铰链的结构参数对柔性微位移放大机构的放大率及其末端运动精度具有决定性作用[13]。因此,有必要结合柔性铰链的结构特征对柔性铰链的结构参数进行深入分析研究,并开展面向基于柔性铰链结构参数的柔性微位移放大机构的参数化设计研究。

本章首先以深切口椭圆型柔性铰链为研究对象,结合深切口椭圆型柔性铰链的结构参数对深切口柔性铰链进行刚度特性分析;在此基础上,拟在前人研究的结构参数基础上提出一个新的结构参数 ε,探讨结构参数 ε 对柔性铰链的柔度系数的影响,实现利用该参数将四种常用的柔性铰链的柔度特性进行横向对比。基于结构参数 ε 的变化对常用柔性铰链的柔度特性的影响规律,提出柔度比 λ 的概念,重点分析不同柔性铰链主要输出位移形式的灵敏度,并结合实际的柔性桥式微位移放大机构,利用参数 ε 和 λ 实现对柔性放大机构的参数化设计,并用有限元仿真方法和实验方法验证该参数化设计的可行性与正确性,进而为基于柔性铰链的非共振式压电致动器的结构优化设计提供相关理论基础。

4.1 柔性铰链参数化设计

4.1.1 结构参数 ε

4.1.1.1 参数 ε 的定义

考虑到柔性铰链的易于加工性及其运动性能，目前研究和应用得较多的柔性铰链主要有直梁型、倒圆角直梁型、直圆型和椭圆型柔性铰链四种，如图 4.1 所示。直圆型铰链切口半径为 R_1，倒圆角直梁型柔性铰链的圆角半径为 R_2，直梁型柔性铰链切口直梁长度为 $2L_1$，倒圆角直梁型柔性铰链的直梁部分长度为 $2L_2$，椭圆型柔性铰链的长轴半径和短轴半径分别为 a 和 b（$a \geqslant b$），所有铰链的宽度均为 w，最小切割厚度均为 t。

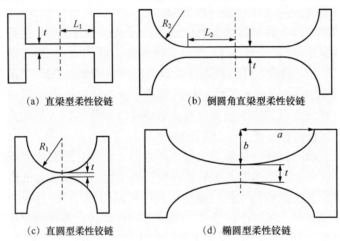

(a) 直梁型柔性铰链　　　　　　　　(b) 倒圆角直梁型柔性铰链

(c) 直圆型柔性铰链　　　　　　　　(d) 椭圆型柔性铰链

图 4.1　四种常用的柔性铰链柔度模型

柔度模型对于柔性铰链的运动能力和运动性能的影响至关重要。对于这四种柔性铰链的柔度模型，以及结构参数对其柔度模型的影响，目前已经有很多学者做过研究工作，但是目前并没有一个统一的结构参数能够将上述四种柔性铰链的柔度模型进行纵向比较。于志远等[13]提出了利用柔性铰链切口处长宽之比作为柔性铰链形状参数，但是该参数只能体现柔性铰链切口的不同形状对柔性铰链柔度的影响，无法实现真正意义上的结构参数对柔性铰链柔度的影响分析。

考虑到四种柔性铰链的最小切割厚度 t 对其柔度模型的影响都最为敏感[13]，本书提出一个统一的结构参数 ε，令其为柔性铰链的切口长度一半与最小切割厚度之比，即

$$\varepsilon = 0.5 l_x / t \tag{4-1}$$

式中：l_x——柔性铰链的切口长度。

结合图 4.1，有：对于直梁型柔性铰链，$l_{x1} = 2L_1$，$\varepsilon_1 = L_1/t$；对于倒圆角直梁型柔性铰链，$l_{x2} = 2(L_2 + R_2)$，$\varepsilon_2 = (L_2 + R_2)/t$；对于直圆型柔性铰链，$l_{x3} = 2R_1$，$\varepsilon_3 = R_1/t$；对于椭圆型柔性铰链，$l_{x4} = 2a$，$\varepsilon_4 = a/t$。

4.1.1.2 参数 ε 的影响机理

柔性铰链工作时，其旋转角位移 α_z 和拉伸线位移 Δ_x 是其主要性能指标，因此这里

主要考察结构参数 ε 对柔性铰链的转动刚度 K_{α_z} 和拉伸刚度 K_{Δ_x} 的影响。假定柔性铰链一端固定，另一端自由，仅受轴向力 $\boldsymbol{F}_x$ 和弯矩 $\boldsymbol{M}_z$ 的作用。

1. t 不变，改变 l_x

首先，令柔性铰链的最小切割厚度 t 不变，改变铰链切口长度 l_x。柔性铰链结构参数给定如下：$t = 0.5\text{mm}$，$b = 2\text{mm}$，$R_2 = 2\text{mm}$，$w = 8\text{mm}$，材料弹性模量 $E = 2.1 \times 10^{11}\text{N/m}^2$。结合文献［2］中对常用柔性铰链刚度模型的结论，编写 MATLAB 数值仿真程序，其刚度计算结果如图 4.2 所示。

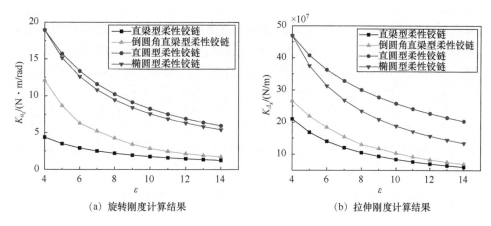

(a) 旋转刚度计算结果　　　　　　　(b) 拉伸刚度计算结果

图 4.2　t 不变、改变 l_x 时常用柔性铰链刚度计算结果对比

如图 4.2 所示，当柔性铰链的最小切割厚度 t 一定时，随着结构参数 ε 的变大，即随着柔性铰链凹口距离 l_x 的变大（切口长度变大），四种柔性铰链的转动刚度和拉伸刚度都逐渐变小，而其转动柔度和拉伸柔度会逐渐增大，故在相同的外力作用下，柔性铰链绕 z 轴的转动角位移 α_z 和沿 x 轴的轴向拉伸线位移 Δ_x 都会变大。因此，当柔性铰链最小切割厚度 t 一定时，增大柔性铰链切口长度 l_x，可以提高柔性铰链的工作行程范围。

2. l_x 不变，改变 t

接着，令柔性铰链的切口长度 l_x 不变，改变最小切割厚度 t。基于 MATLAB 的数值仿真程序计算的刚度对比结果如图 4.3 所示。

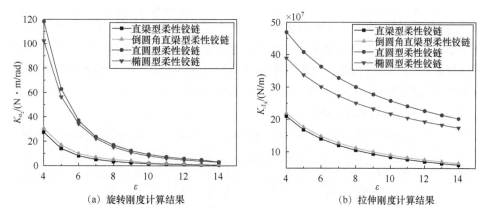

(a) 旋转刚度计算结果　　　　　　　(b) 拉伸刚度计算结果

图 4.3　l_x 不变、改变 t 时常用柔性铰链刚度计算结果对比

上述柔性铰链结构参数给定如下：$L_1 = 5mm$，$L_2 = 4mm$，$R_2 = 1mm$，$R_1 = 5mm$，$a = 5mm$，$b = 3mm$，$w = 8mm$，材料弹性模量 $E = 2.1 \times 10^{11} N/m^2$。

由图 4.3 可以看出，随着结构参数 ε 的变大，四种柔性铰链的转动刚度都在逐渐减小。这表明，当柔性铰链的切口长度 l_x 一定时，随着铰链最小切割厚度 t 的变小，四种柔性铰链的转动刚度都逐渐变小，而其转动柔度则会逐渐增大，即在相同的外力作用下，铰链绕 z 轴的转动角位移 α_z 和沿 x 轴的轴向线位移 Δ_x 都会变大。因此，当柔性铰链的切口长度 l_x 一定时，减小最小切割厚度 t，可以提高铰链的工作行程范围。

观察图 4.2 和图 4.3 还可以发现，在相同规格尺寸条件下，直梁型柔性铰链的转动刚度和拉伸刚度都是最小的，直圆型柔性铰链的转动刚度和拉伸刚度都是最大的。这表明，偏转相同的角度 α_z 或者产生相同的轴向线位移 Δ_x，直梁型柔性铰链所需的弯矩或轴向力是最小的，因而适合小力矩驱动场合；直圆型柔性铰链所需的弯矩或轴向力是最大的，因而适合大力矩驱动场合。在相同弯矩或轴向力的作用下，直圆型柔性铰链的转动角位移 α_z 或轴向线位移 Δ_x 是最小的，灵敏度是最低的，适合精度要求较低的场合；而直梁型柔性铰链的转动角位移 α_z 或轴向线位移 Δ_x 是最大的，灵敏度是最高的，适合于精度较高的场合。

4.1.2 柔度参数 λ

4.1.2.1 参数 λ 的定义

柔性微位移放大机构利用自身结构实现对柔性铰链的微小位移进行放大和传递，但柔性铰链往往同时受到轴向力 F_x 和弯矩 M_z 的作用，会同时产生轴向线位移和旋转角位移，最终会对柔性微位移放大机构的执行末端的定位精度及整体位移放大性能产生影响。为此，需要讨论柔性铰链在同时受到轴向力 F_x 和弯矩 M_z 的作用时，其主要输出位移形式的灵敏度。

定义柔度比 λ 如下：

$$\lambda = \frac{拉伸柔度}{旋转柔度} = \frac{C_F}{C_M} = \frac{K_{\alpha_z}}{K_{\Delta_x}} \tag{4-2}$$

柔度比 λ 越大，表明该柔性铰链越容易产生拉伸轴向线位移，越不容易产生旋转角位移。实际上，柔度比 λ 反映的是柔性铰链在受轴向力 F_x 和弯矩 M_z 同时作用时，柔性铰链主要输出位移形式的灵敏度，即柔度比 λ 越大，则该柔性铰链的主要输出位移形式为轴向线位移的灵敏度越高，越容易产生轴向线位移；反之，则柔性铰链主要输出形式为旋转角位移的灵敏度越高，越容易产生旋转角位移。

4.1.2.2 参数 λ 的影响机理

对于常见的典型柔性铰链而言，最小切割厚度 t 对柔性铰链运动性能的影响最深[13]，为此有必要考察最小切割厚度 t 与柔度比 λ 之间的影响关系。仍然选取上述常见的四种柔性铰链，其结构参数（铰链切口长度 l_x、铰链宽度 w）均与上述结构相同，编写 MATLAB 数值仿真程序，柔度比 λ 随最小切割厚度 t 的变化关系如图 4.4 所示。

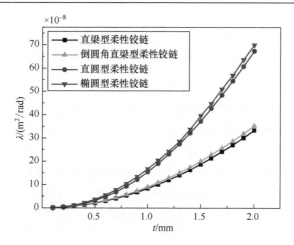

图 4.4　柔度比 λ 随最小切割厚度 t 的变化关系

如图 4.4 所示，随着最小切割厚度 t 的增大，四种柔性铰链的柔度比 λ 都在逐渐增大。这表明，随着铰链最小切割厚度 t 的增大，四种柔性铰链的主要输出位移形式中，轴向线位移的输出灵敏度逐渐提高，而旋转角位移的输出灵敏度逐渐降低，即随着铰链最小切割厚度 t 的增大，四种柔性铰链的主要输出位移形式逐渐由旋转角位移向轴向线位移过渡。

下面探讨柔度比 λ 与结构参数 ε 之间的关系。继续沿用上述柔性铰链的相关结构参数及柔度模型，编写 MATLAB 数值仿真程序，柔度比 λ 随结构参数 ε 的变化关系如图 4.5 所示。

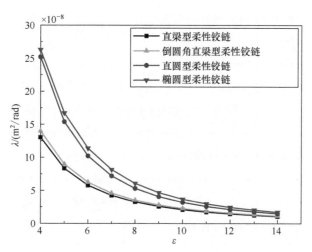

图 4.5　柔度比 λ 随结构参数 ε 的变化关系

如图 4.5 所示，直梁型和倒圆角直梁型柔性铰链的柔度比 λ 明显小于直圆型和椭圆型柔性铰链的柔度比 λ，这说明当柔性铰链同时受到轴向力 $\boldsymbol{F}_x$ 和弯矩 $\boldsymbol{M}_z$ 作用时，直梁型和倒圆角直梁型柔性铰链相对另两种铰链，其输出位移的主要形式是旋转角位移；而直圆型和椭圆型柔性铰链相对另外两种铰链更容易产生轴向线位移。这对于设计柔性微位移放大机构时柔性铰链的选型设计具有很好的指导意义。

4.2　深切口椭圆型柔性铰链

目前，对于柔性铰链刚度、柔度的研究都集中在常用的直梁型、直圆型、倒圆角直梁型和浅切口椭圆型等常规柔性铰链；对于柔性铰链的优化设计也只考虑了有效弯矩 M_z 的作用，忽略了其他方向上的作用力（或力矩），这与柔性铰链的实际应用情况有较大出入。另外，以椭圆长轴半径作为切口深度的深切口椭圆型柔性铰链已经被相关学者证明是一种易于加工的优质柔性铰链，相较于常规的浅切口椭圆型铰链及其他常用的柔性铰链，深切口椭圆型柔性铰链具有更高的转动精度，同时其工作行程范围也有保障[7]，更加适合于全柔性机构的应用，完全能够满足高精密、大行程光学定位装置的应用要求。但目前尚未见对深切口椭圆型柔性铰链结构参数的灵敏度的分析，对其结构刚度、结构柔度及尺寸参数化设计之间的关系尚不明确。为此，本节拟建立深切口椭圆型柔性铰链的转动刚度模型，在此基础上系统地分析各结构参数对结构刚度的影响；对深切口椭圆型柔性铰链进行尺寸参数优化设计，从实际情况出发，构建弯矩、剪切力及轴向力综合作用的受力模型，采用模糊多目标优化设计方法对结构参数进行优化设计，以期能够进一步提高深切口椭圆型柔性铰链的转动精度，为应用于高精密、大行程的光波导封装定位平台的设计提供一定借鉴和依据。

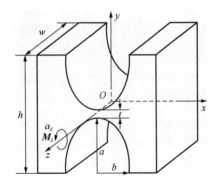

图 4.6　深切口椭圆型柔性铰链的立体视图

4.2.1　转动刚度模型

图 4.6 给出了深切口椭圆型柔性铰链的立体视图，其中 h、w 和 t 分别为柔性铰链的高度、宽度和最小切割厚度，椭圆切口的长轴半径和短轴半径分别为 a、b（$a \geqslant b$）。

由于 z 轴是柔性铰链运动的输入轴，因此绕 z 轴的旋转角位移 α_z 是柔性铰链运动精度和性能的关键参数。为简化分析，这里仅对旋转力矩 M_z 引起的绕 z 轴旋转的角位移 α_z 进行分析。由文献 ［14］知，柔性铰链转角的计算公式为

$$\alpha_z = \frac{\mathrm{d}y}{\mathrm{d}x} = \int \frac{\mathrm{d}^2 y}{\mathrm{d}x^2} \mathrm{d}x = \int \frac{M_z}{E \cdot I(x)} \mathrm{d}x \tag{4-3}$$

式中：E——柔性铰链材料的弹性模量；

$I(x)$——截面对中心轴的惯性矩。

如图 4.7 所示，在下切口椭圆底部中心建立 xOy 坐标系，分别以椭圆的长轴半径 a 和短轴半径 b 作辅助圆，在大圆圆周上任取一点 A，OA 交小圆于点 B，过点 A 作 $AN \perp y$ 轴于点 N，过点 B 作 $BP \perp AN$ 于点 P，则 P 点必在椭圆圆周上，且 $\angle AON$ 即为离心角。令 $\angle AON$ 为 φ，则 P 点坐标为 $x_P = b\sin\varphi$，$y_P = a\cos\varphi$。

实际上，柔性铰链的转角变形是由许多微段弯曲变形累积的结果，因此在 P 点取微元 $\mathrm{d}x$，对应于离心角则取微元角 $\mathrm{d}\varphi$，如图 4.7 所示。由于柔性铰链的弹性变形主要集中

在中间较为薄弱的部分，因此可以忽略其余部分的转角，积分范围从图 4.7 的 C 点到 D 点，即积分区间为（$-\pi/2$，$\pi/2$）。

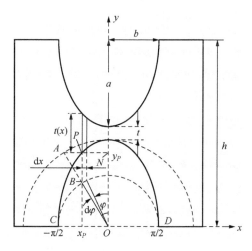

图 4.7　微元划分

由图 4.7 可得

$$I(x) = w[t(x)]^3/12 \tag{4-4}$$

$$t(x) = h - 2ON = 2a + t - 2y_P = 2a + t - 2a\cos\varphi \tag{4-5}$$

$$dx = d(b\sin\varphi) = b\cos\varphi d\varphi \tag{4-6}$$

将式（4-4）～式（4-6）代入式（4-3），即可得到柔性铰链的转角 α_z：

$$
\begin{aligned}
\alpha_z &= \int_{-\pi/2}^{\pi/2} \frac{M_z}{E \cdot \frac{1}{12} w\,[t(x)]^3} dx \\
&= \int_{-\pi/2}^{\pi/2} \frac{12 M_z\,(b\cos\varphi)}{Ew\,(2a+t-2a\cos\varphi)^3} d\varphi \\
&= \frac{12 M_z b}{Ew} \int_{-\pi/2}^{\pi/2} \frac{\cos\varphi}{(2a+t-2a\cos\varphi)^3} d\varphi
\end{aligned} \tag{4-7}
$$

令

$$f_1 = \int_{-\pi/2}^{\pi/2} \frac{\cos\varphi}{(2a+t-2a\cos\varphi)^3} d\varphi \tag{4-8}$$

则

$$\alpha_z = \frac{12 M_z b}{Ew} f_1 \tag{4-9}$$

故深切口椭圆型柔性铰链的转动刚度 K 为

$$K = M_z/\alpha_z = Ew/(12bf_1) \tag{4-10}$$

4.2.2　结构参数灵敏度分析

由式（4-8）～式（4-10）可以发现，要精确定性地分析深切口椭圆型柔性铰链的结构参数对转动刚度的影响是比较困难的。借助于 MATLAB 软件，编写数值计算程序，定量地分析各结构参数对转动刚度的影响，能够得到各结构参数对转动刚度 K 的灵敏度关系，进而为深切口椭圆型柔性铰链的结构设计提供依据。

深切口椭圆型柔性铰链材料选用合金钢，其弹性模量 $E = 2.1 \times 10^{11} \text{N/m}^2$。对转动刚度有影响的结构参数主要包括柔性铰链椭圆切口的长轴半径 a、短轴半径 b、最小切割厚度 t 及铰链宽度 w。各结构参数对转动刚度的影响如图 4.8 所示。

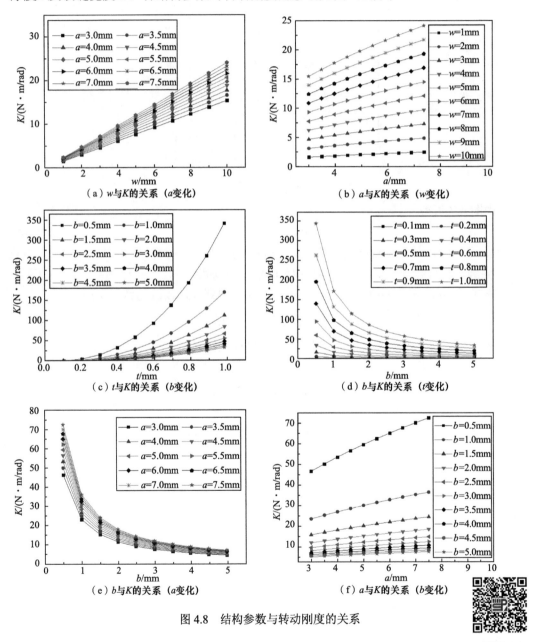

图 4.8　结构参数与转动刚度的关系

彩图 4.8

由图 4.8（a）～（f）的曲线关系分析可知：

1）铰链宽度 w 与转动刚度 K 呈线性递增关系，这从式（4-10）也能够容易得到。

2）椭圆长轴半径 a 与转动刚度 K 呈曲线递增关系，但是增幅较小。

3）最小切割厚度 t 与转动刚度 K 呈曲线递增关系，且增幅越来越快。

4）椭圆短轴半径 b 与转动刚度 K 呈反比关系，这从式（4-10）也容易得到。

比较图 4.8（a）和（b）曲线可以发现，长轴半径 a 的变化能引起转动刚度 K 更加明显的变化，说明长轴半径 a 比铰链宽度 w 更加灵敏，更能影响转动刚度 K。

比较图 4.8（c）和（d）曲线可以发现，最小切割厚度 t 的变化能引起转动刚度 K 更加明显的变化，说明最小切割厚度 t 比短轴半径 b 更加灵敏，更能影响转动刚度 K。

比较图 4.8（e）和（f）曲线可以发现，短轴半径 b 的变化能引起转动刚度 K 更加明显的变化，说明短轴半径 b 比长轴半径 a 更加灵敏，更能影响转动刚度 K。

综上所述，深切口椭圆型柔性铰链各结构参数对其转动刚度 K 的灵敏度依次为：最小切割厚度 t 最为灵敏，其次是短轴半径 b，再次是长轴半径 a，铰链宽度 w 对转动刚度 K 的影响灵敏度最小。因此，在设计深切口椭圆型柔性铰链时，应当根据设计要求首先确定最小切割厚度 t，然后确定椭圆切口的短轴半径 b 和长轴半径 a，最后确定铰链宽度 w。

4.2.3　刚度/柔度模型

柔性铰链在实际应用中，多是受到外力和外力矩的综合作用而产生弹性微变形的。假设柔性铰链一端固定，另一端自由，受到弯矩 M_y、M_z，剪切力 F_y、F_z，以及轴向力 F_x 的综合作用。以柔性铰链的下椭圆切口中心点 O 建立 $Oxyz$ 坐标系，如图 4.9 所示。

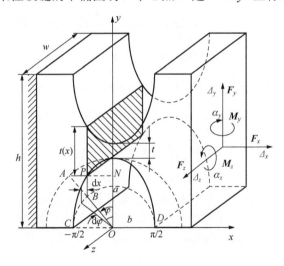

图 4.9　深切口椭圆型柔性铰链分析

用 Δ 表示线位移，用 α 表示角位移，下标 x、y、z 分别表示沿（绕）某个轴产生的位移，如 Δ_x 表示沿 x 轴产生的线位移，α_y 表示绕 y 轴产生的角位移，其余类推。由材料力学性质分析可得：Δ_x 由 F_x 引起，Δ_y 由 F_y 和 M_z 共同引起，Δ_z 由 F_z 和 M_y 共同引起，α_y 由 M_y 和 F_z 共同引起，α_z 由 M_z 和 F_y 共同引起。可用如下矩阵表示外力（外力矩）和位移之间的关系：

$$
\begin{bmatrix} \Delta_x \\ \Delta_y \\ \Delta_z \\ \alpha_y \\ \alpha_z \end{bmatrix} = \begin{bmatrix} C_{\Delta_x\_F_x} & 0 & 0 & 0 & 0 \\ 0 & C_{\Delta_y\_F_y} & 0 & 0 & C_{\Delta_y\_M_z} \\ 0 & 0 & C_{\Delta_z\_F_z} & C_{\Delta_z\_M_y} & 0 \\ 0 & 0 & C_{\alpha_y\_F_z} & C_{\alpha_y\_M_y} & 0 \\ 0 & C_{\alpha_z\_F_y} & 0 & 0 & C_{\alpha_z\_M_z} \end{bmatrix} \begin{bmatrix} F_x \\ F_y \\ F_z \\ M_y \\ M_z \end{bmatrix} \tag{4-11}
$$

式中：$C_{\Delta_x\_F_x}$——由外力 $\boldsymbol{F}_x$ 引起的沿 x 轴产生的拉伸柔度系数；

$\quad\quad C_{\Delta_y\_M_z}$——由外力矩 $\boldsymbol{M}_z$ 引起的沿 y 轴产生的拉伸柔度系数；

$\quad\quad C_{\alpha_z\_F_y}$——由外力 $\boldsymbol{F}_y$ 引起的绕 z 轴产生的旋转柔度系数；

$\quad\quad C_{\alpha_z\_M_z}$——由外力矩 $\boldsymbol{M}_z$ 引起的绕 z 轴产生的旋转柔度系数。

其余类推。

由式（4-10）可知：

$$
C_{\alpha_z\_M_z} = \frac{1}{K_{\alpha_z\_M_z}} = \frac{\alpha_z}{M_z} = \frac{12b}{Ew} f_1 \tag{4-12}
$$

f_1 由式（4-8）给出。这里 f_1 为定积分，在 Mathematica 8.0 中的积分结果十分复杂，且包含反三角函数[15]，并不利于后面的优化设计。为此，采用 Newton-Cotes 求积公式进行简化计算。当 $n=4$ 时，f_1 利用 Newton-Cotes 求积公式进行计算，结果如下：

$$
\begin{aligned}
f_1 &= \int_{-\frac{\pi}{2}}^{\frac{\pi}{2}} \frac{\cos\varphi}{(2a+t-2a\cos\varphi)^3} \mathrm{d}\varphi \\
&= \frac{\pi}{90} \left[\frac{32\sqrt{2}}{(0.58a+t)^3} + \frac{12}{t^3} \right]
\end{aligned} \tag{4-13}
$$

将式（4-13）代入式（4-12）中可得

$$
\begin{aligned}
C_{\alpha_z\_M_z} &= \frac{12b}{Ew} f_1 = \frac{12b}{Ew} \cdot \frac{\pi}{90} \left[\frac{32\sqrt{2}}{(0.58a+t)^3} + \frac{12}{t^3} \right] \\
&= \frac{5.027b}{Ew} \left[\frac{3.771}{(0.58a+t)^3} + \frac{1}{t^3} \right]
\end{aligned} \tag{4-14}
$$

根据文献［6］及［15］对浅切口椭圆型柔性铰链柔度的计算，结合弹性变形公式和 Newton-Cotes 求积公式，即可推导出深切口椭圆型柔性铰链柔度矩阵 $\boldsymbol{C}$ 中的其他柔度系数，具体推导过程这里不再赘述。

$$
C_{\alpha_z\_F_y} = \frac{\alpha_z}{F_y} = \frac{5.027b^2}{Ew} \left[\frac{3.771}{(0.58a+t)^3} + \frac{1}{t^3} \right] \tag{4-15}
$$

$$
C_{\alpha_y\_M_y} = \frac{\alpha_y}{M_y} = \frac{5.027b}{Ew^3} \left[\frac{3.771}{0.58a+t} + \frac{1}{t} \right] \tag{4-16}
$$

$$
C_{\alpha_y\_F_z} = \frac{\alpha_y}{F_z} = \frac{5.027b^2}{Ew^3} \left[\frac{3.771}{0.58a+t} + \frac{1}{t} \right] \tag{4-17}
$$

$$C_{\Delta_z \_ M_y} = \frac{\Delta_z}{M_y} = \frac{5.027b^2}{Ew^3}\left[\frac{3.771}{0.58a+t}+\frac{1}{t}\right] \tag{4-18}$$

$$C_{\Delta_z \_ F_z} = \frac{\Delta_z}{F_z} = \frac{5.027b^3}{Ew^3}\left[\frac{5.657}{0.58a+t}+\frac{1}{t}\right] \tag{4-19}$$

$$C_{\Delta_y \_ M_z} = \frac{\Delta_y}{M_z} = \frac{5.027b^2}{Ew}\left[\frac{3.771}{(0.58a+t)^3}+\frac{1}{t^3}\right] \tag{4-20}$$

$$C_{\Delta_y \_ F_y} = \frac{\Delta_y}{F_y} = \frac{5.027b^3}{Ew}\left[\frac{5.657}{(0.58a+t)^3}+\frac{1}{t^3}\right] \tag{4-21}$$

$$C_{\Delta_x \_ F_x} = \frac{\Delta_x}{F_x} = \frac{0.419b}{Ew}\left[\frac{3.771}{0.58a+t}+\frac{1}{t}\right] \tag{4-22}$$

将式（4-14）～式（4-22）分别代入式（4-11）中，即可构建深切口椭圆型柔性铰链的完整柔度矩阵模型。由于刚度与柔度互为倒数，因此深切口椭圆型柔性铰链的刚度矩阵模型同样可以求出，此处不予赘述。

4.3　柔性铰链模糊优化设计

通过 4.2 节对深切口椭圆型柔性铰链结构参数的对比分析可知，结构参数在很大程度上直接决定了柔性铰链的旋转刚度 K 及其输出的旋转能力，因此有必要对柔性铰链的结构参数进行优化设计。本节应用多目标模糊优化算法对深切口柔性铰链的结构参数进行优化设计，以期为读者提供柔性铰链的优化设计方法应用方面的实例。

4.3.1　模糊优化设计方法

柔性铰链的结构参数包括切口长度 a_x、切口深度 a_y、铰链宽度 w 及最小切割厚度 t。上述结构参数均能够对柔性铰链的输出旋转能力产生影响。为了使柔性铰链的输出旋转能力达到最优，有必要对上述结构参数进行优化设计，这就牵涉到多目标优化问题，而解决多目标优化的有效方法之一便是模糊优化设计。多目标模糊优化设计通过建立目标函数与约束条件确立模糊约束的隶属函数，将模糊约束非模糊化，并将多目标优化转化为单目标优化问题，从而获得每一个单目标的优化解，并最终确立多目标的优化解集。

4.3.1.1　设计变量

深切口椭圆型柔性铰链的主要结构参数有宽度 w、椭圆切口的长轴半径 a、短轴半径 b（$a \geqslant b$）和最小切割厚度 t。因此，定义设计变量 X 为

$$X=[x_1,\ x_2,\ x_3,\ x_4]^{\mathrm{T}}=[t,\ b,\ a,\ w]^{\mathrm{T}} \tag{4-23}$$

4.3.1.2　目标函数

柔性铰链绕 z 轴的旋转角位移 α_z 是衡量柔性铰链运行精度和性能的最重要参数，其他方向上的位移相对于柔性铰链的运动来说都是"干扰因素"。因此，在设计柔性铰链时，应当尽量增大 $C_{\alpha_z \_ M_z}$ 和 $C_{\alpha_z \_ F_y}$，而其他方向上的运动柔度系数应尽可能小。令

$$g_1(X)=C_{\alpha_z \_ M_z}$$

$$g_2(X) = C_{\alpha_z\_F_y}$$

$$g_3(X) = C_{\alpha_y\_M_y}$$

$$g_4(X) = C_{\alpha_y\_F_z}$$

$$g_5(X) = C_{\Delta_z\_M_y}$$

$$g_6(X) = C_{\Delta_z\_F_z}$$

$$g_7(X) = C_{\Delta_y\_M_z}$$

$$g_8(X) = C_{\Delta_y\_F_y}$$

$$g_9(X) = C_{\Delta_x\_F_x}$$

构建如下多目标优化函数：

$$\min G(X) = \frac{\sum_{j=3}^{9} \beta_j g_j(X)}{\sum_{i=1}^{2} \beta_i g_i(X)} \tag{4-24}$$

式中：β_i——各柔度系数的加权系数，反映了各子目标在多目标优化问题中的重要程度[16]。

本研究课题采用传统的加权法寻找最优解。不同的加权系数会产生不同的最优解，因此实质上多目标优化问题普遍存在最优解集[17]。在实际应用问题中，必须结合不同影响因素的重要程度和决策人员的个人偏好，从最优解集合中挑选一个或一些解作为多目标优化问题的最优解[18]。

本研究课题采用一种最简单有效的方法，即固定权重值法来求解多目标优化问题。根据各子目标函数的实际意义及对多目标函数的影响程度，即深切口椭圆型柔性铰链绕 z 轴的转动能力应该尽量大，而其他方向上的运动能力应尽量小，结合文献［6］和文献［15］中对柔性铰链实际各轴的位移大小的分析及其相对于主要位移形式的影响程度大小，遵循经验，取加权系数为 $\beta_1 = 0.35$，$\beta_2 = 0.3$，$\beta_3 = \beta_4 = \cdots = \beta_9 = 0.05$。

4.3.1.3　约束条件

1. 尺寸约束

$$x_{il} \leqslant x_i \leqslant x_{iu} \tag{4-25}$$

式中：x_{il} ——设计变量 x_i 取值的下限值；

x_{iu}——设计变量 x_i 取值的上限值；

i=1，2，3，4。

因为柔性铰链为深切口椭圆型柔性铰链，因此对于长、短轴半径存在如下关系：

$$x_2 \leqslant x_3 \tag{4-26}$$

根据文献［18］的研究可知，要简化柔性铰链弹性变形公式并达到工程设计应用的标准，必须满足

$$x_1 \leqslant 0.2x_2 \tag{4-27}$$

2. 应力-强度约束

在力矩 M_z 的作用下，柔性铰链最小厚度部分所承受的弯曲应力最大，故应满足

$$\sigma_{\max}=M_z/W_z\leqslant\sigma_u=\sigma_s \tag{4-28}$$

式中：$\sigma_{\max}$——最大弯曲应力；

$\qquad\sigma_u$——强度上限值；

$\qquad\sigma_s$——材料的屈服强度；

$\qquad W_z$——抗弯截面系数。

4.3.1.4　模糊约束的隶属函数

上述约束条件的模糊化隶属函数应当根据约束的性质和设计要求确定。为此，将模糊约束条件的隶属函数分为两类处理。

1. 几何约束

几何约束采用梯形分布隶属函数，函数形式为

$$\mu(x_i)=\begin{cases}\dfrac{x_i-\underline{x}_{il}}{\overline{x}_{il}-\underline{x}_{il}} & ,\quad \underline{x}_{il}\leqslant x_i\leqslant\overline{x}_{il}\\[2mm] 1 & ,\quad \overline{x}_{il}\leqslant x_i\leqslant\underline{x}_{iu}\\[2mm] \dfrac{\overline{x}_{iu}-x_i}{\overline{x}_{iu}-\underline{x}_{iu}} & ,\quad \underline{x}_{iu}\leqslant x_i\leqslant\overline{x}_{iu}\\[2mm] 0 & ,\quad \text{其他}\end{cases} \tag{4-29}$$

式中：$\underline{x}_{il}$——设计变量 x_i 的下限值 x_{il} 的下界；

$\qquad\overline{x}_{il}$——设计变量 x_i 的下限值 x_{il} 的上界；

$\qquad\underline{x}_{iu}$——设计变量 x_i 的上限值 x_{iu} 的下界；

$\qquad\overline{x}_{iu}$——设计变量 x_i 的上限值 x_{iu} 的上界。

2. 强度约束

强度约束采用降半形梯形分布隶属函数，函数形式为

$$\mu(\sigma)=\begin{cases}1 & ,\quad \sigma<\underline{\sigma}_u\\[2mm] \dfrac{\overline{\sigma}_u-\sigma}{\overline{\sigma}_u-\underline{\sigma}_u} & ,\quad \underline{\sigma}_u<\sigma\leqslant\overline{\sigma}_u\\[2mm] 0 & ,\quad \text{其他}\end{cases} \tag{4-30}$$

式中：$\underline{\sigma}_u$——强度约束 σ 的上限值 σ_u 的下界；

$\qquad\overline{\sigma}_u$——强度约束 σ 的上限值 σ_u 的上界。

4.3.1.5　非模糊化和单目标优化处理

得到模糊约束的隶属函数 [式（4-29）和式（4-30）] 后，各设计变量上下限值的具体范围可以根据下式计算得到：

$$\begin{cases}\underline{x}_{il}+(\overline{x}_{il}-\underline{x}_{il})\cdot\lambda\leqslant x_i\leqslant\overline{x}_{iu}-(\overline{x}_{iu}-\underline{x}_{iu})\cdot\lambda\\[2mm] \sigma_{\max}\leqslant\overline{\sigma}_u-(\overline{\sigma}_u-\underline{\sigma}_u)\cdot\lambda\end{cases} \tag{4-31}$$

显然，λ 的不同取值将直接影响模糊优化的结果。实际上，λ 值的大小反映了不同的优化水平，这里采用最优水平截集法求解最优 λ 值，同时将上述多目标模糊优化问题转化为单目标优化问题。

首先建立因素集 U。柔性铰链在实际使用中，影响其运动精度和运动性能的因素主要有 u_1（设计水平高低），u_2（工艺及制造水平），u_3（材质优劣），u_4（使用工况优劣），

u_5（维护保养水平），故建立的因素集为 $U=(u_1,\ u_2,\ u_3,\ u_4,\ u_5)$。

然后建立水平值 λ 的评判集。评判集就是以评判者对被评判对象做出的各种评判结果作为元素的集合，这里给出水平值 λ 的评判集，为 $\lambda=(0.0,\ 0.1,\ 0.2,\ \cdots,\ 1.0)$。

其次建立单因素模糊评判矩阵 $\boldsymbol{R}$。单因素模糊评判矩阵 $\boldsymbol{R}$ 中的元素 r_{ij} 是因素集 U 到评判集 λ 的模糊映射。这里采用专家打分法，得到的单因素模糊评判矩阵 $\boldsymbol{R}$ 为

$$\boldsymbol{R}=\begin{bmatrix} 0.0 & 0.0 & 0.2 & 0.6 & 0.9 & 1.0 & 0.8 & 0.5 & 0.3 & 0.0 & 0.0 \\ 0.0 & 0.1 & 0.2 & 0.5 & 0.8 & 0.8 & 0.9 & 0.3 & 0.5 & 0.0 & 0.1 \\ 0.1 & 0.2 & 0.3 & 0.4 & 0.9 & 1.0 & 1.0 & 0.7 & 0.5 & 0.3 & 0.0 \\ 0.0 & 0.1 & 0.3 & 0.5 & 1.0 & 0.9 & 0.8 & 0.6 & 0.2 & 0.0 & 0.0 \\ 0.1 & 0.0 & 0.4 & 0.6 & 0.8 & 0.9 & 0.7 & 0.8 & 0.4 & 0.2 & 0.1 \end{bmatrix}$$

接着建立权重变量。针对上述因素集，分配各权重为

$$\boldsymbol{W}=[0.20,\ 0.3,\ 0.22,\ 0.18,\ 0.1]$$

最后建立模糊综合评价集 $\boldsymbol{B}=\boldsymbol{W}\cdot\boldsymbol{R}$。经过计算可得

$$\boldsymbol{B}=[0.032,\ 0.092,\ 0.26,\ 0.508,\ 0.878,\ 0.912,\ 0.864,\ 0.532,\ 0.468,\ 0.122,\ 0.04]$$

采用加权平均法可求得最优水平值，为

$$\lambda^*=\sum_{j=1}^{11}b_j\lambda_j\bigg/\sum_{j=1}^{11}b_j=0.6337$$

将最优 λ^* 值代入式（4-31），即可确定各设计变量的尺寸边界。至此，在最宽松约束条件下，可以采用普通优化方法寻找各子目标函数的最优解 X_i^*，进而可以得到各子目标函数的最优解 $g_i(X_i^*)$。

对各子目标函数 $g_i(X)$ 按上述方法循环求解，即可求得各子目标函数在设计变量尺寸边界范围内的优化解的极小值 $g_{i\min}(X_k^*)$ 和极大值 $g_{i\max}(X_k^*)$，分别为

$$\begin{cases} g_{i\min}(X_k^*)=\min_{1\le k\le 9}g_i(X_k^*) \\ g_{i\max}(X_k^*)=\max_{1\le k\le 9}g_i(X_k^*) \end{cases} \tag{4-32}$$

式中：$i=1,\ 2,\ \cdots,\ 9$。

根据式（4-32），采用常用的非对称模型构建如下隶属函数：

$$L_i(X)=\begin{cases} 1 & ,\ g_i(X)<g_{i\min}(X_k^*) \\ \left[\dfrac{g_{i\max}(X_k^*)-g_i(X)}{g_{i\max}(X_k^*)-g_{i\min}(X_k^*)}\right]^q & ,\ g_{i\min}(X_k^*)\le g_i(X)\le g_{i\max}(X_k^*) \\ 0 & ,\ g_{i\max}(X_k^*)<g_i(X) \end{cases} \tag{4-33}$$

式中：q——权重系数，一般取非负实数。

最后，引入辅助变量 $m(0\le m\le 1)$，将模糊多目标优化问题转化为单目标优化问题，即求 $\boldsymbol{X}=[x_1,\ x_2,\ x_3,\ x_4,\ m]^{\mathrm{T}}$，使得存在最大的 $m_{\max}$，使 $L_i(X)\ge m_{\max}$，且满足多目标优化模型的约束条件 [式（4-25）~式（4-28）]。这样，解 $m_{\max}$ 所对应的一组解：

$\boldsymbol{X}^*=[x_1^*,\ x_2^*,\ x_3^*,\ x_4^*,\ m_{\max}]^{\mathrm{T}}$，即为所求多目标优化模型 [式（4-24）] 的优化解。显然，采用不同的权重系数、不同的加权平均法，优化解会不同。因此，本优化算法的优化解并不是唯一的。

4.3.2　算例分析

4.3.1 节结合深切口椭圆型柔性铰链的实际工程应用,给出了多目标模糊优化设计的
目标函数、约束条件及其优化步骤。下面结合具体的设计实例,对深切口椭圆型柔性铰
链进行优化设计,并通过数值计算证明多目标模糊优化设计是正确且可行的,不仅能够
有效提高深切口椭圆型柔性铰链的输出转动能力,而且还能够抑制其他轴向的位移,从
而提高深切口椭圆型柔性铰链的运动精度。

以深切口椭圆型柔性铰链的结构参数作为优化设计变量,结合设计经验和实际工程
应用,深切口椭圆型柔性铰链的结构参数的上限值和下限值可分别设定如下(单位: mm):

$$X_L = [x_{11},\ x_{21},\ x_{31},\ x_{41}]^T = [0.05,\ 1.0,\ 2.0,\ 3.0]^T$$
$$X_U = [x_{1u},\ x_{2u},\ x_{3u},\ x_{4u}]^T = [0.5,\ 3.0,\ 6.0,\ 8.0]^T$$

采用加权平均法可求得最优水平值 λ^*,将其代入式 (4-32),经计算可得各子目标
函数优化解的极大值和极小值,计算结果如表 4.1 所示。

表 4.1　子目标函数优化解的极大值和极小值

子目标函数	优化解极大值	优化解极小值
$g_1(X)$	0.247	0.032
$g_2(X)$	5.298×10^{-4}	1.480×10^{-5}
$g_3(X)$	1.50×10^{-3}	1.353×10^{-4}
$g_4(X)$	1.40×10^{-6}	6.268×10^{-8}
$g_5(X)$	1.40×10^{-6}	6.268×10^{-8}
$g_6(X)$	3.70×10^{-9}	3.436×10^{-11}
$g_7(X)$	5.298×10^{-4}	1.480×10^{-5}
$g_8(X)$	1.150×10^{-6}	6.863×10^{-9}
$g_9(X)$	3.20×10^{-9}	6.363×10^{-10}

结合表 4.1 与式 (4-33),取 $q=2$,即可求得各优化子目标的隶属函数。由此,将
多目标优化模型转换为普通的单目标优化问题,可以通过编写 MATLAB 程序,寻找在
尺寸边界范围内的最优解,其结果为

$$X^* = [x_1^*,\ x_2^*,\ x_3^*,\ x_4^*]^T = [0.36,\ 1.82,\ 2.0,\ 5.28]^T$$

为比较优化性能,结合设计经验取一组初始值: $X^{(0)} = [0.45,\ 3.0,\ 5.0,\ 5.0]^T$。将设
计变量的初始值 $X^{(0)}$ 与优化之后的取值 X^* 进行对比,定义优化率为优化率 = (优化后的
值−优化前的值)/优化前的值,对比结果如表 4.2 所示。

表 4.2　优化设计结果对比

目标函数	优化前 $X^{(0)}$	优化后 X^*	优化率/%
$g_1(X)$	0.159	0.186	16.98
$g_2(X)$	4.772×10^{-4}	3.380×10^{-4}	−29.17
$g_3(X)$	1.90×10^{-3}	1.60×10^{-3}	−15.79
$g_4(X)$	5.80×10^{-6}	2.80×10^{-6}	−51.72

续表

目标函数	优化前 $X^{(0)}$	优化后 X^*	优化率/%
$g_5(X)$	5.80×10^{-6}	2.80×10^{-6}	-51.72
$g_6(X)$	2.02×10^{-8}	6.40×10^{-9}	-68.32
$g_7(X)$	4.772×10^{-4}	3.380×10^{-4}	-29.17
$g_8(X)$	1.438×10^{-6}	6.30×10^{-7}	-56.19
$g_9(X)$	4.00×10^{-9}	3.60×10^{-9}	-10
$G(X)$	0.0021	0.0015	-28.57

目标函数 $g_1(X)$ 和 $g_2(X)$ 是最能够体现柔性铰链的运动精度和运动性能的量。从表 4.2 中可以看出，经过模糊优化设计之后，柔度系数 $C_{\alpha_z\_M_z}$ 提高了 16.98%，而 $C_{\alpha_z\_F_y}$ 降低了 29.17%，但 $C_{\alpha_z\_M_z}$ 和 $C_{\alpha_z\_F_y}$ 的数量级相差 1000 倍，故 $C_{\alpha_z\_F_y}$ 对 α_z 造成的影响完全可以忽略不计。因此，优化之后的铰链绕 z 轴的转动能力仍然得到了提高。另外，其他各轴上的柔度系数普遍呈减小趋势，优化率在 10%~68%，说明柔性铰链在其他方向上的位移（线位移和角位移）都得到了抑制。

为了进一步验证模糊优化设计的有效性，下面对沿（绕）各轴的位移进行定量分析。给定铰链所受的各方向的力与力矩如下：弯矩 M_z=0.5N·m、M_y=0.1N·m，剪切力 F_y=1N、F_z=0.2N，轴向力 F_x=0.2N。

深切口椭圆型柔性铰链的尺寸分别采用经验取值 $X^{(0)}$ 和优化后的取值 X^*，结合表 4.2 中的数据，按式（4-11）计算即可得到优化前后各轴的位移，具体结果如表 4.3 所示。

表 4.3 优化前后各轴位移结果对比

位移/rad 或 m	优化前 $X^{(0)}$	优化后 X^*	优化率/%
α_z	0.07997	0.09334	16.72
α_y	1.9116×10^{-4}	1.6056×10^{-4}	-16.01
Δ_z	5.8404×10^{-7}	2.8128×10^{-7}	-51.84
Δ_y	2.4003×10^{-4}	1.6963×10^{-4}	-29.33
Δ_x	8.00×10^{-10}	7.20×10^{-10}	-10

从表 4.3 中可以看出，经过模糊优化设计之后，绕 z 轴旋转产生的角位移 α_z 提高了 16.72%；而其他不希望产生位移的运动方向上，其线位移或角位移都呈下降趋势，其中绕 y 轴旋转的角位移 α_y 下降了 16.01%，沿 x 轴、y 轴和 z 轴产生的线位移分别下降了 10%、29.33% 和 51.84%。这表明，经过模糊优化设计之后，柔性铰链在所期望的 z 轴方向上的转动能力得到了提高，同时又抑制了其他方向上的运动能力，进而从侧面提高了柔性铰链的整体运动精度和运动能力，使之更加适合应用于高精密、大行程要求的光波导封装定位平台中。

综上所述，深切口椭圆型柔性铰链的各结构参数对其转动刚度 K 的灵敏度依次为：最小切割厚度 t 最为灵敏，其次是短轴半径 b，再次是长轴半径 a，铰链宽度 w 对转动刚度 K 的灵敏度影响最小。因此，在设计深切口椭圆型柔性铰链时，应当根据设计要求首先确定最小切割厚度 t，然后确定椭圆切口的短轴半径 b 和长轴半径 a，最后确定铰链宽度 w。以上研究方法也可推广到其他类型的柔性铰链刚度模型中。

4.4 柔性机构参数化设计

4.4.1 柔性机构模型

一般将依靠构建自身弹性变形输出运动或位移的机构，或者利用柔性铰链机构实现输出运动或位移的机构称为柔性机构[19]。图 4.10 所示的是一种典型的基于柔性铰链的二级杠杆式柔性放大机构，该柔性放大机构由压电陶瓷驱动器进行驱动，采用五个直圆型柔性铰链实现对输入位移的放大和传递。在 S 点输入压电陶瓷驱动器的输出位移，作为整个放大机构的输入位移 D_{in}，经过柔性放大机构的传递与放大，最终在 P 点得到机构的输出位移 D_{out}。为了分析的方便，图 4.10 中的五个直圆型柔性铰链全部采用相同的结构参数。

图 4.11 是二级杠杆式柔性放大机构的几何模型简图，图中 l_1、l_2 分别是第一级杠杆的输入端、输出端到支点的长度，l_3、l_4 分别是第二级杠杆的输入端、输出端到支点的长度。第一级杠杆和第二级杠杆分别绕柔性铰链 H_1 和 H_5 的中心轴转动。在理想情况下，柔性铰链绕其中心轴转动，中心轴的位置保持固定不变；实际上，在力的作用下，柔性铰链的变形不仅只发生在切口最薄处，柔性铰链的转动中心轴也会产生位移，从而影响柔性放大机构的输出位移，并最终影响到整个放大机构的放大率。

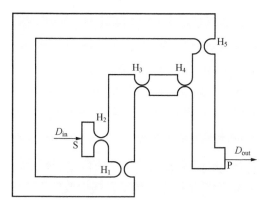

图 4.10 二级杠杆式柔性放大机构

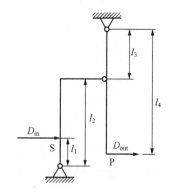

图 4.11 二级杠杆式柔性放大机构
的几何模型简图

4.4.2 柔性机构放大率计算

在柔性铰链机构运动过程中，各柔性铰链会同时产生转角变形和拉伸、压缩变形，这会使得柔性铰链的回转中心发生偏移，从而影响放大机构的放大率。传统的柔性机构放大率计算方法并未考虑到柔性铰链回转中心在受力过程中会发生偏移的事实。鉴于此，本节基于实际情况，对柔性铰链回转中心在受力过程中发生的偏移进行定量分析。设作用在柔性铰链 i 上的轴向力为 F_i，力矩为 M_i，柔性铰链 i 产生的轴向变形量为 Δ_i，

转动角度为 α_i，则柔性铰链的变形量与所受力、力矩存在以下关系：

$$\Delta_i = F_i C_F \tag{4-34}$$

$$\alpha_i = M_i C_M \tag{4-35}$$

式中：C_F——柔性铰链的轴向拉伸柔度系数；

C_M——柔性铰链的旋转柔性系数。

设杠杆机构中第一级杠杆的转角为 θ_1，第二级杠杆的转角为 θ_2，中间过渡杆机构的转角为 θ_3，显然有[20]

$$\alpha_1 = \alpha_2 = \theta_1 \tag{4-36}$$

$$\alpha_3 = \theta_1 + \theta_3 \tag{4-37}$$

$$\alpha_4 = \theta_1 - \theta_3 \tag{4-38}$$

$$\alpha_5 = \theta_2 \tag{4-39}$$

图 4.12（a）所示为二级杠杆式柔性放大机构的第一级杠杆机构受力与位移分析。第一级杠杆围绕铰链 H_1 的旋转中心转动。从图 4.12（a）中可得如下关系：

$$F_1 + F_3 = F_2 \tag{4-40}$$

$$F_3 l_2 + M_1 + M_2 = F_2 l_1 + M_3 \tag{4-41}$$

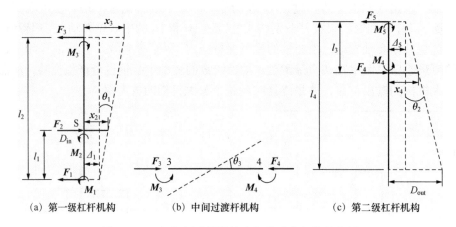

| (a) 第一级杠杆机构 | (b) 中间过渡杆机构 | (c) 第二级杠杆机构 |

图 4.12　二级杠杆式柔性放大机构受力与位移分析

设整个放大机构的输入位移为 D_{in}，作用在铰链 H_2 轴向方向上，铰链 H_2 受轴向力会产生压缩，压缩量为 Δ_2；同时，会使铰链 H_1 的旋转中心发生偏移，假定偏移量为 Δ_1，则第一级杠杆机构的实际有效输入位移 x_2 为

$$x_2 = D_{in} - \Delta_2 \tag{4-42}$$

第一级杠杆机构的输出位移为 x_3 为

$$x_3 = \theta_1 l_2 + \Delta_1 \tag{4-43}$$

第一级杠杆机构的转角 θ_1 为

$$\theta_1 = \frac{x_2 - \Delta_1}{l_1} = \frac{D_{in} - \Delta_2 - \Delta_1}{l_1} = \frac{x_3 - \Delta_1}{l_2} \tag{4-44}$$

图 4.12（b）所示为二级杠杆式柔性放大机构的中间过渡杆机构的受力与位移分析。从图 4.12（b）中可得如下关系[20]：

$$F_3 = F_4 \tag{4-45}$$

$$M_3 = M_4 \tag{4-46}$$

图 4.12（c）所示为二级杠杆式柔性放大机构的第二级杠杆机构的受力与位移分析。第二级杠杆围绕铰链 H_5 的旋转中心转动。从图 4.12（c）中可得如下关系：

$$F_4 = F_5 \tag{4-47}$$

$$F_4 l_3 + M_4 = M_5 \tag{4-48}$$

由于第一级杠杆的推力作用，使得铰链 H_3 和 H_4 都轴向受压，设轴向受压产生的变形量分别为 Δ_3、Δ_4。同时，由于中间过渡杆推力 F_4 的作用，使铰链 H_5 的旋转中心发生偏移。假定偏移量为 Δ_5，则第二级杠杆的实际有效输入位移 x_4 为

$$x_4 = x_3 - \Delta_3 - \Delta_4 \tag{4-49}$$

第二级杠杆机构的输出位移 D_{out} 为

$$D_{out} = \theta_2 l_4 + \Delta_5 \tag{4-50}$$

第二级杠杆机构的转角 θ_2 为

$$\theta_2 = \frac{D_{out} - \Delta_5}{l_4} = \frac{x_4 - \Delta_5}{l_3} = \frac{x_3 - \Delta_3 - \Delta_4 - \Delta_5}{l_3} \tag{4-51}$$

联合式（4-34）～式（4-51）进行求解，最终可推导出该柔性放大机构的实际放大率为

$$k = \frac{2l_1 l_2 l_3 l_4 C_M^2 + (l_1 l_2 + 4l_1 l_4 + 3l_3 l_4 - l_1 l_3 - l_2 l_4)C_M C_F + C_F^2}{2l_1^2 l_3^2 C_M^2 - (2l_1 l_2 + 4l_2 l_3 - 2l_1 l_3 - 4l_1^2 - 2l_2^2 - 6l_3^2)C_M C_F + 7C_F^2} \tag{4-52}$$

将柔度比 λ 的概念式（4-2）代入式（4-52）得

$$k = \frac{2l_1 l_2 l_3 l_4 + \lambda(l_1 l_2 + 4l_1 l_4 + 3l_3 l_4 - l_1 l_3 - l_2 l_4) + \lambda^2}{2l_1^2 l_3^2 - \lambda(2l_1 l_2 + 4l_2 l_3 - 2l_1 l_3 - 4l_1^2 - 2l_2^2 - 6l_3^2) + 7\lambda^2} \tag{4-53}$$

直圆型柔性铰链结构参数如下：最小切割厚度 $t = 1\text{mm}$，切口长度 $l = 10\text{mm}$（$R = 5\text{mm}$），铰链宽度 $w = 8\text{mm}$。

直圆型柔性铰链的拉伸柔度系数、旋转柔度系数的计算公式可参见文献 [2]，此处不再赘述。将相关参数代入式（4-53），可得基于直圆型柔性铰链的二级杠杆放大机构的放大率为 $k = 8.672$。

文献 [21] 也探讨了二级杠杆式柔性放大机构的位移放大比的计算公式，将上述设定的结构参数代入文献 [21] 中的放大率计算公式可得机构放大率为 8.734，二者的误差仅为 0.71%。由此可以证明上述推导的关于柔性机构放大率理论计算公式 [式（4-53）]的正确性。

4.5　基于柔性铰链参数的柔性机构优化设计

4.5.1　柔性机构柔性铰链优化设计

根据图 4.4 和图 4.5 关于柔度比 λ 的相关分析可知，在相同的结构参数及受力作用

下，直梁型柔性铰链相较于直圆型柔性铰链其输出转角更大。由于该二级杠杆式放大机构主要是围绕铰链 H_1 和 H_5 的回转中心转动实现对输入位移的传输与放大的，因此将柔性铰链 H_1 和 H_5 更换为直梁型柔性铰链，能够进一步提高该放大机构的位移放大率。采用相同的结构参数，将铰链 H_1 和 H_5 更换为直梁型柔性铰链，优化后的柔性放大机构如图 4.13 所示。

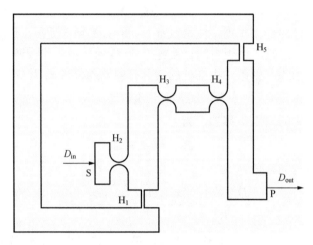

图 4.13　优化后的柔性放大机构

将相关结构参数代入式（4-53），可计算得到优化后的二级杠杆放大机构的放大率为 $k = 8.748$。

由此可见，由于柔性铰链的柔度比 λ 不同，造成了不同类型的柔性铰链输出的不同位移灵敏度不一样，因此选取不同类型的柔性铰链将对基于柔性铰链的柔性放大机构的放大率产生影响。由于理论计算中对柔性铰链变形进行了理想与简化，相信随着加工制造的误差的存在，以及加工过程中不可避免的加工硬化现象的存在，对基于不同类型柔性铰链的柔性放大机构的放大率 k 的影响将更加明显。在高精度、超高精度定位平台系统中，这种由于放大率的不同而造成的定位精度、定位误差都将对系统的整体精度和性能产生重大影响。

4.5.2　有限元仿真验证

为了验证上述理论推导的正确性，采用有限元分析软件 ANSYS 14.0 仿真分析柔性放大机构的输出位移，进而分析机构的位移放大率。

在有限元仿真分析中，首先建立二级杠杆式柔性放大机构的三维模型，并选用三维实体单元 SOLID187 进行网格划分，设定初始条件为输入位移 $D_{in} = 1mm$，仿真结果如图 4.14 所示。图 4.14（a）给出了基于直圆型柔性铰链的二级杠杆式柔性放大机构仿真结果，仿真结果显示机构的输出位移 $D_{out} \approx 8.216mm$，进而可以计算得到基于直圆型柔性铰链的二级杠杆式柔性放大机构的位移放大率为 $k=8.216$，与理论计算得到的位移放大率之间的误差为 5.26%。

将位移放大机构中的铰链 H_1 和 H_5 更换为柔度比 λ 较小的直梁型柔性铰链，并进行有限元仿真。图 4.14（b）给出了优化后的二级杠杆式柔性放大机构的仿真结果，仿真结果显示机构的输出位移 $D_{out} \approx 8.463\text{mm}$，进而可以计算得到优化后的二级杠杆式柔性放大机构的位移放大率为 $k = 8.463$，与理论计算得到的位移放大率之间的误差为 3.26%。

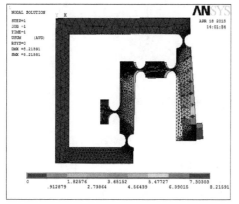 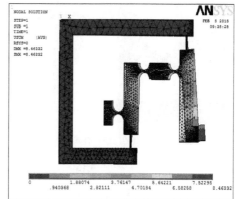

　（a）基于直圆型柔性铰链的柔性放大机构仿真结果　　　　　（b）优化后的柔性放大机构仿真结果

图 4.14　二级杠杆式柔性放大机构位移放大率有限元仿真结果

彩图 4.14

有限元仿真结果显示，将柔性放大机构中的关键铰链 H_1 和 H_5 更换为柔度比 λ 较小的直梁型柔性铰链后，机构的位移放大率 k 相较于原来的基于直圆型柔性铰链的放大机构提高了 0.247，而理论模型计算结果显示仅提高了 0.076，这主要是因为理论计算仅考虑了柔性铰链切口段的变形，将铰链其他结构视作刚体，从而忽略了铰链其他部分的变形。另外，有限元仿真结果也表明，在高精度定位平台及精度驱动系统中，选用不同柔度比 λ 的柔性铰链将对整个柔性机构的位移放大比及定位精度有重要影响。

将优化前、优化后的二级杠杆式柔性放大机构的理论模型计算结果与 FEA 有限元仿真结果汇总于表 4.4。表 4.4 表明，优化前和优化后的理论放大值与 FEA 有限元仿真值的误差分别为 5.26% 和 3.26%，从而间接证明了理论模型的正确。

表 4.4　仿真结果对比

对比项目	位移放大率 k		误差/%
	理论模型计算值	FEA 仿真值	
基于直圆型柔性铰链的二级杠杆式柔性放大机构	8.672	8.216	5.26
优化后的基于直梁型柔性铰链的二级杠杆式柔性放大机构	8.748	8.463	3.26
放大率增加量	0.076	0.247	—

4.5.3　实验验证

采用电火花线切割加工方法加工实际的二级杠杆式柔性放大机构，分别如图 4.15（a）和（b）所示。图 4.16 是二级杠杆式柔性放大机构放大率测试实验系统。

(a) 基于直圆型柔性铰链的二级杠杆式柔性放大机构　　　　(b) 优化后的二级杠杆式柔性放大机构

图 4.15　二级杠杆式柔性放大机构

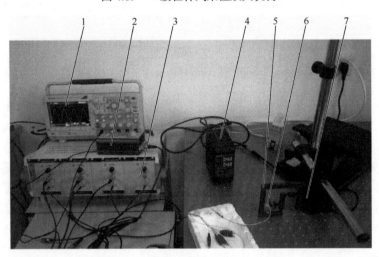

1—示波器；2—信号发生器；3—功率放大器；4—激光位移数据显示器；5—试件；6—压电叠堆；7—激光位移传感器。

图 4.16　二级杠杆式柔性放大机构放大率测试实验系统

对优化前和优化后的柔性放大机构开展三次实验，分别记录实际的输出位移，采取三组实验数据的平均值作为实验测得的位移放大率。实验结果对比如表 4.5 所示。

表 4.5　实验结果对比

实验项目	驱动电压/V	输入位移 D_{in}/mm	输出位移 D_{out}/mm	放大率 k
基于直圆型柔性铰链的二级杠杆式柔性放大机构	100	6.824	51.794	7.59
优化后的基于直梁型柔性铰链的二级杠杆式柔性放大机构	100	6.858	53.631	7.82

实验结果表明，基于直圆型柔性铰链的二级杠杆式柔性放大机构的放大率为 7.59，优化后的柔性放大机构位移放大率为 7.82，优化前后，实验结果与有限元仿真结果误差分别为 7.62% 和 7.60%；另外，实验结果表明，优化后的柔性放大机构位移放大率相较于普通的直圆型铰链柔性放大机构的放大率提高了 0.23。在高精度的定位平台系统中，

输入位移一般只有几微米，甚至是纳米级，经过优化后的柔性放大机构实际输出位移相较于优化前可提高 0.23μm，在微纳尺度下这是非常大的位移放大提升量，对整个定位平台系统的精度与性能将产生重要影响。

实验结果与仿真结果和理论计算结果之间产生误差的主要原因如下：

1）由于加工误差，柔性放大机构的实际尺寸与设计尺寸之间存在一定偏差，使得实验值与有限元仿真值、理论计算值之间存在一定差异。

2）理论计算仅考虑柔性铰链切口范围内的变形，把柔性铰链的其他部分视作刚体，实际上柔性铰链的其他部分也存在微小变形，而有限元仿真和实验测量包含了柔性铰链其他部分的变形，造成了理论计算值偏大的现象。

3）柔性放大机构采用电火花线切割加工，在加工过程中不可避免地存在加工硬化现象，使得整体机构的刚度增大，柔度减小，变形减小，造成了实验值偏小的现象。

本 章 小 结

1）面向常用的柔性铰链提出了新的结构参数 ε，从 ε 的定义出发，系统分析了 ε 的变化对于常用柔性铰链的旋转柔度系数 C_{α_z} 和拉伸柔度系数 C_{Δ_x} 的影响。分析表明，减小最小切割厚度 t 能够有效增加柔性铰链的工作行程，包括旋转位移和拉伸线位移。

2）分析了 ε 的变化对于常用柔性铰链的柔度特性的影响。分析表明，在相同的外力作用和尺寸规格下，直梁型柔性铰链和倒圆角型柔性铰链的旋转柔度系数 C_{α_z} 和拉伸柔度系数 C_{Δ_x} 都明显大于直圆型柔性铰链和椭圆型柔性铰链的旋转柔度系数 C_{α_z} 和拉伸柔度系数 C_{Δ_x}，即直梁型柔性铰链和倒圆角型柔性铰链产生的旋转位移和拉伸线位移都大于直圆型柔性铰链和椭圆型柔性铰链产生的位移。因此，直梁型柔性铰链和倒圆角型柔性铰链适合于大行程应用场合，而直圆型柔性铰链和椭圆型柔性铰链适宜于小行程应用场合；直梁型柔性铰链和倒圆角型柔性铰链适宜于小力矩驱动场合，而直圆型柔性铰链和椭圆型柔性铰链则适宜于大力矩驱动场合。

3）基于结构参数 ε 对柔度系数 C_{α_z} 和 C_{Δ_x} 的影响提出了新的参数——柔度比 λ，该参数反映了柔性铰链的主要输出位移形式的灵敏度。通过分析结构参数 ε 与柔度比 λ 的关系发现，柔度比 λ 越大，柔性铰链的输出位移主要形式为轴向线位移 Δ_x 的灵敏度就越高；反之，则旋转角位移 α_z 是柔性铰链的输出位移主要形式的灵敏度就越高。通过对常用的四种柔性铰链的柔度比 λ 的分析可知，当结构参数 ε 一致时，即在相同的尺寸规格和外力作用下，直梁型柔性铰链和倒圆角型柔性铰链更倾向于输出旋转角位移 α_z，而直圆型柔性铰链和椭圆型柔性铰链则更倾向于输出轴向线位移 Δ_x 作为主要的位移输出形式。

4）结合具体的二级杠杆式柔性微位移放大机构，对放大机构中的柔性铰链进行了基于参数 ε 和 λ 的选型设计及参数化设计，并采用有限元仿真和实验的方法进行了验证。有限元仿真与实验结果均表明，根据参数 ε 和 λ 对柔性微位移放大机构中的柔性铰链进行选型设计，并对柔性铰链进行参数化设计，能够有效提高桥式柔性微位移放大机构的输出位移与工作行程。基于柔性铰链的结构参数 ε 和柔度比 λ 对柔性放大机构进行参数化分析与设计是可行且正确的，有利于这一类微位移柔性放大机构的设计与应用。

参 考 文 献

[1] XU Q S. Design, testing and precision control of a novel long-stroke flexure micro-positioning system [J]. Mechanism and Machine Theory, 2013, 70 (6): 209-224.

[2] 左行勇, 刘晓明. 三种形状柔性铰链转动刚度的计算与分析 [J]. 仪器仪表学报, 2006, 27 (12): 1725-1728.

[3] TIAN Y, SHIRINZADEH B, ZHANG D. Three flexure hinges for compliant mechanism designs based on dimensionless graph analysis [J]. Precision Engineering, 2010, 34 (1): 92-100.

[4] ZELENIKA S, MUNTEANU M G, DE B F. Optimized flexural hinge shapes for microsystems and high-precision applications [J]. Mechanism and Machine Theory, 2009, 44 (10): 1826-1839.

[5] SMITH T S, BADAMI V G, DALE J S. Elliptical flexure hinges [J]. Review of Scientific Instruments, 1997, 68 (3): 1474-1483.

[6] 陈贵敏, 韩琪. 深切口椭圆柔性铰链 [J]. 光学精密工程, 2009, 17 (3): 570-575.

[7] 陈贵敏, 刘小院, 贾建援. 椭圆柔性铰链的柔度计算 [J]. 机械工程学报, 2006 (S1): 111-115.

[8] 赵磊, 巩岩, 华洋洋. 直梁圆角形柔性铰链的柔度矩阵分析 [J]. 中国机械工程, 2013, 24 (18): 2462-2468.

[9] 杨志刚, 刘登云, 吴丽萍, 等. 应用于压电叠堆泵的微位移放大机构 [J]. 光学精密工程, 2007, 15 (6): 884-888.

[10] 王姝歆, 陈国平, 周建华, 等. 复合型柔性铰链机构特性及其应用研究 [J]. 光学精密工程, 2005, 13 (S1): 91-97.

[11] 卢倩, 黄卫清, 王寅, 等. 深切口椭圆柔性铰链优化设计 [J]. 光学精密工程, 2015, 23 (1): 206-215.

[12] 赵磊, 巩岩, 赵阳. 光刻投影物镜中的透镜 X-Y 柔性微动调整机构 [J]. 光学精密工程, 2013, 21 (6): 1425-1433.

[13] 于志远, 姚晓先, 宋晓东. 基于柔性铰链的微位移放大机构设计 [J]. 仪器仪表学报, 2009, 30 (9): 1818-1822.

[14] 邱丽芳, 南铁玲, 翁海珊. 柔性铰链运动性能多目标优化设计 [J]. 北京科技大学学报, 2008, 30 (2): 189-192.

[15] 陈贵敏, 贾建援, 刘小院, 等. 椭圆柔性铰链的计算与分析 [J]. 工程力学, 2006, 23 (5): 152-156.

[16] HALE L C. Principles and techniques for designing precision machines [M]. California: University of California, 1999.

[17] 马小姝, 李宇龙, 严浪. 传统多目标优化方法和多目标遗传算法的比较综述 [J]. 电气传动自动化, 2010, 32 (3): 48-50.

[18] LOBONTIU N, PAINE J S N, O'MALLEY E, et al. Parabolic and hyperbolic flexure hinges: flexibility, motion precision and stress characterization based on compliance closed-form equations [J]. Precision Engineering, 2002, 26 (2): 183-192.

[19] 宫金良, 张彦斐, 胡光学. 考虑全柔性单元复杂变形的微位移放大机构刚度分析 [J]. 北京工业大学学报, 2013, 39 (12): 1791-1797.

[20] 卢倩, 黄卫清, 孙梦馨. 基于柔度比优化设计杠杆式柔性铰链放大机构 [J]. 光学精密工程, 2016, 24 (1): 102-111.

[21] 沈剑英, 张海军, 赵云. 压电陶瓷驱动器杠杆式柔性铰链机构放大率计算方法 [J]. 农业机械学报, 2013, 44 (9): 267-271.

第5章 柔性正交式压电精密致动器

非共振式压电致动器采用压电叠堆作为振动激励源,无须设计共振定子机构即可实现输出较大的运动位移。相较于传统的共振式压电作动机构,非共振式压电致动机构能够在很大程度上避免因共振而引起的性能不稳定等现象。另外,从结构设计角度来说,共振式压电作动机构的设计任务集中在共振定子机构的结构动力学设计方面,而非共振式压电作动机构的设计任务集中在结构静力学设计方面。相较于共振式压电作动机构,非共振式压电作动机构的设计工作量得到了极大的简化,仅需要关注致动器内部定子机构及其外围辅助机构的静力学设计即可,有利于实现对非共振式压电致动器的控制。

正交式定子机构（图 5.1）最早由日本学者 Kurosawa[1] 在 1998 年提出,被应用于大推力压电作动机构。Kurosawa 将其应用于共振式超声电动机,利用单定子机构设计了大推力超声电动机。本书以此正交式定子机构为基体,设计了双足驱动定子机构,并利用其非共振状态研究了柔性正交式精密压电致动器。

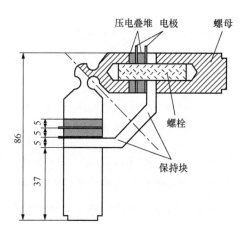

图 5.1　日本学者 Kurosawa 提出的正交式定子机构[1]（单位：mm）

5.1　柔性正交式压电致动器结构设计

5.1.1　双足定子机构设计

基于柔性正交式的单足驱动机构简图如图 5.2 所示。定子由驱动足、压电叠堆（两组）、弹性薄梁、预紧螺母、预紧螺钉及基体组成。定子整体呈等腰直角三角形结构,驱动足位于该等腰直角三角形的顶角位置,两方向压电叠堆对称布置并在空间上呈 90°正交;预紧螺钉一端经螺纹连接旋入驱动足,另一端穿过弹性薄梁中间的光孔,两组压电叠堆分别压设在驱动足和基体之间,所有零件经预紧螺母旋紧成一体。

由于定子基体支撑压电叠堆的两个支撑面相互垂直,因此置于其上的两组压电叠堆伸长时将驱动足沿两个正交方向推动,压电叠堆的预紧力将通过基体上弹性薄梁结构的预变形的恢复力提供。弹性薄梁中段开有用于过预紧螺钉的通孔,为避免应力集中,应在薄梁中段设凸台。另外,为了增强其抗剪切力变形的能力,在定子机构基体上设计了直圆型柔性铰链,通过直圆型柔性铰链的受力作用,使压电叠堆的作动面均匀受力,从而避免因应力集中引起的崩裂,同时也可用于调节因加工误差引起的受力面不平行的问题。

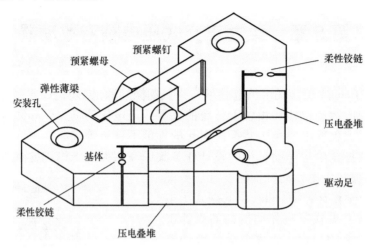

图 5.2　基于柔性正交式的单足驱动机构简图

　　根据电动机的设计原理可知[2]，在单足驱动中，单驱动足在进入下半周椭圆轨迹时必须脱离导轨才能使端部的往复椭圆运动驱动导轨发生定向的直线运动，否则只会驱动导轨发生微幅的往复运动，不会产生宏观的直线移动，因此施加在定子上的激励频率往往要大于系统的一阶固有频率[3]。采用双驱动足结构可有效解决低频下定子驱动足与导轨脱离的问题，并且双驱动足结构还能够利用压电驱动控制机制实现双驱动足交替接触动子部件，进而产生宏观的直线移动。

　　采用两个单足驱动机构上下布置，即可构成双足驱动机构，通过对激励电压的控制，实现双足交替输出位移，从而在宏观上实现了输出件的直线移动。图 5.3 所示是柔性正交式双驱动足定子机构简图。需要说明的是，尽管采用两个单驱动足机构，但是柔性正交式双驱动足定子机构的基体是一体化线切割成型的，并不是两个单驱动足机构基体的叠加，这样设计能够确保在作动过程中提高双驱动足定子机构的稳定性。

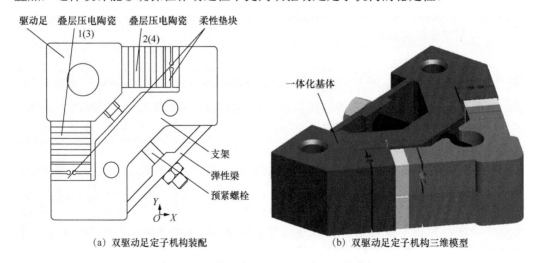

(a) 双驱动足定子机构装配　　　　　　　(b) 双驱动足定子机构三维模型

图 5.3　柔性正交式双驱动足定子机构简图

5.1.2　夹持预紧机构设计

设计压电致动机构的夹持机构，其主要目的是在保证定子与动子有效接触的同时限制定子多余的自由度。压电致动机构理想的夹持机构如图 5.4 所示，其只保留沿 Y 方向运动的自由度而限制其他五个方向的自由度。在压电致动器运行过程中，定子沿 X 方向的微小位移将影响作动机构的输出稳定性，而如果在 Z 方向定子与动子之间发生相对运动也会引起驱动足偏离动子，导致压电致动器性能下降。因此，需限制 X 和 Z 方向上的自由度，即需同时限制定子沿 X、Z 方向的运动和绕 X、Z 两个方向的转动，这样由于压电致动器工作引起的 X、Z 方向的任何扰动都不会对作动机构的性能产生影响。

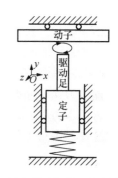

图 5.4　压电致动机构理想的夹持机构

综上所述，在 X 方向驱动足端部的椭圆运动的位移很小，因此夹持机构应在限制 X、Z 方向微米级位移的同时不能影响 Y 方向定子与动子之间预压力的施加。本书设计的盒式夹持机构如图 5.5 所示。夹持装置通过线切割方式加工出腔体及"工"字形贯穿割缝，形成的 T 形区域利用平行四边形机构的工作原理，并通过柔性铰链的设计，使 Y 方向的刚度很小，当施加预压力时，力可以有效地传递到驱动足与动子之间；而 X 方向刚度则较大，可以限制该方向的移动。夹持机构在每一个作动单元安装面上均开设两个通孔，便于将两个定子通过销钉连接于盒式夹持机构上；夹持机构在 T 形区域另一侧开设两个沉头贯穿孔，用于将夹持机构安装到电动机平台上。

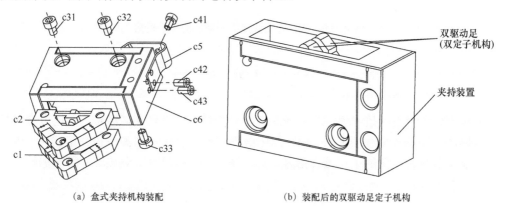

(a) 盒式夹持机构装配　　　　　　　　(b) 装配后的双驱动足定子机构

c1—驱动足 1；c2—驱动足 2；c31~c33—装配螺钉；c41~c43—调整螺钉；c5—预紧弹簧；c6—盒式机构。

图 5.5　盒式夹持机构

柔性正交式压电致动器的定子通过其基体上的两个安装孔及螺纹连接固定在空间柔性连杆夹持机构上，该夹持机构用于安装电动机定子的部分为一盒状结构。在压电叠堆的下端面与支架端面间放置有柔性垫块，用以调整压电叠堆与驱动足的间隙，使之能与驱动足表面很好地贴合。支架上开有两个安装孔，通过销钉连接将两个定子安装在盒式夹持机构上。该夹持机构采用盒状外形，可同时兼具电动机外壳的功能，方便了对电动机的封装。事实上，通过对双驱动足定子机构的运动原理进行分析不难发现，通常由于柔性铰链的刚度较小，该盒式元件对双驱动足定子机构仅起到导向作用，而无法实现其预压力的施加和调整。王寅[4]的研究团队通过有限元仿真研究也已证实了上述结论，盒状夹持机构可满足电动机定子自由度约束的需要，定子只能沿单个自由度方向，但盒状夹持机构无法满足其预压力的施加与调整。因此，必须通过外加预紧机构施加较大的预压力。

柔性正交式压电致动器的预紧机构如图5.6所示。预紧机构主要由预压力板、弹簧、连接板和预压力调整螺栓构成，其预压力的施加与调整的基本原理如下：通过套筒式定位导向块将预压力板、弹簧、连接板及预压力调整螺栓连接于一条轴线上，通过调节预压力调整螺栓的进给量使弹簧发生压缩变形，从而提供合适的预压力。

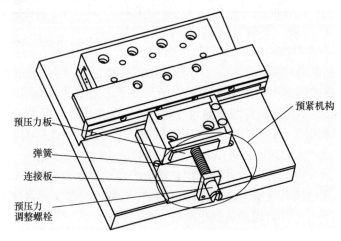

图 5.6　柔性正交式压电致动器的预紧机构

5.2　工作原理

压电叠堆对正弦信号的位移响应曲线类似于正弦波，且在低频带内，压电叠堆的变形与驱动电压基本呈线性关系。由于压电叠堆工作在负电压状态下极易退极化，因此设置其驱动信号为非负的正相偏置信号。对应图5.3中的四组压电叠堆，所施加的激励信号分别如下：

$$\begin{cases} u_1(t) = A(1+\sin\omega t) \\ u_2(t) = A(1+\cos\omega t) \\ u_3(t) = A(1-\sin\omega t) \\ u_4(t) = A(1-\cos\omega t) \end{cases} \tag{5-1}$$

式中：A——电压幅值；

ωt——相位。

设压电叠堆的变形为

$$\delta = \alpha u \tag{5-2}$$

式中：α——与压电常数有关的常数；

　　　u——电压值。

驱动波形如图 5.7 所示。

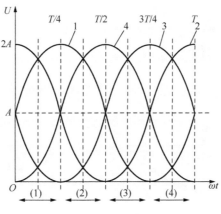

图 5.7　驱动波形

压电叠堆的位移响应分别如下：

$$\begin{cases} \delta_1(t) = \alpha A(1 + \sin \omega t) \\ \delta_2(t) = \alpha A(1 + \cos \omega t) \\ \delta_3(t) = \alpha A(1 - \sin \omega t) \\ \delta_4(t) = \alpha A(1 - \cos \omega t) \end{cases} \tag{5-3}$$

对式（5-3）消去时间参数 t，可得

$$\begin{cases} [\delta_1(t) - \alpha A]^2 + [\delta_2(t) - \alpha A]^2 = \alpha^2 A^2 \\ [\delta_3(t) - \alpha A]^2 + [\delta_4(t) - \alpha A]^2 = \alpha^2 A^2 \end{cases} \tag{5-4}$$

式（5-4）表明，定子机构的输出端——驱动足的位移轨迹是两个椭圆。如果将一个驱动足的运行轨迹平移到另一个驱动足上，则两个驱动足的位置在同一时刻始终在同一个椭圆轨迹的一条直径的两个端点上，这就能保证驱动足始终交替接触输出件，即常说的动子部件。下面结合驱动波形（图 5.7）详细说明两个驱动足的运行过程与运行轨迹。

压电叠堆 1 和 2 位于一个定子，压电叠堆 3 和 4 位于另一个定子，两组压电叠堆构造时间上相位差 90°且空间上相互呈 90°的振动结构形式，分别在驱动足 1 和 2 端部合成椭圆运动，实现交替驱动负载运动。一个周期内双驱动足定子运动轨迹如图 5.8 所示。

第一阶段（0～$T/4$）：压电叠堆 1 纵向振动，变形由 αA 向上并达到最大 $2\alpha A$；压电叠堆 3 纵向振动，变形由 αA 向下缩短为 0。此阶段驱动足 1 与动子接触，驱动足 2 与动子脱离，压电叠堆 2 横向振动，变形由 $2\alpha A$ 向右缩短为 αA，驱动动子向右运动。

第二阶段（$T/4$～$T/2$）：压电叠堆 1 纵向振动，变形由 $2\alpha A$ 向下缩短为 αA；压电叠堆 3 纵向振动，变形由 0 向上伸长为 αA。此阶段仍然是驱动足 1 与动子接触，驱动足 2 与动子脱离，压电叠堆 2 横向振动，变形由 αA 向右缩短为 0，驱动动子向右运动。

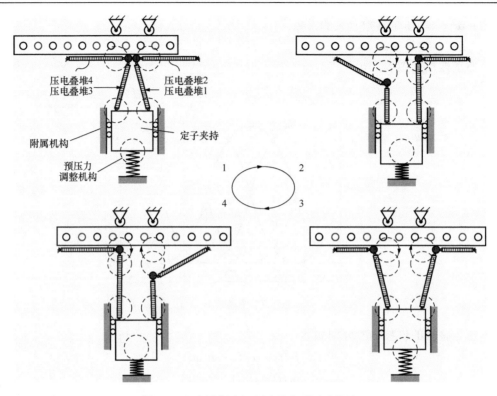

压电叠堆4
压电叠堆3
压电叠堆2
压电叠堆1
附属机构
定子夹持
预压力
调整机构

图 5.8 一个周期内双驱动足定子运动轨迹

第三阶段（$T/2\sim 3T/4$）：压电叠堆 1 纵向振动，变形由 αA 向下缩短为 0；压电叠堆 3 纵向振动，变形由 αA 向上伸长为 $2\alpha A$。此阶段驱动足 1 与动子脱离，驱动足 2 与动子接触，压电叠堆 4 横向振动，变形由 $2\alpha A$ 向右缩短为 αA，驱动动子向右运动。

第四阶段（$3T/4\sim T$）：压电叠堆 1 纵向振动，变形由 0 向上伸长为 αA；压电叠堆 3 纵向振动，变形由 $2\alpha A$ 向下缩短为 αA。此阶段仍然是驱动足 1 与动子脱离，驱动足 2 与动子接触，压电叠堆 4 横向振动，变形由 αA 向右缩短为 0，驱动动子向右运动。

至此，电动机双定子交替驱动动子导轨完成了一个周期的直线运动。当压电叠堆 2 和 4 的驱动信号相位差取反时，驱动足反向向左运动。

5.3 预紧机构的小型化优化设计

图 5.6 所示的预紧机构体积较大，不利于实现压电致动器的微型化；另外，在实际实验过程中发现，此预紧机构尽管能够调节预紧力，但是无法保证双足定子机构的驱动足同时接触输出件摩擦面，作动过程中极易产生振动，对致动器的整体性能稳定性不利。鉴于此，对双足驱动结构的预紧机构进行了小型化的优化设计，采用双侧预紧结构，在实现对柔性正交致动器定子机构预紧作用的同时，有效地减小了预紧机构的整体体积。优化后的小型预紧机构如图 5.9 所示。

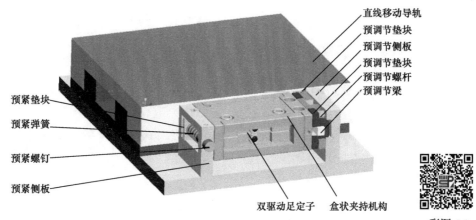

图 5.9　柔性正交式双驱动足压电致动器预紧机构优化设计结构简图　　彩图 5.9

如图 5.9 所示，双驱动足定子作动机构仍采用盒状夹持机构实现夹持，盒状夹持机构右侧为预调节机构，左侧为预紧机构。预调节机构通过预调节螺杆、预调节梁的距离调节，以及预调节垫块的支撑，确保双驱动足同时接触输出件的摩擦表面；而预紧机构通过预紧螺钉和预紧弹簧的作用，能够实现双驱动足在同时接触输出件摩擦表面的同时保证一定的预紧力，从而保证双驱动足在压电作动过程中的稳定可靠。

5.4　实　验　研　究

5.4.1　实验平台

搭建实验平台系统的主要目的是测量柔性正交式压电致动机构的运动性能。如第 3 章中分析，压电致动器的工作模式主要分为步进作动模式和连续作动模式。其中，步进作动模式能够实现高分辨率的步进运动，用于实现高精度定位；连续作动模式能够实现快速运动能力，用于实现宏观快速定位和大行程工作区间。定位精度和工作行程区间是衡量柔性压电致动器性能的关键指标。因此，本书重点研究柔性压电致动器的运动性能，包括致动机构的最小位移步长（步进作动实验）、连续作动速度（连续作动实验）等运动参数。

实验平台系统包括信号发生器、功率放大器、测试样机、激光位移传感器（含激光头、变压器、激光控制器）和数据采集分析软件等几部分。正交式压电致动器的驱动足定子机构及装配好之后的盒式夹持机构分别如图 5.10（a）和（b）所示。实验平台系统框图和实验测量系统实物图分别如图 5.11（a）和（b）所示。

对于上述实验平台系统，其中的主要实验设备仪器选型如下：

1）信号发生器：型号为 MHS-2300A。

2）功率放大器：型号为 XE500-A4。

3）示波器：型号为 Tektronix DPO2014。

4）激光位移传感器：型号为 KEYENCE LK-HD500。

5）数据采集分析软件：激光位移测量仪配套的数据采集分析软件系统。

（a）驱动足定子机构　　　　　　　　（b）盒式夹持机构

图 5.10　正交式压电致动器定子机构

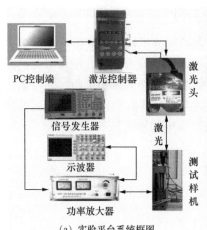 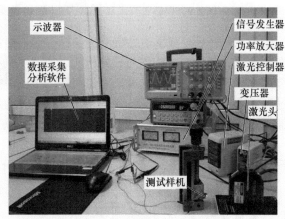

（a）实验平台系统框图　　　　　　（b）实验测量系统实物

图 5.11　实验平台系统

对柔性作动机构的实验测量过程描述如下：信号发生器产生正向偏置的正弦波信号，并通过功率放大器将信号放大，施加在压电叠堆上；压电叠堆受到电压激励后发生伸缩作动，最终实现柔性作动机构的驱动足的运动。利用激光位移测量仪对驱动足的运动参数进行实时测量，通过数据采集分析软件实现对测量数据的分析，并最终得到柔性作动机构的运动参数。

5.4.2　双驱动足定子机构实验

驱动足端部纵向振幅会影响电动机的输出力，纵向振幅越大，驱动足与动子接触产生的接触力也越大，使得摩擦驱动的正压力增大，间接增大了摩擦驱动力，使电动机输出力增大；驱动足端部横向振幅会影响电动机的速度，在同频率驱动信号作用下，驱动电压越大，驱动足横向振幅越大，电动机的运行速度也越大。但由于压电材料本身的一些特性，同方向振动的两个压电叠堆的振幅会有一定的偏差，进而会影响电动机速度的稳定性及可控性。因此，在装配压电致动器时，应尽量使同一方向的两组压电叠堆的振幅调整到一致。本节实验[2]采用四组 PT0707 型压电叠堆装配正交式致动器，选取正向偏置正弦波信号作为激励信号，电压幅值为 100V，频率为 100Hz。利用激光位移传感器分别测量两个驱动足定子端部的横向位移和纵向位移，以验证其两个驱动足定子是否能够实现相同预紧力下的交替运动。两个驱动足定子端部的横向位移响应曲线和纵向位移响应曲线分别如图 5.12 所示。

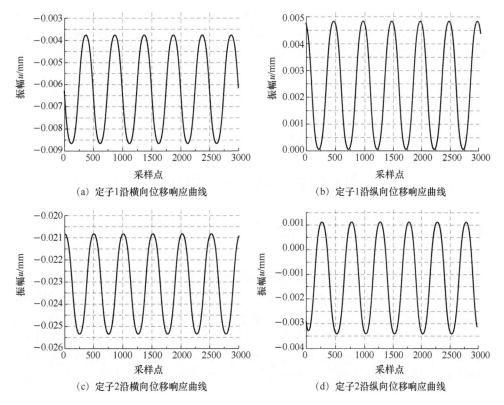

（a）定子1沿横向位移响应曲线　　（b）定子1沿纵向位移响应曲线

（c）定子2沿横向位移响应曲线　　（d）定子2沿纵向位移响应曲线

图 5.12　双驱动足定子机构位移响应曲线

　　实验结果显示，驱动足 1 沿横向振幅为 4.7μm，纵向振幅为 4.65μm，两者比较接近；驱动足 2 沿横向振幅为 4.65μm，纵向振幅为 4.55μm。驱动足 1 和驱动足 2 同方向的振幅在误差允许范围内，这表明两组叠层压电陶瓷所受的预紧力基本一致，优化后的预紧机构方法在实现了小型化的同时，也保证了双驱动足定子机构在横向和纵向两个方向所受预紧力的一致性。

5.4.3　步进作动实验

　　根据 2.5 节的分析可知，由于压电叠堆在受到电源电压激励驱动后，其变形量输出与所施加的电压呈近似线性关系，因此可以通过控制施加在压电叠堆上的激励电压的大小来实现高分辨率的作动精度。从理论上来说，由于激励电压可以无限小，因此压电叠堆可以实现理论上的无限高的分辨率精度。但是从实际来说，由于压电叠堆受自身迟滞效应影响及驱动系统内的各种干扰耦合影响，因此其不可能实现无限高的分辨率精度。我们将所能激励压电叠堆伸缩作动的最小激励电压对应下的位移步长作为压电叠堆驱动下的柔性致动器的最高分辨率精度，这种驱动方式称为准静态运行[4]。

　　在开始研究柔性致动器的步进实验性能之前，有必要探讨柔性作动机构的准静态运行下的最高分辨率精度。这里以柔性正交式致动器为具体研究对象,分析其准静态运行模式下的分辨率。为了确保实验结果的可靠性,将待测的柔性作动机构安装在 10 万级超静间内的气浮隔振台上,通过激光位移传感器测量柔性作动机构的输出运动参数。如图 5.13 所示,采用阶梯电压信号(阶高为 1V、阶间隔为 1s 的电压信号)来激励压电叠堆,柔性正交式作动机构输出驱动足直接驱动高精度导轨,通过激光位移传感器测量致动器驱动足输出的位移随时间的变化关系。

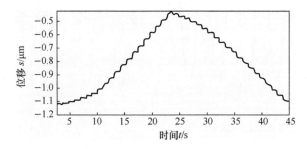

图 5.13　阶梯电压激励下的动子导轨位移曲线

由图 5.13 可知,在较小的电压增量下,柔性正交式作动机构可实现较高分辨率的位移,这一模式大大提高了该类非共振压电致动器的定位精度。在该电压增量下,柔性正交式致动器的最小分辨率达 12nm。然而,由于上述柔性作动机构驱动足处的运动都经过了摩擦力驱动转换位移响应,这使得准静态运行模式下的最小步长随压电叠堆伸长量的增大而出现步距不均匀的现象,且动子导轨的输出位移响应极不稳定,有时甚至发生抖动现象。在其他类型的柔性压电致动器的准静态实验中也出现了同样的现象。究其原因,除了摩擦力转换的影响外,压电叠堆自身变形对激励电压的迟滞也是产生上述不稳定现象的重要原因。

通过上面的分析可以发现,尽管准静态运行模式下的柔性作动机构的分辨率非常高,但是由于压电叠堆自身的迟滞效应及其他干扰耦合因素的存在,导致其性能极不稳定,在多自由度精密定位平台上的应用意义不大。因此,面向多自由度精密定位平台的运动性能要求,对柔性致动器开展步进作动和连续作动实验研究更加具有普适意义。

步进作动实验和上述分析的准静态运行实验采用相同的实验测量装置,不同之处在于所施加的电压激励信号。准静态运行模式下施加的是能够获得最小位移步长输出响应的最小激励电压;而步进作动实验施加的是连续电压激励信号,其目的是考察在连续电压信号激励下,动子导轨在单个波形电压激励下获得的单步位移输出响应。

图 5.14 所示是柔性正交式致动器步进作动位移响应曲线,激励电压采用电压为 10V、频率为 5Hz 的锯齿波。柔性正交式致动器在峰峰值为 10V 时,采用激光位移传感器测量驱动足驱动动子导轨输出位移与时间的变化关系。从实验结果数据统计可知,动子导轨输出步距稳定,步进分辨率约为每步 1.2μm。

对实验数据结果进行分析还可以发现,对柔性正交式致动器的压电叠堆施加连续不间断的电压激励信号,其驱动足驱动动子导轨能够实现连续位移输出,但是每一步位移并不是理想的锯齿波形,且每一步步长存在细微误差,这与致动器的驱动波形、致动器驱动足作动机制及实验测量系统存在误差等因素有关。

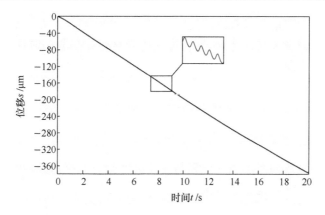

图 5.14　柔性正交式致动器步进作动位移响应曲线

5.4.4　连续作动实验

图 5.15 所示是柔性正交式致动器连续作动驱动动子导轨的速度曲线。激励电压采用峰峰值为 100V 的正相偏置正弦电压信号，对定子机构施加 30N 预紧力，在电动机空载情况下改变激励电压的频率，采用激光位移传感器测量动子导轨的输出位移，进而获取该频率激励电压下的动子导轨输出的平均速度曲线。

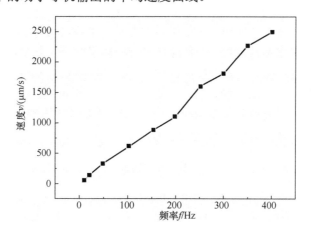

图 5.15　柔性正交式致动器连续作动驱动动子导轨的速度曲线

从图 5.15 的速度曲线中可以发现如下规律：

1）随着激励电压频率的增大，动子导轨的输出速度呈近似线性变化规律。

2）在激励电压频率为 400Hz 时，测得柔性正交式致动器驱动足的最大空载速度为 2510μm/s。

3）当激励电压的频率在 150Hz 以下时，柔性正交式致动器的连续作动速度的线性度较好；当激励电压频率高于 150Hz 时，柔性正交式致动器的连续作动速度的线性度较差。造成这种现象的主要原因是随着激励电压频率的提高，两驱动足输出的运动在驱动时序上并未 100%完全实现同步驱动，两驱动足在机械结构上发生了干涉，导致驱动足输出的运动速度稳定性下降。

上述结论说明柔性正交式双驱动足压电致动器在结构设计上需要保证两点：其一是双驱动足必须同步预紧动子结构端面；其二是双驱动足在驱动时序上必须实现同步驱动，保证两驱动足不发生驱动干涉，这是下一阶段研究的重点方向。

本 章 小 结

1）结合前人研究的正交式 V 形定子机构，提出了柔性正交式双驱动足压电致动器，给出了非共振式压电致动器的工作原理与驱动机理分析，重点分析并设计了定子机构、夹持与预紧机构等机械结构设计方案。

2）鉴于预紧机构的体积较大，不利于实现压电致动器的小型化应用，对柔性正交式压电致动器的预紧机构重新进行了优化设计，采用了双侧预紧结构，双驱动足定子作动机构仍采用盒状夹持机构实现夹持。盒状夹持机构右侧为预调节机构，左侧为预紧机构，在实现双驱动足在同时接触输出件摩擦表面的同时保证一定的预紧力，从而保证双驱动足在压电作动过程中的稳定可靠。

3）针对非共振式压电作动机构的工作原理和激励机制，分析了其三种作动模式下的运动特性，针对准静态运行模式的不足，通过实验验证并指出其不具有普适意义，重点探讨了另外两种作动模式：步进作动模式和连续作动模式，并对其开展了实验研究。

4）搭建了柔性压电致动器精密位移测量实验平台系统，并对所提出的双驱动足柔性正交式压电致动器展开了实验研究。针对双驱动足的振幅实验结果表明，优化后的预紧机构方法在实现了小型化的同时，也保证了双驱动足定子机构在横向和纵向两个方向所受预紧力的一致性；另外，重点从步进作动分辨率和连续作动性能两个方面考察了非共振式压电作动机构的运动性能。通过对实验结果的分析可知，柔性正交式作动机构的步进分辨率为 1.2μm，激励电压为 400Hz 时其空载最大运动速度为 2.510mm/s，具备高分辨率的定位精度和较快速的宏观运动能力。

参 考 文 献

[1] KUROSAWA M K, KODAIRA O, TSUCHITOI Y. Transducer for high speed and large thrust ultrasonic linear motor using two sandwich-type vibrators [J]. IEEE Transactions on Ultrasonics, Ferroelectrics, and Frequency Control, 1998, 45 (5): 1188-1195.

[2] 李海林. 双足驱动压电直线电机研究 [D]. 南京：南京航空航天大学，2014.

[3] TAKAHASHI S. Multilayer piezoelectric ceramic actuators and their applications [J]. Japanese Journal of Applied Physics, 1985 (24): 41-45.

[4] 王寅. 多模式压电直线电机的研究 [D]. 南京：南京航空航天大学，2015.

第6章 柔性杠杆式压电精密致动器

柔性铰链以其无机械摩擦、无间隙及运动灵敏度高等优点成为光学精密定位平台及仪器的首选，但由于柔性铰链的微位移是利用自身结构薄弱部分的微小弹性变形及其自回复特性实现的，其范围一般在几微米到几十微米之间[1]，因此必须借助微位移放大机构实现柔性铰链机构输出微位移的放大和传递，以满足精密机构系统的行程要求。最早采用杠杆式放大机构实现柔性铰链机构微位移的放大。

应用于柔性铰链精密机构微位移放大的杠杆机构，通常有一级杠杆式放大机构、二级杠杆式放大机构，甚至多级杠杆式放大机构。杠杆式放大机构原理简单，易于实现，理论上能够实现输出对输入的线性放大。但是，杠杆式放大机构的放大增益有限，随着杠杆级数的叠加应用，微位移放大机构的体积会迅速增大，更重要的是误差会随着杠杆级数的叠加而迅速积累，这与柔性铰链精密机构的高精度和小型化应用需求相矛盾。因此，多级杠杆式放大机构在柔性铰链精密机构中的应用十分有限。目前，研究和应用较为广泛的主要是一级杠杆式放大机构和二级杠杆式放大机构。近几年研究较多的差动式放大机构和桥式放大机构，其实质也是利用杠杆原理对微小位移进行放大。

尽管目前基于杠杆放大原理的压电精密致动器结构类型较多，国外也出现了较为成熟的商业化产品，如 PI 公司的 N-216 型精密致动定位机构，但是其体积仍然较大，且研究模式基本遵循"给定结构参数→得到输出位移→计算放大率"的思路，鲜有从结构柔度角度对增程放大式压电致动机构进行分析与优化设计的研究。事实上，结合第 2 章对柔性铰链结构参数和柔度特性的分析可知，结构柔度直接影响到柔性微位移放大机构的整体性能和输出作动精度，因此有必要从结构柔度特性的角度对杠杆式柔性压电致动机构展开参数优化设计与研究，以期在保证杠杆式柔性致动机构高精度特性的前提下实现结构的小型化。

6.1 柔性杠杆式压电致动器结构设计

6.1.1 定子机构设计

柔性杠杆式单定子机构简图如图 6.1 所示，其主要由基体、驱动足、压电叠堆、预紧垫块、预紧陶瓷球和预紧螺钉等构成。定子材料为 45 钢，采用线切割方法加工而成。该定子是基于杠杆式放大原理而设计的，其利用两个相互垂直布置的压电叠堆，在受到电压激励后能够在相关相互垂直的方向上产生伸缩位移，利用直圆型柔性铰链的受力弯曲变形机制，实现了对压电叠堆输出位移的杠杆式放大，进而在驱动足端输出位移，推动输出件实现宏观运动。

柔性杠杆式单驱动足定子机构有着类似于柔性正交式单定子驱动结构性能不稳定的问题。为此，也需要设计双驱动足定子机构。双驱动足定子机构有多种空间布局方式，包括同向平层布局、对称平层布局、同向叠层布局和对称叠层布局等。根据陶杰[2]研究团队的相关实验结果，将两个柔性杠杆式单驱动足定子进行同向叠层布置，即可实现双驱动足定子机构，能够有效避免单驱动足存在的不稳定、不连贯等问题。通过一系列实验对比后发现，在众多布局方式中，同向叠层布局的双驱动足定子机构的作动性能最佳，具体实验内容将在后续章节中简要介绍。

采用同向叠层空间布局双驱动足定子，柔性杠杆式双驱动足定子机构简图如图 6.2 所示。同样地，柔性杠杆式双驱动足定子机构中的基体仍然采用一体化线切割加工成型。

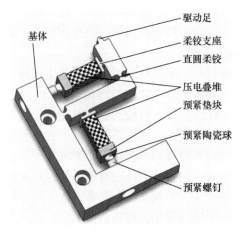
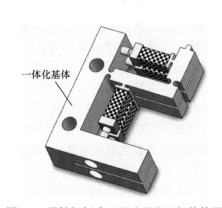

图 6.1　柔性杠杆式单定子机构简图　　图 6.2　柔性杠杆式双驱动足定子机构简图

6.1.2　夹持预紧机构设计

夹持机构的主要作用是对双驱动足定子机构实现夹持支撑。如图 6.3 所示，夹持机构由垫块、滑轨等组成，其中滑轨具有自锁功能。双驱动足定子机构通过螺钉固定在滑轨上，滑轨固定在垫块上，垫块固定在底板上，从而限制了双驱动足定子机构在电压激励下的横向自由度（平行于直线导轨移动方向），确保了双驱动足定子机构仅具有纵向自由度（垂直于直线导轨移动方向）。

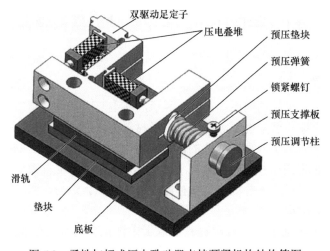

图 6.3　柔性杠杆式压电致动器夹持预紧机构结构简图

　　预紧机构主要由预压垫块、预压弹簧、锁紧螺钉、预压调节柱和预压支撑板等组成。预紧机构的主要作用是保证双驱动足定子的驱动足端与直线导轨上的摩擦陶瓷片之间有足够的预紧力。预紧机构采用弹性机构，通过预压调节柱压缩预压弹簧，并通过锁紧螺钉固定，将预紧力通过预压垫块传递到双驱动足定子机构上。预紧机构与夹持机构配合，能够保证双驱动足定子机构在获得足够预紧力的同时限制其横向摆动自由度，进而提高柔性杠杆式压电致动器在电压激励下输出位移的稳定性和连贯性。

6.2　工　作　原　理

　　采用柔性正交式双驱动足定子机构的建模分析方法，可以类似地得到柔性杠杆式双驱动足定子机构的输出驱动足运行轨迹模型，其位移轨迹仍然是椭圆，此处不予赘述。可以预见，两个驱动足也能够交替接触动子导轨部件，实现动子导轨部件的宏观连续作动。下面重点分析其驱动电压和工作时序上的运动实现原理。

　　图 6.4 所示是驱动柔性杠杆式作动机构的激励电压信号，就单个驱动足而言，驱动压电叠堆 a 和 c 的激励电压采用方波信号，驱动压电叠堆 b 和 d 的激励电压采用三角波信号。

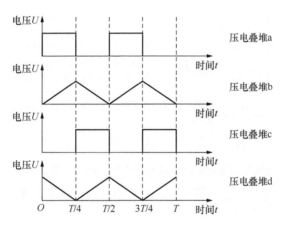

图 6.4　驱动柔性杠杆式作动机构的激励电压信号

　　柔性杠杆式作动机构的工作原理简图如图 6.5 所示。图 6.5 中包括一个作动周期内 $t_1=0$、$t_2=T/4$、$t_3=T/2$、$t_4=3T/4$ 四种工作状态，其中纵向压电叠堆 a 主要起箝位作用，横向压电叠堆 b 主要起驱动作用。

　　1）t_1 时刻：压电叠堆 a 上施加方波信号，压电叠堆 c 方波信号跳变为 0，驱动足 1 与动子接触，驱动足 2 脱离动子。

　　2）t_2 时刻：压电叠堆 b 施加三角波信号，幅值由 0 增加到最大值，驱动足 1 推动动子向 x 正方向运动；压电叠堆 d 施加三角波信号，幅值由最大值减少到 0，驱动足 2 不与动子接触，向 x 负方向运动。

　　3）t_3 时刻：压电叠堆 c 上施加方波信号，压电叠堆 a 方波信号跳变为 0，驱动足 2 与动子接触，驱动足 1 脱离动子。

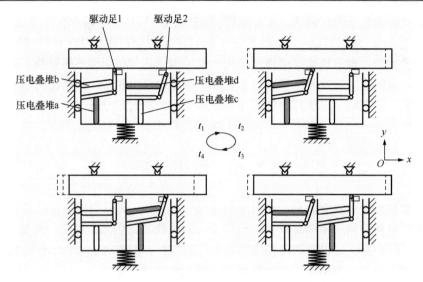

图 6.5　柔性杠杆式作动机构的工作原理简图

4）t_4 时刻：压电叠堆 d 施加三角波信号，幅值由 0 增加到最大值，驱动足 2 推动动子向 x 正方向运动；压电叠堆 b 施加三角波信号，幅值由最大值减小到 0，驱动足 1 不与动子接触，向 x 负方向运动。

6.3　基于柔度特性的致动器结构优化设计

6.3.1　杠杆式致动器位移放大模型

柔性杠杆式单足定子机构可简化为如图 6.6 所示的几何模型。图 6.6 中，D_1、D_2 分别是两组压电叠堆在受电压激励后产生的位移，分别作用在柔性铰链 2 和柔性铰链 4 上；l_1、l_3 分别是位移输入端到支点的长度；l_2、l_4 分别是杠杆的长度。柔性杠杆式单足定子机构整体受力分析如图 6.7 所示。

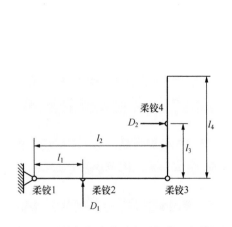

图 6.6　柔性杠杆式单足定子机构几何简图

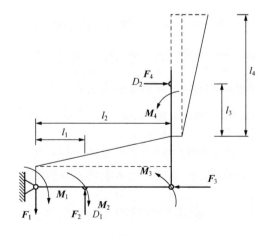

图 6.7　柔性杠杆式单足定子机构整体受力分析

在柔性杠杆式机构运动过程中，各柔性铰链会同时产生转角变形和拉伸、压缩变形，这会使得柔性铰链的回转中心发生偏移，从而影响放大机构的放大率。设作用在柔性铰链 i 上的轴向力为 F_i，力矩为 M_i，柔性铰链 i 产生的轴向变形量为 Δ_i，转动角度为 α_i，则柔性铰链的变形量与所受力、力矩存在以下关系：

$$\Delta_i = F_i C_F \tag{6-1}$$

$$\alpha_i = M_i C_M \tag{6-2}$$

式中：C_F——柔性铰链的轴向拉伸柔度系数；

C_M——柔性铰链的旋转柔性系数。

根据杠杆机构受力平衡可知：

$$F_1 l_2 + M_3 + M_4 = F_2(l_2 - l_1) + F_4 l_3 + M_1 + M_2 \tag{6-3}$$

设杠杆机构中横向杠杆的转角为 θ_1，纵向杠杆的转角为 θ_2，显然有

$$\alpha_1 = \alpha_2 = \theta_1 \tag{6-4}$$

$$\alpha_3 = \theta_1 + \theta_2 \tag{6-5}$$

$$\alpha_4 = \theta_2 \tag{6-6}$$

在横向柔性杠杆机构中，杠杆实际上是围绕柔性铰链 1 的旋转中心转动的。图 6.8 是横向柔性杠杆机构受力位移分析，从图中可以得到如下关系：

$$F_1 = F_2 \tag{6-7}$$

$$F_2 l_1 + M_3 = M_1 + M_2 \tag{6-8}$$

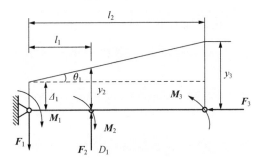

图 6.8　横向柔性杠杆机构受力位移分析

设横向柔性杠杆机构的输入位移为 D_1，作用在柔性铰链 2 的轴向方向上，柔性铰链 2 受轴向力会产生压缩，压缩量为 Δ_2；同时，会使柔性铰链 1 的旋转中心发生偏移，假定偏移量为 Δ_1，则横向柔性杠杆机构的实际有效输入位移 y_2 为

$$y_2 = D_1 - \Delta_2 \tag{6-9}$$

横向柔性杠杆机构的输出位移为 y_3 为

$$y_3 = \theta_1 l_2 + \Delta_1 \tag{6-10}$$

横向柔性杠杆机构的转角 θ_1 为

$$\theta_1 = \frac{y_2 - \Delta_1}{l_1} = \frac{D_1 - \Delta_2 - \Delta_1}{l_1} = \frac{y_3 - \Delta_1}{l_2} \tag{6-11}$$

因此，横向柔性杠杆机构的放大率 k_1 为

$$k_1 = \frac{y_3}{D_1} \qquad (6\text{-}12)$$

在纵向柔性杠杆机构中，杠杆实际上是围绕柔性铰链 3 的旋转中心转动。图 6.9 是纵向柔性杠杆机构受力位移分析，从图中可以得到如下关系：

$$F_3 = F_4 \qquad (6\text{-}13)$$

$$F_4 l_3 = M_3 + M_4 \qquad (6\text{-}14)$$

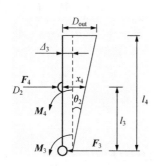

图 6.9　纵向柔性杠杆机构受力位移分析

设纵向柔性杠杆机构的输入位移为 D_2，作用在柔性铰链 4 的轴向方向上，柔性铰链 4 受轴向力会产生压缩，压缩量为 $\varDelta_4$；同时，会使柔性铰链 3 的旋转中心发生偏移，假定偏移量为 $\varDelta_3$，则纵向柔性杠杆机构的实际有效输入位移 x_4 为

$$x_4 = D_2 - \varDelta_4 \qquad (6\text{-}15)$$

纵向柔性杠杆机构的输出位移为 D_{out} 为

$$D_{\text{out}} = \theta_2 l_4 + \varDelta_3 \qquad (6\text{-}16)$$

纵向柔性杠杆机构的转角 θ_2 为

$$\theta_2 = \frac{x_4 - \varDelta_3}{l_3} = \frac{D_2 - \varDelta_4 - \varDelta_3}{l_3} = \frac{D_{\text{out}} - \varDelta_3}{l_4} \qquad (6\text{-}17)$$

因此，纵向柔性杠杆机构的放大率 k_2 为

$$k_2 = \frac{D_{\text{out}}}{D_2} \qquad (6\text{-}18)$$

对式（6-1）～式（6-18）进行联立求解，则横向、纵向柔性杠杆机构的放大率 k_1 和 k_2 分别为

$$k_1 = \frac{l_2^2 C_M + 2C_F}{l_1 l_2 C_M + 4C_F} \qquad (6\text{-}19)$$

$$k_2 = \frac{(l_2 l_3 l_4 - 2l_1 l_3 l_4)C_M + (3l_2 - 4l_1)C_F}{(l_2 l_3^2 - 2l_1 l_3^2)C_M + (6l_2 - 8l_1)C_F} \qquad (6\text{-}20)$$

将式（4-2）代入上述放大率的计算模型中，可以得到基于柔度比 λ 的放大率公式：

$$k_1 = \frac{l_2^2 + 2\lambda}{l_1 l_2 + 4\lambda} \qquad (6\text{-}21)$$

$$k_2 = \frac{(l_2 l_3 l_4 - 2l_1 l_3 l_4) + (3l_2 - 4l_1)\lambda}{(l_2 l_3^2 - 2l_1 l_3^2) + (6l_2 - 8l_1)\lambda} \qquad (6\text{-}22)$$

从式（6-21）和式（6-22）可以发现，柔性杠杆式致动器定子机构的杠杆放大率 k_1、k_2 仅与杠杆机构自身结构尺寸参数及柔性铰链的柔度比 λ 有关。当杠杆机构确定后，尺寸也随之确定，此时选用不同类型的柔性铰链，其柔性铰链的柔度比参数将直接影响柔性杠杆机构的放大率。

6.3.2　基于柔性铰链的结构优化设计

由图 4.4 和图 4.5 关于柔性铰链结构参数——柔度比 λ 的相关分析可知，在相同的结构参数下，直梁型柔性铰链相较于直圆型柔性铰链，其输出角位移的灵敏度更高；在相同的外力作用下，直梁型柔性铰链相较于直圆型柔性铰链，其输出的角位移更大。这表明，直梁型柔性铰链相较于直圆型柔性铰链具有更大的位移放大作用，且更适合应用于输出旋转角位移的场合。由于该柔性杠杆式机构主要围绕柔性铰链 1 和 3 的回转中心转动，利用杠杆效应实现对输入位移的传输与放大。因此，将柔性铰链 1 和 3 更换为直梁型柔性铰链，能够进一步提高该放大机构的位移放大率。采用相同的结构参数，将柔性铰链 1 和 3 更换为直梁型柔性铰链，优化后的柔性杠杆放大机构如图 6.10 所示。

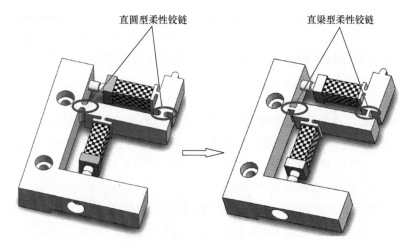

图 6.10　基于柔性铰链优化的柔性杠杆放大机构

6.3.3　优化设计验证

为了验证本节提出的基于柔性铰链结构参数柔度比 λ 的放大率计算模型的正确性，采用有限元仿真和实验测试两种方法进行对比验证。首先结合经验给出柔性杠杆式致动器定子机构的尺寸参数，如表 6.1 所示。

表 6.1　柔性杠杆式致动器定子机构的尺寸参数

参数	数值/mm	参数	数值/mm
l_1	8	t	1
l_2	22	L	2
l_3	7	w	8
l_4	15		

注：l_1—横向杠杆机构位移输入点到中心支点的距离；l_2—横向杠杆机构的杠杆长度；l_3—纵向杠杆机构位移输入点到中心支点的距离；l_4—纵向杠杆机构的杠杆长度；t—柔性铰链的最小切割厚度；L—柔性铰链的切口长度，直圆型柔性铰链的切口半径 $R=L/2$；w—柔性铰链的宽度。

1. 理论计算验证

计算柔度比 λ 所需的直圆型柔性铰链、直梁型柔性铰链的拉伸柔度系数 C_F 和旋转柔度系数 C_M 可以从文献 [3] ～文献 [5] 中获得。将结构尺寸数据代入式（6-21）和式（6-22），计算可得优化前基于直圆型柔性铰链、优化后基于直梁型柔性铰链的横向、纵向柔性杠杆机构的放大率。

表 6.2　优化前后柔性杠杆机构放大率理论计算结果对比

放大率	优化前 （基于直圆型柔性铰链）	优化后 （基于直梁型柔性铰链）	优化率/%
放大率 k_1 （横向柔性杠杆机构）	2.642	2.858	8.18
放大率 k_2 （纵向柔性杠杆机构）	2.014	2.267	12.56

从表 6.2 可知，优化后的柔性杠杆机构，其横向杠杆机构放大率和纵向杠杆机构放大率分别提升了 8.18% 和 12.56%，进而证明了该优化的可行性与有效性。

2. 有限元仿真验证

采用有限元分析软件 ANSYS 14.0 分析柔性杠杆式致动器定子机构的输出位移，进而分析其放大率。在有限元仿真分析中，给定初始条件为输入位移 D_1=0.01mm，D_2=0.01mm，材料选择 45 钢，弹性模量为 209GPa，泊松比为 0.269，屈服应力极限为 355MPa。选用三维实体单元 SOLID187，仿真结果如图 6.11 所示。

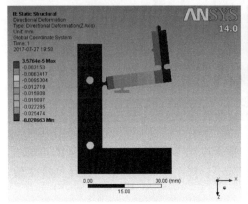
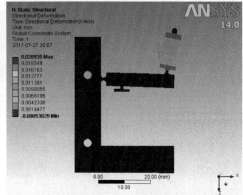

（a）横向柔性杠杆机构位移云图　　　　　（b）纵向柔性杠杆机构位移云图

图 6.11　优化前基于直圆型柔性铰链的柔性杠杆式致动器单足定子机构有限元仿真结果

彩图 6.11

图 6.11（a）和（b）是优化前基于直圆型柔性铰链的柔性杠杆式致动器单足定子机构的位移仿真云图，仿真结果显示横向、纵向杠杆机构输出位移分别为 $y_3 \approx 0.02866$mm、$D_{out} \approx 0.02094$mm，进而可以计算得到其放大率分别为 $k_1 = 2.866$、$k_2 = 2.094$，与理论计算得到的放大率之间的误差分别为 8.48%、3.97%。

将柔性杠杆式致动器定子机构中的铰链 1 和 3 更换为柔度比 λ 较小，且输出转角灵敏度更高的直梁型柔性铰链，给定同样的初始位移条件，并进行有限元仿真。图 6.12（a）和（b）给出了优化后基于直梁型柔性铰链的柔性杠杆式致动器单足定子机构的位移仿真云图，仿真结果显示当输入位移给定 $D_1 = 0.01$mm、$D_2 = 0.01$mm 时，横向、纵向杠杆机构的输出位移分别为 $y_3 \approx 0.03099$mm、$D_{out} \approx 0.02404$mm，进而可以计算得到其放大率分别为 $k_1 = 3.099$、$k_2 = 2.404$，与理论计算得到的放大率之间的误差分别为 8.43%、6.04%。

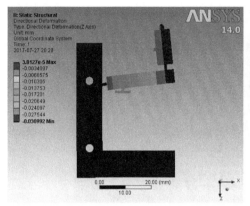

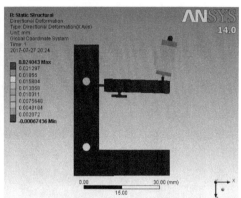

（a）横向柔性杠杆机构位移云图　　　　　　（b）纵向柔性杠杆机构位移云图

图 6.12　优化后基于直梁型柔性铰链的柔性杠杆式致动器单足定子机构有限元仿真结果

彩图 6.12

优化前后柔性杠杆机构放大率有限元仿真结果对比如表 6.3 所示。

表 6.3　优化前后柔性杠杆机构放大率有限元仿真结果对比

放大率	优化前 （基于直圆型柔性铰链）	优化后 （基于直梁型柔性铰链）	优化率/%
放大率 k_1 （横向柔性杠杆机构）	2.866	3.099	8.13
放大率 k_2 （纵向柔性杠杆机构）	2.094	2.404	14.80

3. 实验验证

为了验证基于柔度比 λ 所构建的优化模型的正确性，对优化前后的柔性杠杆式致动器单足定子机构进行实验研究。实验测量系统主要由信号激励系统、致动器驱动系统、激光位移测量系统、PC 数据采集控制系统等组成。其中，激光位移测量系统选用日本基恩士公司的 LK-H020，其测量精度为 0.02μm。信号激励系统主要为压电叠堆提供一定幅值、一定频率的正弦信号或脉冲信号；激励信号经过致动器驱动系统，即功率放大器，实现对压电叠堆的驱动激励；利用激光位移测量系统实现对定子驱动足端输出的微位移的测量；PC 数据采集控制系统将激光位移测量系统所测的数据进行采集、显示和存储。定子位移实验测量系统如图 6.13 所示。基于直圆型和直梁型柔性铰链的柔性致动器单足定子机构实物如图 6.14 所示。

经过实验测量，在电压峰峰值为 100V、频率为 100Hz、预紧力为 40N 时，压电叠堆输出位移约为 8μm，此时压电致动器驱动足横向振幅为 22.591μm，纵向振幅为

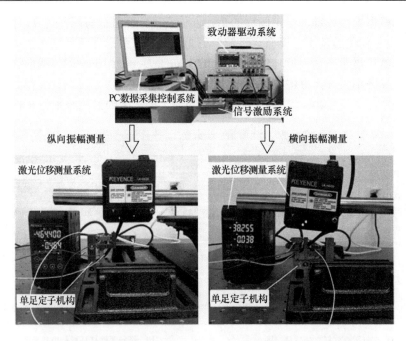

图 6.13 定子位移实验测量系统

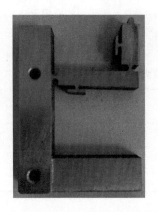 

(a) 优化前基于直圆型柔性铰链的定子机构   (b) 优化后基于直梁型柔性铰链的定子机构

图 6.14 基于直圆型和直梁型柔性铰链的柔性致动器单足定子机构实物

17.025μm，计算可得横向柔性杠杆机构放大率 $k_1 = 2.824$，纵向柔性杠杆机构放大率 $k_2 = 2.128$，与理论计算值的误差分别为 6.89%、5.66%。根据柔度比 λ 的相关分析，选用输出转角位移灵敏度更高的直梁型柔性铰链替代直圆型柔性铰链，经过实验测量，当压电叠堆在电压峰峰值为 100V、频率为 100Hz、预紧力为 40N 的激励下时，其输出位移为 10μm，此时压电致动器驱动足横向振幅为 30.682μm，纵向振幅为 23.981μm，计算可得横向柔性杠杆机构放大率 $k_1 = 3.068$，纵向柔性杠杆机构放大率 $k_2 = 2.398$，与优化后的理论计算值的误差分别为 7.35%、5.78%。

优化前后柔性杠杆机构放大率实验结果对比如表 6.4 所示。

表 6.4　优化前后柔性杠杆机构放大率实验结果对比

放大率	优化前 （基于直圆型柔性铰链）	优化后 （基于直梁型柔性铰链）	优化率/%
放大率 k_1 （横向柔性杠杆机构）	2.824	3.068	8.64
放大率 k_2 （纵向柔性杠杆机构）	2.128	2.398	12.69

本节基于柔度比 λ 建立了柔性杠杆机构放大率的计算模型，并且从理论计算、有限元仿真和实验测量三个角度对基于柔度比 λ 建立的计算模型进行了验证。验证结果表明了本节利用柔度比 λ 构建的柔性杠杆机构放大率计算模型的正确性与可行性。

6.4　实　验　研　究

6.4.1　双驱动足布局对比实验

首先需要说明的是，柔性杠杆式压电致动器的实验平台系统仍采用 5.4.1 节介绍的实验平台系统，只是实验对象从柔性正交式压电致动器更改为柔性杠杆式压电致动器。

在柔性杠杆式压电致动器定子机构中，双驱动足在空间布局上可以有以下三种布置方式，分别如图 6.15（a）～（c）所示。

1）同层对称式布局：两个单驱动足定子机构布置在同一水平面内，且呈左右对称布置，依靠激励电压的驱动实现双足交替驱动，进而输出运动。

2）同层同向式布局：两个单驱动足定子机构布置在同一水平面内，且同侧同向式布置，依靠激励电压的驱动实现双足交替驱动，进而输出运动。由于两个单驱动足定子机构完全一致，因此同侧同向朝左布置和同侧同向朝右布置性能一致，本实验中以同侧同向朝左布置为实验对象。

3）叠层同向式布局：两个单驱动足定子机构呈上下叠层布置，且同侧同向朝左布置，依靠激励电压的驱动实现双足交替驱动，进而输出运动。

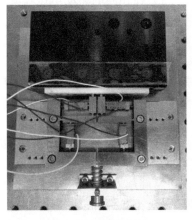

（a）同层对称式布局　　　　　　　　（b）同层同向式布局

图 6.15　双驱动足定子机构空间布局方案

（c）叠层同向式布局

图 6.15（续）

　　由于柔性杠杆式压电致动器的输出运动是衡量其致动性能的主要指标，因此本实验中采用柔性杠杆式压电致动器的输出运动速度作为对比和评判指标，以此衡量三种不同的空间布局方案的性能优劣。

　　根据定子机构设计方案及其工作原理可知，该柔性杠杆式压电致动器有 4 个压电叠堆，其具体布置如图 6.5 所示。压电叠堆 a（c）的激励电压采用峰峰值电压为 80V 的脉冲方波，压电叠堆 b（d）的激励电压采用三角波信号。对定子机构施加 40N 预紧力，

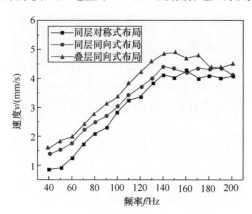

图 6.16　柔性杠杆式压电致动器双驱动
足定子机构的三种空间布局方案的
输出运动速度数据曲线

在电动机空载情况下，改变激励电压的频率，采用激光位移传感器测量动子导轨的输出位移，进而获取该频率激励电压下的动子导轨输出的平均速度曲线。柔性杠杆式压电致动器双驱动足定子机构的三种空间布局方案的输出运动速度数据曲线如图 6.16 所示。

　　从图 6.16 中可以发现如下规律：

　　1）在相同的驱动电压和激励频率下，双驱动足同层对称式布局的运动速度最小，双驱动足叠层同向式布局的运动速度最大。

　　2）随着激励电压频率的逐步提高，双驱动足同层对称式布局、同层同向式布局和叠层同向式布局的运动速度都呈现出逐渐增大的规律。

　　3）激励电压的频率在 40～140Hz 范围内，双驱动足同层对称式布局的运动速度线性度最差，双驱动足叠层同向式布局的运动速度线性度最佳。

　　4）当激励电压的频率为 140Hz 时，双驱动足同层对称式布局的运动速度最大为 4.17mm/s，双驱动足同层同向式布局的运动速度最大为 4.42mm/s，双驱动足叠层同向式布局的运动速度最大为 4.88mm/s。

　　5）当激励电压的频率高于 140Hz 时，三种空间布局方案的双驱动足运动速度都呈

现出不稳定、易跳变的现象，因此可以认为，本实验双驱动足柔性杠杆式压电致动器的最大有效激励电压的频率为 140Hz。

6.4.2 步进作动实验

压电叠堆 a（c）的激励电压采用峰峰值电压为 40V、频率为 1Hz 的脉冲方波，压电叠堆 b（d）的激励电压仍然采用三角波信号。柔性杠杆式压电致动器步进作动位移响应曲线如图 6.17 所示。

从图 6.17 的实验数据结果中可以发现，动子导轨输出步距稳定，基本上 5 步累积位移为 3μm，9 步累积位移为 5.5μm，由此可得单步步长平均约为 0.6μm；另外，当激励电压低于 40V 时，柔性杠杆式压电致动器无法稳定地驱动动子导轨实现运动。综上所述，可以认为柔性杠杆式压电致动器的最小响应激励电压为 40V，此时柔性杠杆式压电致动器的步进作动分辨率为 0.6μm。同样地，致动器的驱动波形、

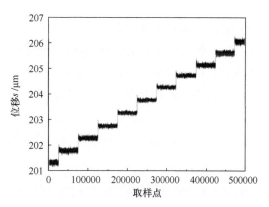

图 6.17 柔性杠杆式压电致动器步进作动位移响应曲线

致动器驱动足作动机制及实验测量系统存在误差等因素也会造成柔性杠杆式压电致动器的步进作动存在误差。

6.4.3 连续作动实验

实际上，在探讨双驱动足空间布局方案时进行的实验就是柔性杠杆式压电致动器的连续作动实验。为了获得柔性杠杆式压电致动器更高的连续作动速度，将实验中的激励电压的峰峰值提高至 100V，在相同的激励电压频率范围内（40～140Hz）对柔性杠杆式压电致动器开展实验研究。

图 6.18 所示是柔性杠杆式压电致动器连续作动驱动动子导轨的速度曲线。压电叠堆 a（c）的激励电压采用峰峰值为 100V 的方波电压信号，压电叠堆 b（d）的激励电压仍然采用三角波信号。对定子机构施加 50N 预紧力，在电动机空载情况下，改变激励电压的频率，采用激光位移传感器测量动子导轨的输出位移，进而获取该频率激励电压下的动子导轨输出的平均速度曲线。

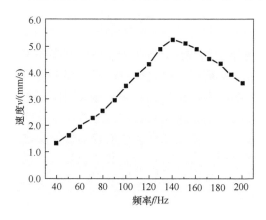

图 6.18 柔性杠杆式压电致动器连续作动驱动动子导轨的速度曲线

从图 6.18 的速度曲线中可以发现如下规律：

1）随着激励电压频率的增大，动子导轨的输出速度呈近似线性变化规律。

2）当激励电压频率为 140Hz 时，测得柔性杠杆式压电致动器驱动足的最大空载速度为 5.479mm/s。

3）在 40～140Hz 频率范围内，柔性杠杆式压电致动器的输出速度线性度比较好；但是当激励电压的频率高于 140Hz 时，柔性杠杆式压电致动器驱动动子导轨输出的速度呈现出稳定性下降趋势。造成这种现象的主要原因是随着激励电压频率的提高，柔性杠杆式压电致动器的两驱动足驱动动子导轨时在驱动时序上发生干涉现象，导致驱动足输出的运动速度稳定性下降。

综上所述，要实现柔性杠杆式压电致动器的运动性能的提升，包括连续作动速度的提高及其性能稳定性的提升，重点是要保证双驱动足在驱动时序上不发生驱动干涉，这是下一步研究的重点方向。

本 章 小 结

1）提出了柔性杠杆式双驱动足压电致动器，给出了杠杆式双驱动足压电致动器定子机构、夹持与预紧机构等机械结构设计方案，重点分析了杠杆式双驱动足压电致动器在时序上的工作原理，从驱动机理上保证了双驱动足交替驱动实现运动输出的可行性与可靠性。

2）由于柔性铰链在受力作用下会发生压缩或拉伸变形，导致其旋转中心会发生偏移。以此为事实基础，利用前文分析的柔性铰链柔度特性参数，结合柔性杠杆式压电致动器的结构参数，构建了柔性杠杆式压电致动器的作动放大模型，并对杠杆式压电致动器的放大特性进行了柔度特性参数化分析。

3）以柔性杠杆式压电致动器的柔性作动放大模型为基础，对杠杆作动机构进行了优化设计，采用直梁型柔性铰链替代了传统的直圆型柔性铰链，并采用理论计算、有限元仿真和实验测量三种手段进行了验证。验证结果一致表明，采用柔度特性更好的直梁型柔性铰链替代传统的直圆型柔性铰链能够有效地增大杠杆作动机构的输出位移行程，有助于提高杠杆式压电致动器的输出运动性能。

4）搭建了柔性杠杆式压电致动器实验测量平台系统，完成了双驱动足空间布局对比实验、步进作动实验和连续作动实验。双驱动足空间布局实验对比了同层对称式、同层同向式和叠层同向式三种空间布局结构方案，实验结果表明采用叠层同向式布局方案能够有效提升柔性杠杆式压电致动器的输出作动速度及其稳定性。柔性杠杆式压电致动器的步进作动实验和连续作动实验结果表明，柔性杠杆式压电致动器的步进作动分辨率为 0.6μm；当激励电压峰峰值为 100V、频率为 140Hz 时，其空载最大连续作动速度为 5.479mm/s；柔性杠杆式压电致动器具备高分辨率的定位精度和较快速的宏观运动能力。

参 考 文 献

[1] 李庆祥，王东升，李玉和. 现代精密仪器设计 [M]. 2 版. 北京：清华大学出版社，2004.

[2] 陶杰. 基于非共振型压电作动器的三自由度精密定位平台的研究 [D]. 南京：南京航空航天大学，2017.

[3] 左行勇，刘晓明. 三种形状柔性铰链转动刚度的计算与分析 [J]. 仪器仪表学报，2006，27（12）：1725-1728.

［4］ ZELENIKA S，MUNTEANU M G，DE BONA F. Optimized flexural hinge shapes for microsystems and high-precision applications ［J］. Mechanism and Machine Theory，2009，44（10）：1826-1839.

［5］ SMITH T S，BADAMI V G，DALE J S，et al. Elliptical flexure hinges ［J］. Review of Scientific Instruments，1997，68（3）：1474-1483.

第7章 柔性菱形压电精密致动器

目前，常用的微位移放大机构主要有多级杠杆放大机构[1-2]、差动杠杆放大机构[3]、三角放大机构[4]和桥式放大机构[5-6]等。杠杆放大机构原理简单，易于实现，理论上能够实现输出对输入的线性放大；但是杠杆机构的放大增益有限，采用多级杠杆机构又容易引起误差累积和体积过大等问题[7]。差动杠杆放大机构能够提高放大比，但仍无法实现较为紧凑的结构；同时，差动杠杆放大机构的分析与控制较为复杂，限制了其进一步应用的范围。三角放大机构能够实现较大的放大增益，但三角放大机构存在空间体积较大、空间利用率低等不足。利用三角放大原理设计的桥式放大机构具有结构紧凑、分析简单、位移放大增益较大等优点，因此在近几年得到了广泛的研究与应用。

在众多桥式放大机构中，菱形结构是一种非常典型的桥式放大机构。菱形结构以其结构简单、放大增益大及易于实现控制等优势，成为近几年柔性压电作动机构结构设计的研究热点。本章以一种柔性菱形单驱动足压电致动器为研究对象，详细探讨柔性菱形压电致动器的结构设计、多目标优化设计方法及其性能实验研究。

7.1 柔性菱形压电致动器结构设计

7.1.1 定子机构设计

柔性菱形压电致动器的定子机构如图 7.1 所示，主要由驱动足、一体化基体、压电叠堆、预紧机构、预紧垫块、预紧螺钉和预紧陶瓷球组成。预紧机构依靠左端面的预紧螺钉和预紧垫块实现对预紧陶瓷球和压电叠堆的预紧。将预紧垫块、预紧陶瓷球和压电叠堆装配在预紧机构内部，再将包含预紧垫块、预紧陶瓷球和压电叠堆的整个预紧机构装配在一体化基体的菱形框架内部，从而实现整个定子机构的装配。预紧机构右端面和一体化基体实现固定装配，确保压电叠堆只能向左侧输出变形位移。当压电叠堆受到电压激励之后，便会产生单向伸缩位移，进而实现菱形框架的变形，使得驱动足发生位移，利用驱动足和输出动件（动子机构）之间的摩擦力，便可实现对动子机构的驱动。

本章设计的菱形框架结构具有两侧驱动足，但是由于压电叠堆受到预紧机构的作用力，而压电叠堆不能承受横向剪切应力，并且驱动足需要时刻预压在输出动子件表面，因此这里采用单侧驱动足结构，另外一侧的驱动足保持悬空。因此，实际上从驱动效果来说，柔性菱形压电致动器是单驱动足机构。

另外，考虑到菱形机构的整体装配工艺，以及夹持预紧机构能够很方便地实现对菱形机构的夹持、安装，本书中将菱形机构设计为不对称框架结构，除了安装在菱形框架结构内部的压电致动结构及预紧机构外，整体菱形框架结构设计成一体化基体，从而提高了菱形致动机构的整体稳定性与可靠性，且可很方便地实现对柔性菱形压电致动器的夹持与预紧。

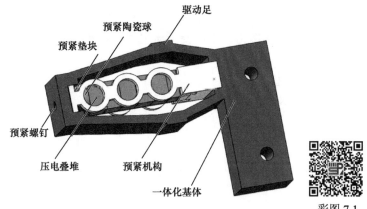

图 7.1　柔性菱形压电致动器的定子机构简图

彩图 7.1

7.1.2　夹持预紧机构设计

　　夹持预紧机构除了上述分析的柔性菱形压电致动器定子机构的预紧部件外，还包括柔性菱形压电致动器的其他预紧结构，主要包括滑块、预紧弹簧、预紧支撑板和调节测微仪等，如图 7.2 所示。柔性菱形压电致动器的定子机构通过夹持预紧机构接触直线导轨（动子）的表面，依靠预紧摩擦力实现驱动足对直线导轨的摩擦驱动；利用调节测微仪产生预紧力，并通过预紧弹簧最终作用在柔性菱形压电致动器的定子机构上，定子机构下面的滑块在充当垫块的同时也能够同步调节定子机构与动子机构之间的接触摩擦力。

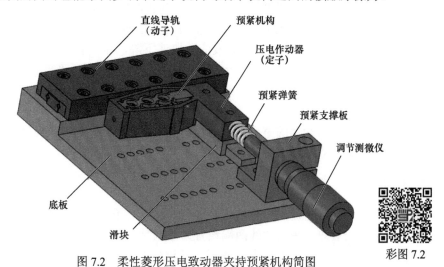

图 7.2　柔性菱形压电致动器夹持预紧机构简图

彩图 7.2

7.2　工作原理

7.2.1　作动原理

　　菱形放大机构被广泛应用于精密定位领域，它本质上是两个三角形放大机构的串联组合。从前面的分析可知，初始状态时，由于预紧机构的作用，柔性菱形压电致动器驱动足与动子之间存在某一正压力。柔性菱形压电致动器驱动原理简图如图 7.3 所示。

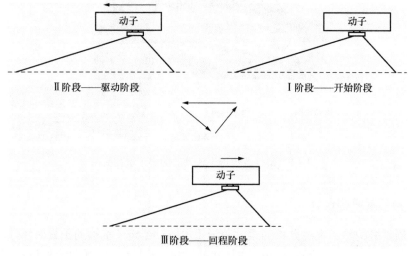

图 7.3　柔性菱形压电致动器驱动原理简图

1）当柔性菱形压电致动器开始运行时，陶瓷驱动电源对柔性菱形压电致动器中间的压电叠堆进行激励，此时柔性菱形压电致动器进入 I 阶段——开始阶段的工作进程。在开始阶段，受预紧机构作用，柔性菱形压电致动器驱动足压紧动子表面。

2）当柔性菱形压电致动器内部压电叠堆受到锯齿波信号激励后开始向右伸长，此时进入 II 阶段——驱动阶段。在驱动阶段，依靠驱动足和动子间的静摩擦力带动动子向右运动。

3）第 III 阶段——回程阶段，锯齿波信号快速下降，压电叠堆迅速收缩，驱动足处于回程阶段，动子由于惯性继续向右运动，但由于驱动足与动子间产生滑动摩擦力，在该摩擦力作用下动子速度有所下降，或者出现少量反方向位移，但从宏观上看动子仍然向一个方向持续运动。

从柔性菱形压电致动器的整个工作运动周期来看，利用锯齿波信号和自身惯性原理能够实现对动子的宏观驱动。

7.2.2　作动模型

柔性菱形压电致动器定子机构的核心部件是压电叠堆及菱形框架，菱形框架的长对角线内部放置压电叠堆，短对角线两端设置为驱动足，其中一侧驱动足悬空。当压电叠堆受到激励电压激励后，向左侧发生变形，导致菱形框架发生变形，如图 7.4 所示，虚线框表示受到压电叠堆伸缩变形之后的菱形框架。

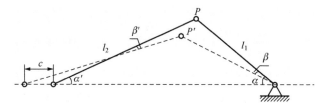

图 7.4　柔性菱形压电致动器定子变形

如图 7.4 所示，设菱形机构右杆长度为 l_1，左杆长度为 l_2，右杆端点 P 在 x 方向的位移为 a，在 y 方向的位移为 b，左杆端点 P' 在 x 方向的位移为 a'，在 y 方向的位移为 b'，其中 $b = b'$，$a + a' = c$，c 表示菱形机构左侧端面伸出的位移长度。由三角函数定理可得

$$a = l_1 \cos(\alpha - \beta) - l_1 \cos\alpha \tag{7-1}$$

$$b = l_1 \sin\alpha - l_1 \sin(\alpha - \beta) \tag{7-2}$$

$$a' = l_2 \cos(\alpha' - \beta') - l_2 \cos\alpha' \tag{7-3}$$

$$b' = l_2 \sin\alpha' - l_2 \sin(\alpha' - \beta') \tag{7-4}$$

$$A = \frac{b}{a} = \frac{l_1 \sin\alpha - l_1 \sin(\alpha - \beta)}{l_1 \cos(\alpha - \beta) - l_1 \cos\alpha} = \frac{\tan\alpha(1 - \cos\beta) + \sin\beta}{(\cos\beta - 1) + \tan\alpha \sin\beta} \tag{7-5}$$

$$A' = \frac{b'}{a'} = \frac{l_2 \sin\alpha' - l_2 \sin(\alpha' - \beta')}{l_2 \cos(\alpha' - \beta') - l_2 \cos\alpha'} = \frac{\tan\alpha'(1 - \cos\beta') + \sin\beta'}{(\cos\beta' - 1) + \tan\alpha' \sin\beta'} \tag{7-6}$$

因为转角 β、β' 均非常小，所以有

$$\sin\beta \rightarrow \beta \tag{7-7}$$

$$\sin\beta' \rightarrow \beta' \tag{7-8}$$

$$1 - \cos\beta \rightarrow \beta^2/2 \tag{7-9}$$

$$1 - \cos\beta' \rightarrow \beta'^2/2 \tag{7-10}$$

将式（7-7）～式（7-10）代入式（7-5）和式（7-6）中，得

$$A = \frac{b}{a} \approx \frac{1}{\tan\alpha} \tag{7-11}$$

$$A' = \frac{b'}{a'} \approx \frac{1}{\tan\alpha'} \tag{7-12}$$

则整个菱形机构在 y 方向上的放大系数为

$$K = \frac{b}{c} = \frac{b}{a + a'} \approx \frac{1}{\tan\alpha + \tan\alpha'} \tag{7-13}$$

由式（7-13）可知，柔性菱形压电致动器的放大率 K 与 α 及 α' 有关。柔性菱形压电致动器的边框与中轴线的夹角成为影响菱形作动机构性能的关键参数。众所周知，精密平台需要非常高的定位分辨率，如果反映到电动机的性能上，就是需要电动机的步距比较小，因此需要对柔性菱形作动机构的结构参数进行优化设计，以确定最佳的结构参数，并获取最佳的作动性能。

7.3 基于多目标的致动器结构参数优化设计

7.3.1 优化模型

菱形框架的结构参数对于菱形作动机构的整体性能有重要影响，对菱形框架展开结构参数优化设计有助于提升菱形作动机构的整体性能。建立图 7.5 所示的简化模型，其中需要设计的参数包括菱形框架的边框长度 l_1、l_2，边框厚度 t，以及两条边框和中轴线

形成的夹角 α、α'。下面采用有限元优化设计方法对菱形作动机构的结构参数进行优化设计。

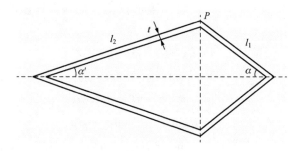

图7.5　柔性菱形压电致动器模型简图

1. 优化变量

柔性菱形压电致动器的主要结构参数有厚度 t，菱形框架的边框长度 l_1、l_2，以及两条菱形边框和中轴线形成的夹角 α、α'。由于参数 l_1、l_2、α、α' 存在以下关系：

$$l_2 \sin\alpha' = l_1 \sin\alpha \tag{7-14}$$

因此设计变量 $\boldsymbol{X}$ 为

$$\boldsymbol{X} = [x_1,\ x_2,\ x_3,\ x_4]^{\mathrm{T}} = [\alpha',\ \alpha,\ l_1,\ t]^{\mathrm{T}} \tag{7-15}$$

按照经验给出上述优化设计变量的取值范围，具体如下：

$$x_1 \in [0,\ 45] \tag{7-16}$$

$$x_2 \in [0,\ 45] \tag{7-17}$$

$$x_3 \in [10,\ 50] \tag{7-18}$$

$$x_4 \in [0.3,\ 3] \tag{7-19}$$

且上述设计变量存在如下约束关系：

$$x_1 \leqslant x_2 \tag{7-20}$$

2. 优化目标

为了便于后文对设计变量开展有限元参数优化设计，首先需要赋予上述四个设计变量初始经验值。上述四个设计变量的经验常数值分别给定如下：

$$x_{10} = a_0' = 15° \tag{7-21}$$

$$x_{20} = \alpha_0 = 20° \tag{7-22}$$

$$x_{30} = l_{10} = 12\text{mm} \tag{7-23}$$

$$x_{40} = t_0 = 2\text{mm} \tag{7-24}$$

按照图 7.5 的设计方案建立菱形框架结构的有限元模型。在有限元仿真中，采用 $F = 20\text{N}$ 的初始力模拟压电叠堆在受到激励电压作用后伸缩位移产生的初始作用力，在完成网格划分和约束边界设定后求解菱形框架结构的变形结果。菱形框架结构的变形位移云图如图 7.6 所示。

柔性菱形压电致动器以端部 P 作为驱动足端，依靠驱动足与动子导轨之间的摩擦力实现对动子导轨的驱动。从图 7.6 所示的有限元仿真云图可以知道，当压电叠堆受到激励电压作用后发生伸缩位移，此时驱动足同时存在 X 方向和 Y 方向的位移分量，而实现对动子导轨驱动的有效位移分量是 X 方向位移分量；另外，为了提高对动子导轨驱动的分辨率，最终驱动足输出的 X 方向位移分量应当足够小，才能够有效提高柔性菱形压电致动器的作动精度。

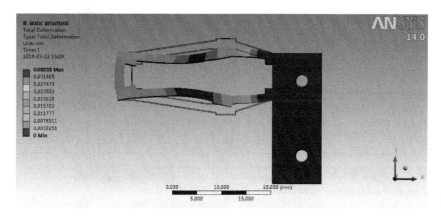

彩图 7.6

图 7.6　菱形框架结构的变形位移云图

综上所述，在对菱形框架机构进行有限元优化设计时，分别以 P 点的 X 分量位移最大、最小，以及 Y 分量位移最大、最小构建优化目标函数，考察上述四个设计变量在外力 F 的作用下对四个优化目标函数的影响灵敏度。这里需要说明的是，上述 P 点的 X 分量和 Y 分量位移的最大、最小目标函数仅从理论模型角度进行定性分析，其目的是寻找四个优化设计变量对四个目标函数的灵敏度，上述四个目标函数不做定量计算分析。

3. 多参数灵敏度分析

由于 ANSYS 自身三维建模的诸多不足，因此当借助第三方三维建模软件构建分析对象三维模型时，必须将待分析的结构参数按照统一格式命名才能导到 ANSYS 中并实现有限元优化。因此，将柔性菱形框架的四个设计变量统一命名为如下格式：

$x_1 = \alpha'$——P1-DS_D1A；

$x_2 = \alpha$——P2-DS_D2B；

$x_3 = l_1$——P3-DS_L1；

$x_4 = t$——P4-DS_T1。

在有限元软件中，沿 X 轴施加的外力 F 作为第五个参数条件，命名如下：

F = P5——Force X Component。

对 ANSYS 中建立的四个优化目标函数分别定义如下：

P6——Directional Deformation Minimum：驱动足 P 点的 X 分量最小位移；

P7——Directional Deformation Maximum：驱动足 P 点的 X 分量最大位移；

P8——Directional Deformation 2 Minimum：驱动足 P 点的 Y 分量最小位移；

P9——Directional Deformation 2 Maximum：驱动足 P 点的 Y 分量最大位移。

图 7.7 所示是四个设计变量、外力 F 及四个优化目标函数之间的线性相关性矩阵图。从图 7.7 中可以发现，设计变量 x_2（P2-DS_D2B）对目标函数 P6 的影响程度最为突出；设计变量 x_4（P4-DS_T1）对目标函数 P6 的影响程度居于其次。由于目标函数 P6 是本

次优化设计的主要目标函数，因此以下分析仅针对目标函数 P6，针对其他目标函数的线性相关性分析这里不予赘述。

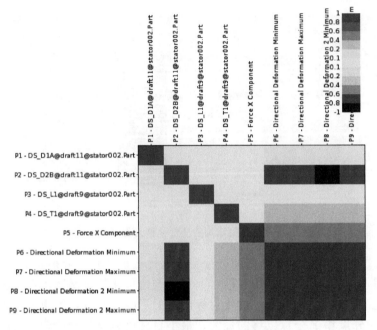

图 7.7　多参数线性相关性矩阵图

彩图 7.7

为考察各个设计变量对目标函数的影响灵敏度，借助 ANSYS 的有限元响应曲面工具，逐一分析各设计变量对目标函数 P6 的响应面，分别如图 7.8（a）～（d）所示。在此基础上绘制各个设计变量对目标函数的灵敏度柱状图，如图 7.9 所示。

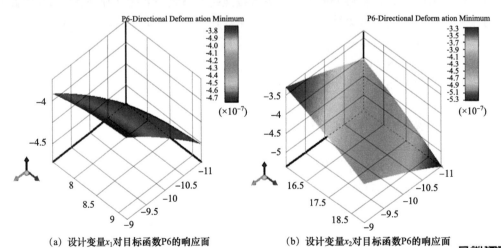

（a）设计变量x_1对目标函数P6的响应面　　　　（b）设计变量x_2对目标函数P6的响应面

图 7.8　各个设计变量对目标函数 P6 的响应面

彩图 7.8

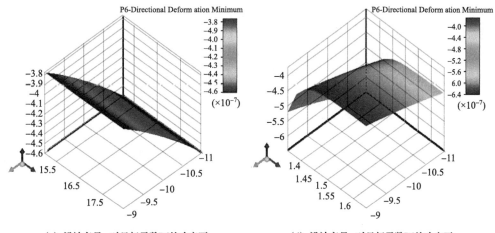

（c）设计变量x_3对目标函数P6的响应面　　　　（d）设计变量x_4对目标函数P6的响应面

图 7.8（续）

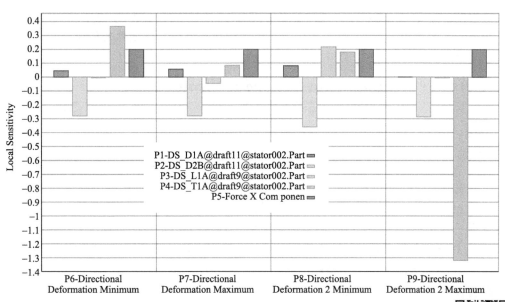

图 7.9　各个设计变量对目标函数 P6 的灵敏度柱状图

7.3.2　有限元优化设计

彩图 7.9

　　分析图 7.8 的响应面和图 7.9 的灵敏度柱状图可知，对目标函数 P6 的影响程度最为突出的是设计变量 x_2（P2-DS_D2B），其次是设计变量 x_4（P4-DS_T1），这与上文线性相关性矩阵图的分析结论一致。由此，在进行结构参数优化时，应当重点考察设计变量 x_2 和 x_4 的取值对优化目标函数 P6 的影响。在得知各设计变量对目标函数的影响灵敏度的基础上，即可利用 ANSYS 有限元的参数化设计方法确定各设计变量的最佳值。

　　在本次有限元优化设计中，分别将设计变量 x_2（结构参数 a）和 x_4（结构参数 t）的优化权重设置为 higher 与 normal（默认），另外两个设计变量的优化权重设置为 lower。

给定各设计变量的值域,设置初始作用力条件,设定目标函数,执行有限元计算,ANSYS能够自动优化相关变量参数,最终得到四个设计变量的优化后取值,如表 7.1 所示。将各设计变量优化取值圆整后,即得到各设计变量的 ANSYS 优化取值,分别为 $x_1 = \alpha' = 10°$,$x_2 = \alpha = 19°$,$x_3 = l_1 = 8\text{mm}$,$x_4 = t = 1.6\text{mm}$。

表 7.1　柔性菱形框架结构参数有限元优化取值

设计变量	经验值	优化值	
		有限元优化后最佳值	圆整后取值
设计变量 $x_1(\alpha')$	15°	10.107°	10°
设计变量 $x_2(\alpha)$	20°	19.084°	19°
设计变量 $x_3(l_1)$	12mm	8.054mm	8mm
设计变量 $x_4(t)$	2mm	1.631mm	1.6mm

7.3.3　优化设计验证

根据有限元优化结果,将柔性菱形框架的各结构参数设置为优化值,并进行同等初始力条件下的有限元仿真,将驱动足 P 点的位移仿真结果与结构参数优化前的有限元计算结果进行对比,如表 7.2 所示。

表 7.2　柔性菱形框架结构驱动足位移优化前后对比

分量位移	优化前驱动足位移/μm	优化后驱动足位移/μm
X 轴分量位移	0.6398	0.4027
Y 轴分量位移	1.6781	1.9338

从表 7.2 中可以发现,优化前驱动足 P 点的 X 轴分量位移和 Y 轴分量位移分别为 0.6398μm 和 1.6781μm;当采用多目标优化设计菱形机构的结构参数之后,驱动足 P 点的 X 轴分量位移和 Y 轴分量位移分别为 0.4027μm 和 1.9338μm。其中,X 轴分量位移减小了 37.06%,有利于提高柔性菱形压电直线致动器的步进作动精度;Y 轴的位移分量提高了 15.24%,有利于增加柔性菱形压电致动器的驱动足与驱动对象之间的摩擦力,从而改善柔性菱形压电直线致动器的作动效果。从对比结果来看,本次有限元优化设计是可行有效且可靠的。

7.4　实　验　研　究

7.4.1　步进作动实验

柔性菱形压电致动器的实验平台系统仍然采用 5.4.1 节介绍的实验平台系统,只是实验对象从柔性正交式压电致动器更改为柔性菱形压电致动器。

图 7.10 所示是柔性菱形压电致动器步进作动位移响应曲线。其中,图 7.10 (a) 采用激励电压峰峰值为 70V、频率为 10Hz 的锯齿波作用在柔性菱形压电致动器压电叠堆上,柔性菱形压电致动器输出的步距稳定,分析数据可得单步步长约为 1.5μm。

图 7.10（b）采用激励电压峰峰值电压为 60V、频率为 10Hz 的锯齿波作用在柔性菱形压电致动器压电叠堆上，柔性菱形压电致动器输出的步距稳定，分析数据可得单步步长约为 1.2μm；当激励电压低于 60V 时，柔性菱形压电致动器的输出步距稳定性会急剧恶化。因此，可以认为柔性菱形压电致动器的步进分辨率为 1.2μm。

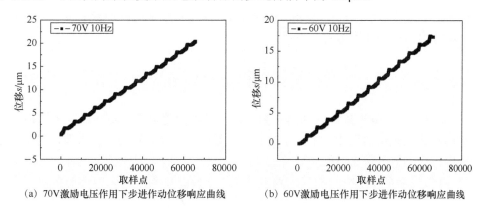

（a）70V激励电压作用下步进作动位移响应曲线　　（b）60V激励电压作用下步进作动位移响应曲线

图 7.10　柔性菱形压电致动器步进作动位移响应曲线

7.4.2　连续作动实验

图 7.11 所示是柔性菱形压电致动器连续作动驱动动子导轨的速度曲线。激励电压采用峰峰值为 120V 的锯齿波电压信号，对定子机构施加 30N 预紧力，在电动机空载情况下，改变激励电压的频率，采用激光位移传感器测量动子导轨的输出位移，进而获取该频率激励电压下的动子导轨输出的平均速度曲线。

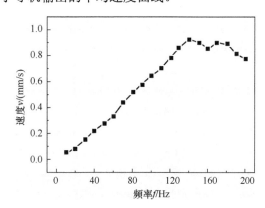

图 7.11　柔性菱形压电致动器连续作动驱动动子导轨的速度曲线

从图 7.11 的速度曲线可以发现如下规律：

1）柔性菱形压电致动器的输出速度线性度较好，随着激励电压频率的增大，动子导轨的输出速度呈近似线性变化规律。

2）当激励电压峰峰值为 120V、激励电压频率为 140Hz 时，测得柔性菱形压电致动器驱动足的最大空载速度为 0.932mm/s。

3）在 10～70Hz 频率范围内，柔性菱形压电致动器的输出速度有一定波动，其线性度较差；当激励电压频率在 70～140Hz 范围内时，柔性菱形压电致动器的输出速度线性度较好。

4）当激励电压的频率高于 140Hz 时，柔性菱形压电致动器驱动动子导轨输出的速度呈现出速度值易跳变、稳定性下降趋势。造成这种现象的主要原因是随着激励电压频率的提高，柔性菱形压电致动器受压电迟滞效应及结构响应时间的影响也更为明显，导致驱动足输出的运动速度稳定性下降。

本 章 小 结

1）提出了柔性菱形压电致动器方案，给出了柔性菱形压电致动器定子机构、夹持与预紧机构等机械结构设计方案，分析了柔性菱形压电致动器的工作原理，构建了菱形作动机构的作动放大理论模型。

2）以柔性菱形作动机构的放大理论模型为基础，以菱形框架的结构参数作为优化设计变量，以菱形作动机构的横向作动位移和纵向作动位移作为优化设计目标，分析了多变量对多目标的灵敏度，并采用基于有限元的多参数灵敏度优化设计方法对菱形作动机构的结构参数进行了优化设计。

3）搭建了柔性菱形压电致动器实验测量平台系统，完成了柔性菱形压电致动器的步进作动实验和连续作动实验。实验结果表明，柔性菱形压电致动器的步进作动分辨率为 1.2μm；当激励电压峰峰值为 120V、频率为 140Hz 时，其空载最大连续作动速度为 0.932mm/s；柔性菱形压电致动器具备高分辨率的定位精度和较快速的宏观运动能力。

参 考 文 献

[1] ZHANG D，GAO Z，MALOSIO M，et al. A novel flexure parallel micromanipulator based on multi-level displacement amplifier with/without symmetrical design[J]. International Journal of Mechanics and Materials in Design，2012（8）：311-325.

[2] BHAGAT U，SHIRINZADEH B，CLARK L，et al. Design and analysis of a novel flexure-based 3-DOF mechanism [J]. Mechanism and Machine Theory，2014，74（4）：173-187.

[3] CHOI S B，HAN S S，HAN Y M，et al. A magnification device for precision mechanisms featuring piezoactuators and flexure hinges：Design and experimental validation[J]. Mechanism and Machine Theory，2007，42（9）：1184-1198.

[4] DO T N，TJAHJOWIDODO T，LAU M W S，et al. Hysteresis modeling and position control of tendon-sheath mechanism in flexible endoscopic systems [J]. Mechatronics，2014，24（1）：12-22.

[5] MENG Q L，LI Y M，XU J. A Novel Analytical Model for Flexure-based Proportion Compliant Mechanisms [J]. Precision Engineering，2014，38（3）：449-457.

[6] KIM J J，CHOI Y M，AHN D，et al. A millimeter-range flexure-based nano- positioning stage using a self-guided displacement amplification mechanism [J]. Mechanism and Machine Theory，2012，50（2）：109-120.

[7] 叶果，李威，王禹桥，等. 柔性桥式微位移机构位移放大比特性研究 [J]. 机器人，2011，33（2）：251-256.

第8章 柔性精密运动平台

在光通信技术的进步和广泛应用过程中，对系统的集成化需求推动集成光学不断发展，产生了众多功能多样的光路集成元件——光波导[1-3]。除了集成化后带来空间体积大大缩减优势外，光波导同时提高了光路对环境的抗干扰能力，且容易实现大批量生产[4-5]。因此，光波导技术的发展水平不仅关乎光通信产业等国民经济重要领域的发展，还是推动激光技术和光信息处理等尖端科技领域发展的重要技术支撑[6-10]。

在光波导器件连接和封装过程中，首先需要解决的关键问题是如何提高精度[11-12]，这也是该技术发展的趋势。根据国际先进指标的要求，光波导与光纤光轴的对准误差需限制在亚微米以下[13-15]。这就对面向光波导器件连接和封装的多自由度工作平台提出了严苛的性能需求。目前用于光波导器件对准连接的工作平台的主要特点是定位精度高（一般在 1μm 左右）、工作行程区间较大（平动直线位移约 10mm，转动角位移约 5°）[16-19]；在半导体测试装备中的探针平台，其定位精度更是高达纳米级，工作行程区间高达 300mm[20-22]。因此，在光学精密工程应用领域中，多自由度平台普遍应当具备高精度定位和宏观连续作动的性能要求。

目前，应用于光波导器件连接和封装的多自由度工作平台主要是采用电磁电动机经丝杠驱动六自由度工作台运动，从而实现阵列光纤与光波导器件的对准。一方面，由于传动链较长，致使系统刚度低，响应慢；另一方面，系统精度在电磁驱动方式下难以进一步提升，只能依靠其他驱动方式进行更高精度的补偿，这使得系统对致动器的控制难度增加。另外，工作台自身的导向精度也是限制对准精度进一步提高的关键因素[23-25]。

传统的多自由度精密运动平台多采用压电陶瓷元件作为作动元件，实现多自由度平台的驱动与定位，目前采用压电电动机直接作为驱动元件实现六自由度精密定位工作台的驱动定位与控制的研究尚未见到。压电电动机以压电陶瓷或压电叠堆作为驱动元件，通过合理的构型与结构设计，能够将压电陶瓷或压电叠堆的微小位移转变为压电电动机驱动足或执行机构输出的宏观位移，实现对多自由度工作平台的连续驱动，进而实现多自由度工作平台的宏观连续作动。

综上所述，研究新型的基于压电致动原理的高精度、多自由度，且能够满足大行程工作区间的运动平台，是当前国内外精密致动系统、精密运动平台及精密定位作动机构的研究热点方向之一。本书也面向光学精密工程领域，研究具有高分辨率、多自由度、大工作范围的柔性精密运动平台，用于实现光学工程领域内的精密致动与定位。

8.1 精密运动平台的发展与应用

随着微纳米技术的不断发展与应用，许多应用领域，尤其是光学精密工程应用领域，对微纳米级定位平台提出了更多的性能指标，其中高精度和大行程工作区间是衡量微纳米级定位平台性能最重要的指标[26-27]。现有的微纳米级定位平台大多是由压电陶瓷驱动器实现的，虽然压电陶瓷驱动器具有较高的定位精度和分辨率，但是其行程一般只有几十微米，难以满足大行程运动工作需求。为了弥补压电陶瓷驱动器行程较小的缺陷，目前绝大多数微定位平台均在压电陶瓷驱动器与微定位平台主体机构之间增设了位移放大机构，如杠杆放大机构[28-29]、差动式放大机构[30]及桥式放大机构[31-32]等。但值得注意的是，位移放大机构在放大压电陶瓷驱动器行程的同时降低了自身定位精度，这使得基于压电陶瓷驱动器的微动精密定位平台的大行程要求和高精度要求相矛盾。

为了解决上述矛盾，国内外学者做了很多方面的研究与尝试，包括采用新型多自由度工作台构型、采用大行程工作铰链机构和高精度作动机构。其中，新型多自由度工作台构型设计仍然存在着体积偏大、控制系统较复杂等不足[33-34]，采用大行程工作铰链机构存在工作性能不稳定的问题[35-36]。因此，研究新型高精度作动机构成为目前高精度多自由度工作平台研究中的热点问题[37]。事实上，提高光学精密工程中的多自由度工作平台的性能，就是要实现对微变信号的精确测量，以及对多自由度工作台的精确驱动和高效控制。因此，高精度多自由度工作台技术、高性能的作动机构及其驱动控制技术是包含光波导器件对准连接在内的光学精密工程应用技术的核心，也是目前光学精密技术的发展瓶颈。

用于光波导封装的设备中含有两套高精度六自由度工作台，每套工作台具有六个自由度。目前常见的六自由度工作台的组合形式有两种：串联组合形式和并联组合形式。

串联组合形式中，每个自由度的运动分别由一个运动台导向和一个电动机作动，因此每个自由度的运动独立，这也使每个自由度运动台的质量各不相同，尤其是三个平动自由度的惯性相差较大。这种形式下每个自由度作动电动机的连接线路随运动台一起运动，尽管其运动行程较大，但其运动误差容易累积。并联组合式每个自由度的运动由统一的动力源或高度关联耦合的动力源驱动，这使得每个自由度的运动都会对其他自由度的运动产生影响，这对控制提出了挑战。因此，并联组合式多自由度工作台的控制系统往往相对复杂得多。图 8.1 所示为 PI 公司的手动、压电微动混合作动工作台[38]，在手动粗调后系统还可在压电微动致动器作动下进一步高精度对准。图 8.2 是 NEWPORT 公司的电动工作台[39]，该工作台由大行程压电电动机作动，最小步进量可小于 30nm。图 8.3 所示为日本骏河精机设计研发的六自由度精密工作台[40]，其平动自由度最小步距为 50nm，转动自由度最小角位移为 0.00125°。图 8.4～图 8.7 所示为国内外学者提出的并联机构平台，其最大的特点是机构整体体积较小，运动定位精度高，但由于各个自由度之间存在运动耦合，因此运动控制模型非常复杂，且运动空间十分有限，往往适用于高精度加工、高精度定位等领域。

图 8.1　PI 公司的手动、压　　　图 8.2　NEWPORT 公司　　　图 8.3　日本骏河精机
电微动混合作动工作台　　　　　的电动工作台　　　　　　六自由度精密工作台

图 8.4　二自由度并联微定位平台[41]　　　　图 8.5　3-PPSR 并联机器人[42]

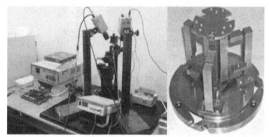

图 8.6　北航光波导对准封装系统及其工作台[43]　图 8.7　中南大学光波导封装系统宏微工作台[44]

8.2　基于压电致动的精密运动平台研究现状

8.2.1　串并联精密运动平台

　　多自由度精密定位平台近几年得到了广泛的研究。在结构方式上，多自由度精密定位平台一般采用多层结构[45-46]（图 8.8）或多杆结构[47-48]（图 8.9）。多层结构工作台各自由度的运动多为相互独立，运动的自由度越多，工作台的层数就越多，因而其结构复杂，分步调整费时。因此，这种结构形式的微动工作台多为一个自由度或两个自由度，常用于微测量仪器或微加工机械。多杆结构工作台各自由度的运动是相关的，调整也相对灵活，但其控制模型较复杂，结构难以实现微型化，精度往往也满足不了纳米级定位的要求。在控制方式上，多自由度微动精密定位平台主要分为串联平台[49-50]和并联平台[51-52]两大类。串联微动定位平台具有结构简单、控制简单、运动空间大等优点，但是由于串联驱动机构会导致误差综合，因此串联微动定位平台的精度相对不高。并联微动定位平台通过两个以上的并联分支运动链将动平台和基平台连接成一个或多个封闭回路，具有刚度质量比大、承载能力高、结构紧凑等优点，加之驱动器并联布置，消除了驱动器误差积累的可能性，大大提高了输出精度。但是，并联微动定位平台最大的不足是各自由度运动调整之间存在耦合，导致控制模型较为复杂，同时其运动空间非常有限，难以满足大行程、大空间运动要求。

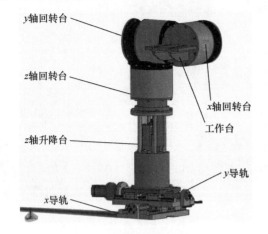
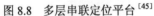

图 8.8　多层串联定位平台[45]　　　　　图 8.9　多杆并联定位平台[47]

目前串并联多自由度机构的研究主要集中在已经存在的多自由度机构方面，多开展运动学、动力学及运动学逆解等方面的研究，并在此基础上提出优化设计方案；而对于多自由度串并联机构在驱动机构下的运动机制、运动特性等方面的研究较少，且以数值仿真研究居多，实验研究偏少。因此，有必要开展面向串并联多自由度机构在压电电动机驱动下的运动机理、运动特性等方面的实验研究，从而为多自由度机构的运动学和动力学优化设计提供支撑。

8.2.2　基于压电致动的精密定位平台

精密定位平台是高精度精密机械中用来产生微小线位移和角位移的精密工作台，在微纳米加工[53]、MEMS 微装配[54]、光纤精密校准[55]和生物微操作[56-57]中应用很广。随着微电子工业、宇航、生物工程等学科的发展，人们对精密定位平台提出了更高的要求，不但要求定位平台具有很高的位移、定位精度及灵敏度，良好的动态特性和抗干扰能力，还要求精密定位平台具有较多的运动自由度，以使精密定位平台具有较大的工作空间[58]。为此，国内外很多学者对基于压电作动下的多自由度精度定位平台的不同性能及在不同领域内的应用开展了广泛研究。

加拿大 Saskatchewan 大学开发出一种平面 3-RRR 并联微动机器人[59]，如图 8.10 所示。该机器人采用压电陶瓷电动机驱动，其 X 向、Y 向运动范围分别为 77.28μm 和 71.02μm，Z 轴的转动范围为 2.16mrad；且当压电陶瓷电动机的精度为 0.01μm 时，终端执行器的 X 向、Y 向运动精度分别为 13.2nm 和 3.4nm，Z 轴转动的运动精度为 0.6μrad。美国国家标准与技术研究院[60]研制了一种并联二维微位移工作台，并将其用于扫描隧道显微镜的大范围二维扫描。该机构的定位分辨率可达 1nm，但是整体工作台机构过于庞大，且该系统的控制模型十分复杂，因而限制了其进一步的开发与应用。新加坡南洋理工大学[61-62]利用二级位移放大和整体对称柔性结构实现了高分辨率的精密定位，并利用压电微位移直线电动机实现了六自由度的微细操控。但是，由于其整体机构采用了二级位移放大机构，在实现工作空间放大的同时积累了运动误差，从而间接降低了定位机构的精度。美国麻省理工学院研制出了 HexFlex 平面式六轴柔性并联微动机器人[63]，如图 8.11 所示。该机器人通过压电激励致动器输入运动，使终端执行器实现了六自由度的微小运动。当工作空间为 100nm×100nm×100nm 时，机器人的终端执行器运动精度可控制在 5nm 以下。

图 8.10　平面 3-RRR 并联微动机器人　　　图 8.11　HexFlex 平面式六轴柔性并联微动机器人

8.2.3　大行程精密运动定位平台

为了弥补压电陶瓷驱动器行程较小的缺陷，目前绝大多数微定位平台在压电陶瓷驱动器与微定位平台主体机构之间增设了位移放大机构，如杠杆放大机构[64-65]（图 8.12）、差动式放大机构[66]及桥式放大机构[67-68]（图 8.13）等。位移放大机构在放大压电陶瓷驱动器行程的同时降低了自身定位精度，这与基于压电陶瓷驱动器的精密定位平台的大行程和高精度要求相矛盾。

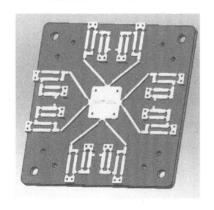

图 8.12　基于杠杆放大机构的精密定位系统　　　图 8.13　基于桥式放大机构的精密定位平台

随着微纳米技术的不断发展与应用，许多应用领域对微纳米级定位平台提出了更多的性能指标[69]，其中高精度和大行程是衡量微纳米级定位平台性能最重要的指标。为了解决大行程与高精度之间的矛盾，实现微纳米级精密定位平台能够同时满足大行程和高精度的要求，国内外学者提出并研究了串并混联定位平台[70-73]（图 8.14），以及采用新型大行程柔性铰链（图 8.15）来实现大行程工作区间，这些新型的精密致动机构或多自由度精密运动平台极大地推动了该领域研究的发展。

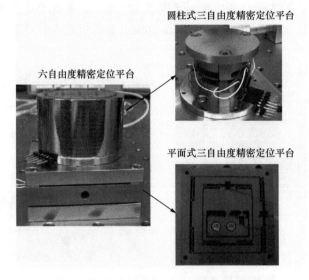

图 8.14　基于串并混联结构的精密定位平台

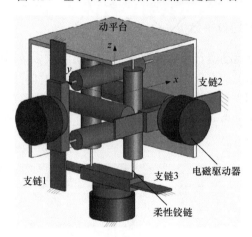

图 8.15　基于大行程柔性铰链的精密定位机构

下面重点介绍一维精密运动平台，包括直线运动平台和旋转运动平台。由于目前直线运动平台的研究已经非常深入，基本上是利用压电陶瓷材料（配合微位移放大机构）或压电致动器的高精度特性实现运动平台的高分辨率，因此这里只进行简单介绍，而重点介绍一维旋转运动平台。

8.3　一维精密运动平台

8.3.1　一维直线运动平台

目前研究的绝大多数串联或并联运动平台是利用一维直线运动平台直接实现或间

接耦合形成的。一维直线运动平台是研究多自由度串联与并联机构的基础，国内外很多研究机构与学者对基于压电致动器的一维或多维运动平台做了很多研究。日本学者[74-76]对惯性冲击式压电电动机进行了系统的研究与优化设计，并将其应用于微机器人手臂的驱动机构、电火花加工的输送机构中；新加坡国立大学[77]也对该类电动机进行了输出推力的优化设计。荷兰学者[78]基于步进式压电致动器设计了直线精密四足定位平台，如图 8.16 所示，该定位平台的直线运动定位精度可达到 10nm。我国哈尔滨工业大学的学者研发了一种可直接用于 SEM（scanning electron microscope，扫描电子显微镜）微纳操作的精密运动定位平台，如图 8.17 所示，该定位平台正向最大运动速度为 2.7mm/s，反向最大运动速度为 2mm/s，最大负载为 500g。

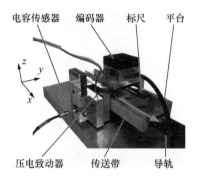 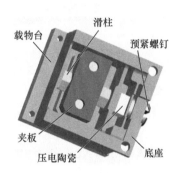

图 8.16　直线精密四足定位平台　　　图 8.17　面向 SEM 的精密运动定位平台

　　除了利用压电精密致动机构驱动运动平台，实现精密直线运动之外，还有一些研究机构利用高精度电磁电动机、形状记忆合金、磁致伸缩材料及磁流变液材料作为驱动机构，实现了一维直线运动平台的高分辨率运动。实际上，第 5~7 章设计的柔性压电致动机构，其本质也是基于柔性压电致动器构建了一维直线运动平台，利用柔性压电致动器的定位高精度特性实现了直线运动平台的高分辨率运动。因此，本章对一维直线运动平台不再展开介绍，只重点介绍一维旋转运动平台。

8.3.2　一维旋转运动平台

8.3.2.1　总体结构

　　本研究课题设计的一维旋转运动平台能够实现绕 Z 轴方向的转动运动。在具体实现方式上，研究团队设计了弧形动子，将柔性正交式压电致动器的双驱动足直接交替驱动弧形动子，依靠驱动足和弧形动子表面的摩擦力驱动弧形动子做绕 Z 轴的转动。为了提高驱动足与弧形动子表面间的摩擦驱动效果，使压电致动器能够平稳地运行，在弧形动子表面粘贴了硬度较高的陶瓷环。装配时需要调整驱动足（定子）与弧形动子之间的预压力，以确保压电致动器在受到电压激励后依靠摩擦力实现驱动。一维旋转运动平台结构如图 8.18 所示。

　　弧形动子在柔性正交式压电致动器的驱动下，依靠内部结构的两个轴承（图 8.18 并未标识出）实现旋转运动。在实际实验中发现，当柔性正交式压电致动器激励电压过小时，弧形动子甚至无法发生旋转运动，这表明弧形动子内部摩擦过大，导致旋转运动困难。鉴于此，对上述弧形动子结构进行了简化，仅通过轴承与旋转轴连接动平台，依靠驱动足与动子部件表面的摩擦力实现旋转运动。简化后的旋转平台动子部件如图 8.19 所示。

1—底板；2—固定板；3—外壳；4—弧形动子；5—柔性

正交式压电致动器；6—陶瓷环；7—压紧垫圈。

图 8.18　一维旋转运动平台结构

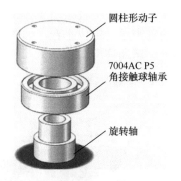

圆柱形动子

7004AC P5
角接触球轴承

旋转轴

图 8.19　简化后的旋转平台动子部件

本研究选用日本 NSK 公司 7004AC P5 角接触球轴承，滚动体采用陶瓷球，保持架采用 TYN 工程塑料，使得整体轴承能够承受轴向和径向载荷，同时具有质量小、线膨胀率低、摩擦小、发热低等优点。角接触球轴承的内圈和外圈分别与旋转轴、动平台内孔过盈配合，进而实现动平台的旋转运动。

8.3.2.2　负载特性实验研究

1. 实验平台系统

为了验证所设计的一维旋转运动平台的可靠性，首先详细研究了该一维旋转运动平台的输出负载特性[79]。一维旋转运动平台的实验平台系统如图 8.20 所示，实验平台系统包括气浮隔振平台（ZDT10-08）、信号发生器（MHS-2300A）、功率放大器（XE500-A4）、示波器（Tektronix DPO2014）、激光位移测量仪（KEYENCE LK-HD500）等。在旋转平台转角极小的情况下，可以使用激光位移测量仪测得直线位移代替弧长，经计算后得到转角及转速。

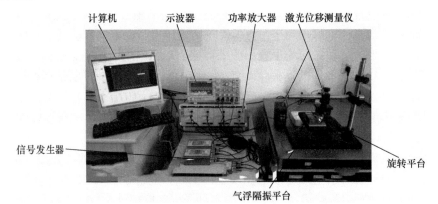

计算机　　示波器　　功率放大器　激光位移测量仪

信号发生器　　　　　　　　　　　　　　　　旋转平台

气浮隔振平台

图 8.20　一维旋转运动平台的实验平台系统

本节主要探讨一维旋转运动平台的负载性能实验，其步进作动分辨率和连续作动速度特性将在第 9 章中详细探讨。

2. 负载特性实验

负载特性是衡量旋转平台的重要指标之一。一维旋转运动平台负载特性实验系统主要包括旋转平台、定滑轮、砝码、吊绳（图 8.21），以及必要的信号发生器、功率放大器及激光位移传感器（图 8.21 中未标识出）等。该实验的基本原理是柔性压电致动器驱动旋转运动平台发生旋转运动，通过缠绕在动平台上的吊绳牵引砝码，实现砝码在铅垂方向上的升降运动，砝码的质量即等效于该运动平台的负载能力。在本实验中，柔性压电致动器由峰峰值为 100V、偏置为 50V、频率为 200Hz 的正弦波电压激励，通过改变砝码质量研究其负载特性。

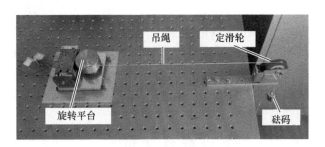

图 8.21　一维旋转运动平台负载特性实验系统

一维旋转运动平台负载特性曲线如图 8.22 所示。

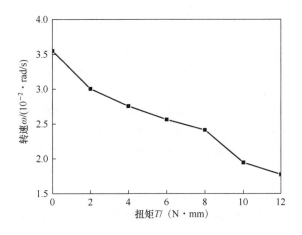

图 8.22　一维旋转运动平台负载特性曲线

从图 8.22 可以发现，随着负载质量的增加，一维旋转运动平台的转速呈线性减小趋势。其中，当负载质量为 60g 时，旋转平台转速为 17730.8μrad/s；当负载质量大于 70g 时，旋转平台运动不稳定；当负载质量大于 90g 时，负载大于压电致动器与旋转平台间的静摩擦力。经计算，精密旋转平台最大扭矩为 12N·mm，此时旋转平台转速为 17730.8μrad/s，可基本满足光波导器件对接与封装的性能要求。

本 章 小 结

1）概况了当前精密运动平台的发展与应用，探讨了基于压电致动的精密运动平台的研究现状，从串并联结构、压电致动及大行程运动三个方面详细分析了当前精密运动平台的技术发展及应用现状。

2）分析了一维直线运动平台和一维旋转运动平台，重点对一维旋转运动平台进行了设计，给出了弧形动子的结构方案，搭建了实验平台系统，重点对旋转运动平台的负载特性进行了实验研究。实验结果表明，所设计的旋转运动平台最大扭矩为12N·mm，此时旋转平台转速为17730.8μrad/s，可基本满足光波导对接与封装的性能要求。

3）本章所设计的一维旋转运动平台具有结构简单、稳定可控、响应快等特点，相较于现有的大行程精密定位旋转平台具有方便装配调试、易于批量化生产等优势，有利于实现光波导封装的工艺自动化，可提高光波导产业的生产效率。但目前由于压电致动器的驱动力较小，导致旋转运动平台存在负载能力偏小等问题，因此需要进一步改进致动器结构，才能应用在其他负载要求较大的领域。

参 考 文 献

[1] 塔米尔·T. 集成光学 [M]. 梁民基，张福初，译. 北京：科学出版社，1982.

[2] 赵仲刚. 光纤通信和光纤传感器 [M]. 上海：上海科技文献出版社，1993.

[3] 明海，张国平，谢建平. 光电子技术 [M]. 北京：中国科技出版社，1998.

[4] 于荣金. 集成光学与光子学 [J]. 光电子·激光，1998，9（2）：162-165.

[5] 张倩，胡丹. 光通信技术的前景 [J]. 科技风，2011（20）：40.

[6] 王磊. 光通信技术现状及其发展趋势探讨 [J]. 科技传播，2011（4）：219.

[7] EHRFELD W，LEHR H. Deep X-ray lithography for the production of three-dimensional microstructures from metals，polymers and ceramics [J]. Radiation Physics and Chemistry，1995，45（3）：349-365.

[8] 毛谦. 我国光通信技术发展的回顾和展望 [J]. 电信快报，2004（8）：1-5.

[9] KAMINOW I P. 光波导器件 [J]. 中国激光，1980（Z1）：141.

[10] 沈启舜，龚小成，戴蓓兴，等. 光纤对接波导阵列的自对准技术 [J]. 固体电子学研究与进展，1993（1）：41-44.

[11] 虞瑛英. 平面集成光波导器件概况及市场分析 [J]. 激光与红外，2003（5）：390-392.

[12] 刘光灿，白廷柱. 平面光波导器件及应用分析 [J]. 光电技术应用，2005（3）：45-48.

[13] 陈昊. 平面光波导器件的发展 [J]. 信息技术，2010（3）：175-178.

[14] 李国熠，魏玉欣，周强，等. 中长波红外光波导器件发展现状 [J]. 半导体光电，2011（1）：6-10.

[15] GUY M，TRÉPANIER F，DOYLE A，et al. Novel applications of fiber bragg grating components for next-generation WDM systems [J]. Annals of Telecommunications，2003，58（9-10）：1275-1306.

[16] DOERR C R，OKAMOTO K. Advances in silica planar lightwave circuits [J]. Journal of Lightwave Technology，2006，24（12）：4763-4789.

[17] JEONG S H，KIM G H，CHA K R. A study on optical device alignment system using ultra precision multi-axis

stage [J]. Journal of Materials Processing Technology，2007（187-188）：65-68.

[18] GUO H L，XIAO G Z，MRAD N，et al. Wavelength interrogator based on closed-loop piezo-electrically scanned space-to-wavelength mapping of an arrayed waveguide grating [J]. Journal of Lightwave Technology，2010，28（18）：2654-2659.

[19] 马卫东，宋琼辉，杨涛. 阵列波导光栅复用/解复用器的耦合封装技术研究 [J]. 邮电设计技术，2004（9）：31-34.

[20] LIU Y，LI B. Precision positioning device using the combined piezo-VCM actuator with frictional constraint [J]. Precision Engineering，2010，34（3）：534-545.

[21] 段吉安，赵文龙，郑煜，等. 半导体激光器与单模光纤对准平台运动误差分析 [J]. 郑州大学学报（工学版），2011，32（6）：88-91.

[22] 王麓雅，杨林，阳波. 阵列光波导器件对准耦合的工艺要求 [J]. 电子世界，2012（19）：87-88.

[23] YI Q，BROCKETT A，MA Y，et al. Micro-manufacturing：research，technology outcomes and development issues [J]. The International Journal of Advanced Manufacturing Technology，2010，47（9-12）：821-837.

[24] 隋国荣. 光波导器件对接耦合的自动化技术研究 [D]. 上海：上海理工大学，2008.

[25] 段明磊，肖强，杨金铨，等. 一种基于机器视觉的平面光波导器件封装手动耦合系统 [J]. 应用光学，2012（6）：1179-1184.

[26] ROGALSKI A. Progress in focal plane array technologies [J]. Progress in Quantum Electronics，2012，36（2-3）：342-473.

[27] 丁桂兰，陈才和，陈本智，等. 光纤—波导精密对准仪的设计与精度分析 [J]. 天津大学学报，1994，27（5）：589-594.

[28] ZHANG D，GAO Z，MALOSIO M，et al. A novel flexure parallel micromanipulator based on multi-level displacement amplifier with/without symmetrical design [J]. International Journal of Mechanics and Materials in Design，2012（8）：311-325.

[29] BHAGAT U，SHIRINZADEH B，CLARK L，et al. Design and analysis of a novel flexure-based 3-DOF mechanism [J]. Mechanism and Machine Theory，2014，74（4）：173-187.

[30] DO T N，TJAHJOWIDODO T，LAU M W S，et al. Hysteresis modeling and position control of tendon-sheath mechanism in flexible endoscopic systems [J]. Mechatronics，2014，24（1）：12-22.

[31] MENG Q L，LI Y M，XU J. A Novel Analytical Model for Flexure-based Proportion Compliant Mechanisms [J]. Precision Engineering，2014，38（3）：449-457.

[32] KIM J J，CHOI Y M，AHN D，et al. A millimeter-range flexure-based nano- positioning stage using a self-guided displacement amplification mechanism [J]. Mechanism and Machine Theory，2012，50（2）：109-120.

[33] 王子宾，崔玉国，孙庆龙，等. 四自由度压电微夹钳的结构设计及尺寸参数优化 [J]. 纳米技术与精密工程，2016，14（1）：41-47.

[34] 晁代宏，刘荣，吴跃民，等. 光波导封装机器人系统研究现状 [J]. 仪器仪表学报，2004，25（6）：575-578.

[35] 沙慧军，陈抱雪，陈林，等. 光波导-光纤耦合对接自动化系统的研究 [J]. 光子学报，2005，34（12）：1773-1777.

[36] 淳静，吴宇列，戴一帆. 光纤有源器件封装制造中的自动对准方法研究 [J]. 中国机械工程. 2005，18（24）：2163-2166.

［37］阳波，段吉安. 光电子封装超精密运动平台末端姿态调整［J］. 中南大学学报（自然科学版），2011，18（5）：1290-1295.

［38］PI 公司网址［DB/OL］. http：//www.physikinstrumente.com/en.

［39］Newport 公司网址［DB/OL］. https：//www.newport.com.cn.

［40］日本骏河精机公司网址［DB/OL］. https：//jpn.surugaseiki.com.

［41］QU J，CHEN W，ZHANG J，et al. A piezo-driven 2-DOF compliant micropositioning stage with remote center of motion［J］. Sensors and Actuators A：Physical，2016（239）：114-126.

［42］丰茂. 高精度 3-PPSR 微动并联机器人的研究［D］. 哈尔滨：哈尔滨工业大学，2009.

［43］宗光华，孙明磊，毕树生. 宏—微操作结合的自动微装配系统［J］. 中国机械工程，2005（23）：2125-2130.

［44］邓习树，吴运新，杨辅强. 用于光刻机模拟运动的精密工件台宏动定位系统研制［J］. 电子工业专用设备，2007（2）：39-43.

［45］宋盾兰. 一种混联六自由度精密运动平台的设计研究［D］. 长春：吉林大学，2013.

［46］YANG C，HUANG Q，HAN J. Decoupling control for spatial six-degree-of-freedom electro-hydraulic parallel robot［J］. Robotics and Computer-Integrated Manufacturing，2012，28（1）：14-23.

［47］DONG W，DU Z，XIAO Y，et al. Development of a parallel kinematic motion simulator platform［J］. Mechatronics，2013，23（1）：154-161.

［48］LI B，ZHAO W，DENG Z. Modeling and analysis of a multi-dimensional vibration isolator based on the parallel mechanism［J］. Journal of Manufacturing Systems，2012，31（1）：50-58.

［49］ARAKELIAN V，SARGSYAN S. On the design of serial manipulators with decoupled dynamics［J］. Mechatronics，2012，22（6）：904-909.

［50］HOPKINS J B，CULPEPPER M L. Synthesis of precision serial flexure systems using freedom and constraint topologies （FACT）［J］. Precision Engineering，2011，35（4）：638-649.

［51］VOSE T H，TURPIN M H，DAMES P M，et al. Modeling，design，and control of 6-DoF flexure-based parallel mechanisms for vibratory manipulation［J］. Mechanism and Machine Theory，2013，64（1-2）：111-130.

［52］GOGU G. T2R1-type parallel manipulators with bifurcated planar-spatial motion［J］. European Journal of Mechanics-A/Solids，2012，33（5-6）：1-11.

［53］VELASCO H G. Parallel micromanipulator system with applications in microassembles and micromachine-making［J］. WSEAS Transactions on Systems，2005，4（7）：980-987.

［54］DECHEV N，REN L，LIU W，et al. Development of a 6 degree of freedom robotic micromanipula-tor for use in 3D MEMS microassembly［C］// IEEE International Conference on Robotics and Automation. Orlando：ICRA，2006：281-288.

［55］JEONG S H，KIM G H，CHA K R. A study on optical device alignment system using ultra precision multi-axis stage［J］. Journal of Materials Processing Technology，2007，187-188（12）：65-68.

［56］OUYANG P R，ZHANG W J，GUPTA M M，et al. Overview of the development of a visual based automated bio-micromanipulation system［J］. Mechatronics，2007，17（10）：578-588.

［57］李杨民，汤晖，徐青松，等. 面向生物医学应用的微操作机器人技术发展态势［J］. 机械工程学报，2011，47（23）：1-13.

［58］SRIVATSAN R A，BANDYOPADHYAY S. On the position kinematic analysis of MaPaMan：a reconfigurable three-degrees-of-freedom spatial parallel manipulator［J］. Mechanism and Machine Theory，2013（62）：

150-165.

[59] ZHANG W J，ZOU J，WASTON L G. The Constant-Jacobian for kinematics of a three-DOF planar micro-motion stage [J]. Journal of Robotic Systems，2002，19（2）：63-72.

[60] FU J，YOUNG R D，VORBURGER T V. Long-range scanning for scanning tunneling microscopy [J]. Review of scientific instruments，1992，63（4）：2200-2205.

[61] GAO P，SWEI S，YUAN Z. A new piezodriven precision micropositioning stage utilizing flexure hinges [J]. Nanotechnology，1999，10（4）：394.

[62] GAO P，SWEI S.A six-degree-of-freedom micro-manipulator based on piezoelectric translators [J]. Nanotechnology，1999，10（4）：447.

[63] CULPEPPER M L，ANDERSON G. Design of a low-cost nano-manipulator which utilizes a monolithic [J]. Precision Engineering，2004，28（4）：469-482.

[64] ZHANG D，GAO Z，MALOSIO M，et al. A novel flexure parallel micromanipulator based on multi-level displacement amplifier with/without symmetrical design [J]. International Journal of Mechanics and Materials in Design，2012（8）：311-325.

[65] BHAGAT U，SHIRINZADEH B，CLARK L，et al. Design and analysis of a novel flexure-based 3-DOF mechanism [J]. Mechanism and Machine Theory，2014，74（4）：173-187.

[66] AOYAMA H，CHIBA H，TAKIZAWA M，et al. Development of piezo driven inchworm micro X-Y stage and hemispherical tilting positioner with microscope head [J]. Key Engineering Materials，2010（447-448）：513-517.

[67] ZHAO H，FU L，REN L，et al. Design and experimental research of a novel inchworm type piezo-driven rotary actuator with the changeable clamping radius [J]. Review of Scientific Instruments，2013，84（1）：15006.

[68] EISINBERG A，MENCIASSI A，DARIO P. Teleoperated assembly of a micro-lens system by means of a micro-manipulation workstation [J]. Assembly Automation，2007（27）：123-133.

[69] 荣伟斌，王乐峰，孙立宁. 3-PPSR 并联微动机器人静刚度分析 [J]. 机械工程学报，2008，44（1）：13-24.

[70] HU B，YU J J. Unified solving inverse dynamics of 6-DOF serial–parallel manipulators [J]. Applied Mathematical Modelling，2015，39（16）：4715-4732.

[71] HU B. Formulation of unified Jacobian for serial-parallel manipulators [J]. Robotics and Computer-Integrated Manufacturing，2014，30（5）：460-467.

[72] LAW M，IHLENFELDT S，WABNER M，et al. Position-dependent dynamics and stability of serial-parallel kinematic machines [J]. CIRP Annals-Manufacturing Technology，2013，62（1）：375-378.

[73] FLOHIC L，PACCOT J，BOUTON F N. Application of hybrid force/position control on parallel machine for mechanical test [J]. Mechatronics，2018，49（2）：168-176.

[74] YAMAGATA Y，HIGUCHI T. A micropositioning device for precision automatic assembly using impact force of piezoelectric elements [C] //IEEE International Conference on Robotics & Automation. Nagoya：IEEE，1995：666-671.

[75] MARIOTTO G，D'ANGELO M，SHVETS I V. Dynamic behavior of a piezowalker，inertial and frictional configurations [J]. Review of scientific instruments，1999，70（9）：3651-3655.

[76] HA J，FUNG R，YANG C. Hysteresis identification and dynamic responses of the impact drive mechanism [J].

Journal of Sound and Vibration，2005，283（3）：943-956.

［77］JIANG T Y，NG T Y，LAM K Y. Optimization of a piezoelectric ceramic actuator［J］. Sensors and Actuators A：Physical，2000，84（1）：81-94.

［78］MERRY R J E，MAASSEN M G J M，MOLENGRAFT M J G，et al. Modeling and waveform optimization of a nano-motion piezo stage［J］. IEEE/ASME Transactions on Mechatronics，2011，16（4）：615-626.

［79］陶杰. 基于非共振型压电作动器的三自由度精密定位平台的研究［D］. 南京：南京航空航天大学，2017.

第 9 章　压电致动的 3-DOF 串联精密定位平台

多自由度精密定位平台近几年得到了广泛的研究。目前多自由度精密平台在结构上主要分为串联和并联两大类。目前基于串、并联机构的多自由度定位平台的研究主要集中在面向已经存在的多自由度机构的运动学、动力学及运动学逆解等方面，并在此基础上提出优化设计方案；而对于多自由度串、并联机构在驱动机构下的运动机制、运动特性等方面的研究较少，且以数值仿真研究居多，实验研究偏少。

另外，目前各种多自由度定位机构的驱动元件绝大多数采用压电陶瓷实现，虽然压电陶瓷驱动器具有比较突出的优点，如具有较高的定位精度和分辨率，但是其行程一般只有几十微米，难以满足大行程运动工作需求，这也限制了压电陶瓷驱动器的进一步广泛应用。此外，国内外也有一些学者提出了基于串并混联结构的多自由度定位平台，或者设计了大行程柔性铰链或新型驱动器，但是大多存在空间结构过大、控制模型复杂等问题，限制了其进一步应用。

综上所述，有必要开展面向多自由度精密机构在运动机理、运动特性等方面的实验研究，从而为多自由度机构的运动学和动力学优化设计提供相关支撑依据。本章设计了一种三自由度（3-DOF）串联精密定位平台，并对该串联平台的运动学、动力学及其运动性能实验方法等展开研究。由于串联机构各个自由度的运动彼此相互独立，因此串联平台系统的运动学、动力学特性相对较为简单。本书重点探讨采用柔性压电精密致动器直驱模式下的串联精密定位平台的运动性能。

9.1　串联平台拓扑结构设计

9.1.1　总体设计

本小节以光纤波导封装为应用背景，设计了 3-DOF 串联精密定位平台。该平台基于串联机构设计，利用压电致动器直接驱动各自由度动平台，能够实现沿 X 轴、Y 轴方向的直线移动（translation）和绕 Z 轴的旋转运动（rotation），故该平台可以简称为 2T1R 串联平台。3-DOF 串联精密定位平台整体结构如图 9.1 所示。

3-DOF 串联精密定位平台采用自下而上叠加的方式，依次实现沿 X 轴移动、沿 Y 轴移动和绕 Z 轴转动。其中，沿 X 轴、Y 轴的直线移动采用柔性杠杆式压电致动器直接驱动直线导轨实现移动定位，绕 Z 轴的旋转采用柔性正交式压电致动器直接驱动旋转平台实现转动定位。另外，3-DOF 串联精密定位平台采用非共振式压电致动器作为驱动器件，避免了采用压电陶瓷元件作为致动器件而产生的传动链过长、结构复杂、精度不足及控制困难等不足。通过合理的拓扑结构及作动结构设计，依靠压电致动器输出的摩擦力直接驱动多自由度精密定位平台，能够显著缩短传动链，简化系统控制方式，也有利于提高定位平台的作动响应速度；同时，利用压电致动器的步进作动模式和连续作动模式，能够实现 3-DOF 串联精密定位平台的高分辨率定位和大行程工作空间两个关键指标。

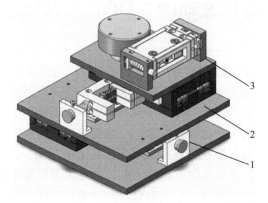

1—X轴直线移动平台；2—Y轴直线移动平台；3—Z轴旋转运动平台。

图 9.1　3-DOF 串联精密定位平台整体结构

9.1.2　直线移动平台结构设计

9.1.2.1　总体结构

本研究课题设计的 3-DOF 串联精密定位平台采用高精度直线导轨作为动子部件，由压电致动器直接驱动，实现沿 X 轴、Y 轴方向的直线移动。直线移动平台结构简图如图 9.2 所示。

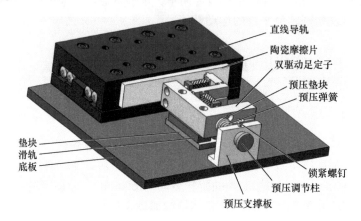

图 9.2　直线移动平台结构简图

在具体实现方式上，购置 THK 公司的高精密直线导轨，用柔性杠杆式压电致动器直接驱动直线导轨，依靠驱动足和直线导轨表面的摩擦力驱动导轨做直线移动。为了提高驱动足与直线导轨间的摩擦驱动效果，使致动器能够平稳运行，在导轨前表面粘贴了硬度较高的陶瓷摩擦片。装配时先将柔性杠杆式压电致动器放置于实验平台底板上，待驱动足和陶瓷摩擦片很好地贴合后，通过夹持体上预留的安装孔，用锁紧螺钉将压电致动器固定到实验平台上。通过预压力调节螺栓的旋入/旋出改变预压弹簧的压缩量即可调节驱动足（定子）与直线导轨（动子）之间的预压力。

9.1.2.2　直线导轨

直线导轨是输出直线位移的机构，用于精密定位平台的直线导轨应该考虑的因素有导向精度、刚度、精度稳定性、耐磨性和运动平稳性。

1. 导向精度

导向精度是指导轨运动轨迹的精确度，是实际运动和给定运动轨迹之间的偏差，主要表现为几何精度和接触精度。实际制造中导轨轮廓偏离理想直线，因此要将导轨平面度公差限制在一定范围的两平行平面内。保证导轨面平行度是为了减弱导轨滑板在运动时因导轨面之间距离变化发生扭转，进而影响运动精度。

2. 刚度

导轨变形可分为三类：自身变形、局部变形和接触变形。产生自身变形的原因是导轨外载荷，而载荷分布集中的地方产生局部变形。为补偿自身变形和减少局部变形，常将导轨面加工成略中凸形状和在应力集中处设计加强筋结构。

3. 精度稳定性与耐磨性

导轨的精度稳定性主要由耐磨性决定，当导轨出现不均匀磨损时，导轨的精度和寿命都会受到影响。导轨常见的磨损方式有磨粒磨损、黏着磨损和接触疲劳磨损。降低导轨面的比压、改善润滑条件和选择正确加工热处理方法能够提高导轨的耐磨性。

4. 运动平稳性

导轨在低速运动或微量进给时会出现速度不均匀的"爬行"现象。压电致动器驱动的精密定位平台对运动平稳性要求高，"爬行"现象将会极大地影响定位平台的精度及其稳定性。

综合考虑上述因素，本研究中直线导轨选择日本 THK 公司 VRU3105 型交叉滚柱导轨，如图 9.3 所示。该交叉滚柱导轨具有精度高、尺寸小、刚度高等特点。

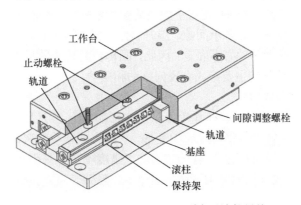

图 9.3　THK 公司 VRU3105 型交叉滚柱导轨

9.1.3　旋转运动平台结构设计

9.1.3.1　总体结构

本研究课题设计的旋转运动平台采用圆柱形旋转部件作为动子，由柔性正交式压电致动器直接驱动，从而实现绕 Z 轴的旋转运动。旋转运动平台结构简图如图 9.4 所示。

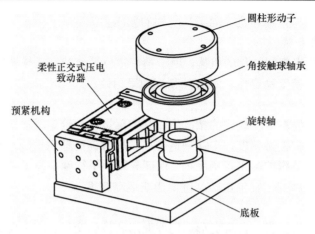

图 9.4　旋转运动平台结构简图

在具体实现方式上，利用所设计的圆柱形动子输出旋转运动，用柔性正交式压电致动器的驱动足直接驱动圆柱形动子，依靠驱动足和圆柱形动子表面的摩擦力驱动圆柱形动子做绕 Z 轴的转动。为了提高驱动足与圆柱形动子表面间的摩擦驱动效果，使致动器能够平稳运行，同样地，在圆柱形动子表面粘贴了硬度较高的陶瓷环。装配时同样需要调整驱动足（定子）与圆柱形动子之间的预压力。

9.1.3.2　圆柱形动子

圆柱形动子是输出角位移的机构，能够实现精确的旋转运动或分度运动，主要包括旋转轴、轴承及平台等。用于精密定位旋转平台的圆柱形动子应考虑的因素有回转精度、刚度、抗振性、轴承耐磨性及工艺结构合理性。

1. 回转精度

回转轴心是指垂直于回转平台截面、理论上回转速度为零的中心线。圆柱形动子在做转动运动时，理想情况下回转轴心相对于固定的参考系来说是固定不变的。但因为主轴、轴承和平台的加工装配误差、轴承间隙、温升、弹性变形等因素影响，回转轴心将与理想的轴线产生偏移，造成回转轴心不固定。因此，回转精度是衡量回转轴心发生偏移的重要指标。回转轴心发生偏移的主要形式有径向移动和摆动。

2. 刚度

回转平台的刚度指其在外载荷作用下抵抗变形的能力，可以分为径向刚度和轴向刚度。如果刚度不高，回转平台将产生较大变形，从而直接影响精密旋转定位平台的精度。另外，刚度对于回转平台的抗振性有一定影响，刚度不足容易引起回转平台的颤振。提高回转平台精度的方式有加大主轴直径、缩短主轴悬臂长度、提高轴承刚度和选择合适预紧方式。

3. 抗振性

抗振性是指抵抗受迫振动和受激振动的能力。压电致动器驱动旋转平台将产生周期性的冲击力和交变力，使回转平台产生振动。影响抗振性的因素有静刚度、质量平衡、阻尼和载荷方向等。

4. 轴承耐磨性

对于压电致动器直接驱动的旋转平台，因为其结构较为简单，所以轴承耐磨性直接

关系到圆柱形动子的回转精度、刚度保持及其抗
振性。本研究课题选用日本 NSK 公司 7004AC
P5 角接触球轴承，如图 9.5 所示。

　　7004AC P5 角接触球轴承能够承受轴向和
径向载荷，同时具有质量小、线膨胀率低、摩擦
小、发热低等优点。轴承内圈与轴过盈配合，外
圈与动子平台内孔过盈配合。动平台顶部设计有
四个沿 ϕ40mm 圆周均布的螺纹孔，主要用于安
装平台载荷和拆卸轴承。

图 9.5　NSK 公司 7004AC P5 角接触球轴承

9.2　串联平台运动特性

9.2.1　运动学分析

1. 坐标系

　　从结构控制的角度来说，串联三自由度的 2T1R 平台各个轴之间的运动是完全解耦
的，彼此运动关系相互独立，并无任何直接关联性。因此，串联平台的运动特性分析相
对比较容易。

　　机构运动学建模的传统方法是 D-H 法，这种方法简单、方便，但其唯一的不足是需
要严格按照 D-H 法则为整个机构建立正确的坐标系，尤其是当机构为多自由度系统时，
坐标系的建立非常困难[1]。本书借坐标变换理论，采用坐标矩阵齐次变换方法构建
3-DOF 串联精密定位平台的运动学模型。首先，为三自由度精密定位平台构建参考坐标
系，如图 9.6 所示。

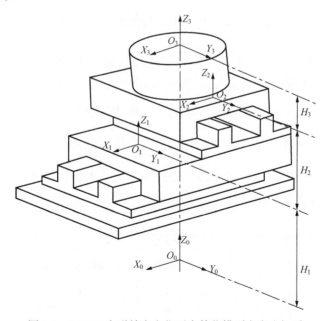

图 9.6　3-DOF 串联精密定位平台简化模型参考坐标系

对图 9.6 所示的坐标系解释如下：整个参考坐标系由基准坐标系 S_0（O_0-$X_0Y_0Z_0$）、X 轴直线运动坐标系 S_1（O_1-$X_1Y_1Z_1$）、Y 轴直线运动坐标系 S_2（O_2-$X_2Y_2Z_2$）及 Z 轴转动坐标系 S_3（O_3-$X_3Y_3Z_3$）构成。基准坐标系 S_0 位于底板中心，X 轴直线运动坐标系 S_1 位于 X 轴直线导轨滑块顶面中心，Y 轴直线运动坐标系 S_2 位于 Y 轴直线导轨滑块顶面中心，Z 轴转动坐标系 S_3 位于 Z 轴转动平台顶面中心。相邻坐标系之间的距离分别为 H_1、H_2 和 H_3。

需要说明的是，图 9.6 中并没有将坐标系 S_1、S_2 绘制在相应直线导轨滑块顶面中心，而是将其引出表示，以获得更加直观的表达效果。

2. 坐标齐次变换

用 T（意为相对变换）表示两坐标系之间的齐次变换，则 T_{n-1}^n 表示坐标系 n 向第（$n-1$）坐标系的齐次变换。显然，对于具有 n 个自由度的机构而言，就应该有（$n+1$）个坐标系（序号从 0 开始），故应该有 n 个转换矩阵。对于本研究课题中的三自由度精密定位平台而言，其有三个齐次转换矩阵，分别是 T_0^1、T_1^2 和 T_2^3。其中，T_0^1 描述的是坐标系 S_1 相对于基准坐标系 S_0 的位姿，用 T_1 表示，即有

$$T_1 = T_0^1 \tag{9-1}$$

T_1^2 描述的是坐标系 S_2 相对于坐标系 S_1 的位姿，因此坐标系 S_2 相对于基准坐标系 S_0 的位姿用 T_2 表示，即

$$T_2 = T_0^1 T_1^2 \tag{9-2}$$

同理，可得坐标系 S_3 相对于基准坐标系 S_0 的位姿，用 T_3 表示为

$$T_3 = T_0^1 T_1^2 T_2^3 \tag{9-3}$$

则最终在转动平台上的机构末端执行器，其相对于参考坐标系 S_0 的位姿方程为

$$T_0^3 = T_3 = T_0^1 T_1^2 T_2^3 \tag{9-4}$$

3. 运动学模型

由坐标变换矩阵相关理论可知[2]，当坐标系 S_1 沿 X 轴平移距离为 x 时，相对于基准坐标系 S_0 的变换矩阵为

$$\mathbf{Tran}(X, x) = \begin{bmatrix} 1 & 0 & 0 & x \\ 0 & 1 & 0 & 0 \\ 0 & 0 & 1 & H_1 \\ 0 & 0 & 0 & 1 \end{bmatrix} \tag{9-5}$$

当坐标系 S_2 沿 Y 轴平移距离为 y 时，相对于坐标系 S_1 的变换矩阵为

$$\mathbf{Tran}(Y, y) = \begin{bmatrix} 1 & 0 & 0 & 0 \\ 0 & 1 & 0 & y \\ 0 & 0 & 1 & H_2 \\ 0 & 0 & 0 & 1 \end{bmatrix} \tag{9-6}$$

当坐标系 S_3 绕 Z 轴旋转角度为 θ 时，相对于坐标系 S_2 的变换矩阵为

$$\mathbf{Rot}(Z,\,\theta) = \begin{bmatrix} \cos\theta & -\sin\theta & 0 & 0 \\ \sin\theta & \cos\theta & 0 & 0 \\ 0 & 0 & 1 & H_3 \\ 0 & 0 & 0 & 1 \end{bmatrix} \tag{9-7}$$

式中：H_1、H_2、H_3——相邻两坐标系原点之间的距离。

由此可得，各坐标系的变换矩阵分别为

$$\boldsymbol{T}_0^1 = \mathbf{Tran}(X,\,x) \tag{9-8}$$

$$\boldsymbol{T}_1^2 = \mathbf{Tran}(Y,\,y) \tag{9-9}$$

$$\boldsymbol{T}_2^3 = \mathbf{Rot}(Z,\,\theta) \tag{9-10}$$

综上所述，3-DOF 串联精密定位平台的运动学模型，即机构末端执行器相对于基准坐标系 S_0 的位姿方程为

$$\boldsymbol{T}_0^3 = \boldsymbol{T}_3 = \boldsymbol{T}_0^1 \boldsymbol{T}_1^2 \boldsymbol{T}_2^3 = \mathbf{Tran}(X,\,x)\mathbf{Tran}(Y,\,y)\mathbf{Rot}(Z,\,\theta) \tag{9-11}$$

将式（9-5）～式（9-10）代入式（9-11）中，即可得到 3-DOF 串联平台的运动学位姿：

$$\boldsymbol{T}_0^3 = \begin{bmatrix} \cos\theta & -\sin\theta & 0 & x \\ \sin\theta & \cos\theta & 0 & y \\ 0 & 0 & 1 & H_1 + H_2 + H_3 \\ 0 & 0 & 0 & 1 \end{bmatrix} \tag{9-12}$$

若已知精密定位平台的位姿，反求各运动关节的运动量（如平移量或转角度数），则为运动学逆解问题。显然，运动学逆解是控制精密定位平台的关键问题。本研究课题探讨的三自由度精密定位平台是 2T1R 型串联机构，各自由度运动之间不存在耦合，若给定一组位姿，则根据式（9-12）可以很方便地反求出各运动关节的运动量，因此这里不予赘述。掌握了 3-DOF 串联精密定位平台的运动学位姿正解与运动学位姿逆解后，就可以很方便地对 3-DOF 串联精密定位平台实施压电驱动与控制，从而实现高分辨率的精密定位与工作行程控制。

9.2.2　动力学分析

上述运动学分析实质上属于静力学分析，只研究平台动子部件输出的运动位姿(速度、加速度、位移、位置、角速度等参量)，与动子部件的质量和受力无关；而动力学分析则研究作用于物体的力与物体运动的关系，考察的是在外力作用下的动子部件的运动规律。

根据文献［1］和文献［2］，利用拉格朗日功能平衡法求解精密定位平台动力学方程。拉格朗日方程的一般形式为

$$L = V - U \tag{9-13}$$

$$\frac{\mathrm{d}}{\mathrm{d}t}\left(\frac{\partial L}{\partial \dot{\theta}_i}\right) - \frac{\partial L}{\partial \theta_i} = \tau_i \tag{9-14}$$

式中：L——拉格朗日函数；

　　　V——系统动能；

　　　U——系统位能；

τ_i——广义力；

θ_i——广义坐标；

$\dot{\theta}_i$——广义速度；

$i=1$，2，$\cdots$，n；

n——连杆数目，在本系统中，n 为实现自由度运动部件的数目。

对于本 3-DOF 串联平台而言，三个运动自由度在空间结构上是完全解耦的，在理想情况下忽略一切摩擦阻尼等阻力，则式（9-14）可以写为

$$\frac{\mathrm{d}}{\mathrm{d}t}\left(\frac{\partial L}{\partial \dot{\theta}_i}\right)-\frac{\partial L}{\partial \theta_i}=m_i\ddot{\theta}_i \tag{9-15}$$

式中：$i=1$，2，$\cdots$，n。

在式（9-15）中，将拉格朗日动力学方程中的广义力 τ_i 记为 $\tau_i=m_i\ddot{\theta}_i$，其中 $\ddot{\theta}_i$ 为广义加速度。

假设 X 轴、Y 轴直线导轨运动滑块的质量集中于质点 m_1 和 m_2，且质点 m_1、m_2 分别位于直线导轨运动滑块的中心，则 X 轴、Y 轴运动直线导轨的质点在基准坐标系 S_0 中的坐标分别为

$$[x_1,\ y_1,\ z_1]^{\mathrm{T}}=[x,\ 0,\ H_1/2]^{\mathrm{T}} \tag{9-16}$$

$$[x_2,\ y_2,\ z_2]^{\mathrm{T}}=[0,\ y,\ H_1+H_2/2]^{\mathrm{T}} \tag{9-17}$$

因此，X 轴、Y 轴运动直线导轨的动能分别为

$$V_1=\frac{1}{2}m_1(\dot{x}_1^2+\dot{y}_1^2+\dot{z}_1^2)=\frac{1}{2}m_1\dot{x}^2 \tag{9-18}$$

$$V_2=\frac{1}{2}m_2(\dot{x}_2^2+\dot{y}_2^2+\dot{z}_2^2)=\frac{1}{2}m_2\dot{y}^2 \tag{9-19}$$

Z 轴转动圆柱形动子的动能为

$$V_3=\frac{1}{2}I_z\dot{\theta}^2=\frac{1}{2}\times\frac{1}{2}m_3r^2\dot{\theta}^2=\frac{1}{4}m_3r^2\dot{\theta}^2 \tag{9-20}$$

式中：I_z——圆柱形动子沿 Z 轴方向的转动惯量；

m_3——圆柱形动子的质量；

r——圆柱形动子圆柱体端面的半径。

由此可得，3-DOF 串联定位平台的总动能为

$$V=V_1+V_2+V_3 \tag{9-21}$$

以基准坐标系 $O\text{-}XY$ 平面为零势能基准平面，三自由度精密定位平台在运动过程中各运动部件的质心位置并不发生改变，因此仅考虑三个动子部件（X 轴导轨、Y 轴导轨和 Z 轴圆柱形动子）自身的重力势能，分别为 $m_1gH_1/2$、$m_2g\,(H_1+H_2/2)$、$m_3g\,(H_1+H_2+H_3/2)$，故有

$$U=m_1gH_1/2+m_2g(H_1+H_2/2)+m_3g(H_1+H_2+H_3/2) \tag{9-22}$$

将式（9-16）～式（9-22）代入式（9-15）中，即可求得各运动自由度所需的广义力或广义力矩。

X 轴直线运动所需的广义力为

$$\tau_1 = m_1\ddot{x} \tag{9-23}$$

Y 轴直线运动所需的广义力为

$$\tau_2 = m_2\ddot{y} \tag{9-24}$$

Z 轴转动所需的广义力矩为

$$\tau_3 = \frac{1}{2}m_3r^2\ddot{\theta} \tag{9-25}$$

将上述求得的广义力 τ_i 再代入式（9-14），即可得到 3-DOF 串联平台各轴的输出运动方程，分别如下。

X 轴导轨直线运动的输出位移方程为

$$x = \frac{1}{2}a_1t^2 \tag{9-26}$$

Y 轴导轨直线运动的输出位移方程为

$$y = \frac{1}{2}a_2t^2 \tag{9-27}$$

Z 轴圆柱形动子转动的输出角位移方程为

$$\theta = \frac{1}{2}a_3t^2 \tag{9-28}$$

式中：a_1、a_2、a_3——X 轴导轨、Y 轴导轨和 Z 轴圆柱形动子在受到柔性压电致动器输出力作用后的广义加速度。

掌握了 3-DOF 串联精密定位平台的动力学模型后，则能够掌握该平台在确定的运动规律下所需的外力（或外力矩）大小，从而有助于实现对 3-DOF 串联精密定位平台的精密驱动与控制。从上文构建的运动学模型与动力学模型可以发现，3-DOF 串联精密定位平台由于各轴运动的解耦性，其运动控制相对较为容易。

9.3　实　验　研　究

9.3.1　实验平台系统

本实验系统主要测量非共振式压电精密致动器在步进作动模式下和连续作动模式下，3-DOF 串联精密定位平台的运动分辨率和运动行程区间，以验证其定位的高分辨率和大行程工作区间。因此，实验系统的构成基本与 5.4.1 节面向非共振式压电致动器搭建的实验平台类似，只是实验对象由非共振式压电致动机构改为 3-DOF 串联精密定位平台。图 9.7 所示是面向 3-DOF 串联精密定位平台构建的实验系统。

如图 9.7 所示，通过信号发生器选择合适的激励信号，并设置激励信号的电压幅值及电压频率等参数；激励信号经过功率放大器的功率放大之后，作用于非共振式压电直线作动机构的压电叠堆，压电叠堆受到激励电压的作用后驱动非共振式压电直线作动机构，进而驱动导轨或旋转动子，实现六自由度混联精密定位平台的运动定位。上述提及的实验系统的主要仪器型号与 5.4.1 节中的实验平台的主要仪器型号一致。3-DOF 串联精密定位平台样机如图 9.8 所示。

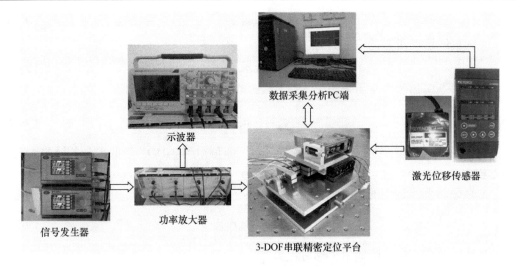

数据采集分析PC端

示波器

激光位移传感器

功率放大器

信号发生器

3-DOF串联精密定位平台

图 9.7　面向 3-DOF 串联精密平台测量实验系统

非共振式压电直线作动机构在结构设计时一般有驱动足,为了提高驱动足与直线导轨间的摩擦驱动效果,使致动器能够平稳运行,在装配时一般会在导轨或旋转动子的外表面粘贴一层硬度较高的陶瓷摩擦片。通过对激励电压的相关参数实施控制,可以实现非共振式压电直线作动机构的步进式作动和连续作动,从而实现 3-DOF 串联精密定位机构的步进定位和连续定位。加工装配好之后的 3-DOF 串联精密定位平台最终通过螺钉固结的方式,自上而下地将各个运动平台串联在一起。

图 9.8　3-DOF 串联精密定位平台样机

9.3.2　实验测量方法

本实验主要面向 3-DOF 串联精密定位平台,对其展开步进作动和连续作动性能测试实验,实验的主要性能指标是步进作动模式下的步进分辨率和连续作动模式下的运动速度及运动位移,以验证该定位平台既能够实现高分辨率的定位精度,同时也能够实现大行程宏观定位运动。

本研究课题设计的 3-DOF 串联精密定位平台采用非共振压电致动器直接驱动动子导轨或旋转动子,实现直线压电作动机构对动子部件的直接驱动,因此可以直接利用高精度激光位移传感器测量动子导轨的运动位移,从而确定其运动分辨率。在旋转运动测量中,由于实验条件的限制,无法在空间中确定旋转参考平面,因此无法实现对旋转角度的直接测量。考虑到旋转角位移十分微小,可以近似用直线位移与旋转半径的比值替代,因此本研究课题中主要用到的测量仪器是高精度激光位移传感器。

实验步骤描述如下:

1)完成 3-DOF 串联精密定位平台的整机装配。

2)为每一个自由度的运动驱动选择合适的激励电压信号,并将其作用于非共振式压电直线作动机构的压电叠堆上。

3）选择合适的激励电压信号，以步进作动模式驱动 3-DOF 串联精密定位平台，采用高精度激光位移传感器分别测量 X 轴、Y 轴的直线平动定位的分辨率和绕 Z 轴旋转运动定位的分辨率。

4）调整合适的激励电压信号，以连续作动模式驱动六自由度混联精密定位平台，采用高精度激光位移传感器分别测量 X 轴、Y 轴的宏观直线平动运动的输出速度和绕 Z 轴的宏观旋转运动的输出速度。

5）输出实验数据，采用配套的数据采集分析软件进行分析，评判 3-DOF 串联精密定位平台的微观定位精度和宏观运动性能。

9.3.3　步进作动实验

1. X 轴直线平动的步进作动分辨率

X 轴是采用非共振式压电直线作动机构直接输出驱动动子导轨机构，由导轨机构实现步进作动定位输出。因此，3-DOF 串联平台中的直线平动输出速度数据可以很方便地用高精度激光位移传感器测量。步进作动模式下施加的脉冲信号波形如图 9.9 所示，这里使用双通道 DDS 信号发生器控制软件自定义脉冲波形，其软件设置界面如图 9.10 所示。将设置好的脉冲信号施加于柔性杠杆式压电致动器的压电叠堆上，通过在每个驱动波形后设置较长的间歇段便可测得导轨直线平移运动的步进分辨率。

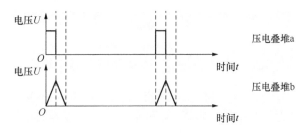

图 9.9　步进作动模式下施加的脉冲信号波形

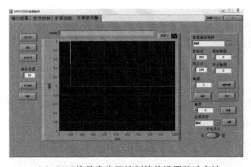
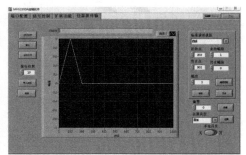

（a）DDS信号发生器控制软件设置脉冲方波　　　（b）DDS信号发生器控制软件设置脉冲三角波

图 9.10　DDS 信号发生器控制软件设置界面

需要指出的是，本实验研究中所说的步进作动分辨率同样是指在激励电压作用下各轴运动所表现出来的最小稳定步长。

步进作动模式下 X 轴直线平动分辨率如图 9.11 所示。

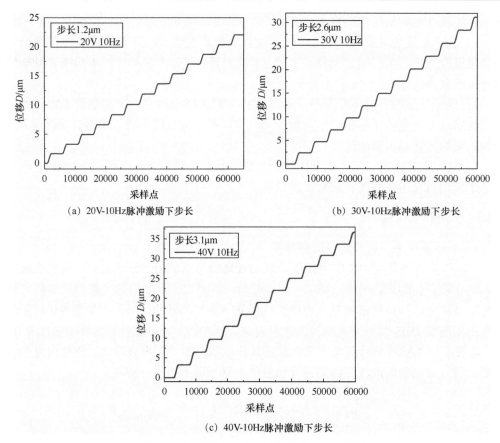

(a) 20V-10Hz脉冲激励下步长　　　　　　　　(b) 30V-10Hz脉冲激励下步长

(c) 40V-10Hz脉冲激励下步长

图9.11　步进作动模式下X轴直线平动分辨率

图 9.11（a）～（c）分别是将脉冲方波电压设置为 20V、30V、40V，脉冲频率设置为 10Hz 时 X 轴输出的步进作动分辨率。从图 9.11 中可以发现：当激励脉冲为 20V、10Hz 时，X 轴步进作动分辨率为 1.2μm；当激励脉冲为 30V、10Hz 时，X 轴步进作动分辨率为 2.6μm；当激励脉冲为 40V、10Hz 时，X 轴步进作动分辨率为 3.1μm；当激励脉冲幅值低于 20V 或频率低于 10Hz 时，X 轴在步进作动模式下的步距位移均表现出极大的不稳定性（图 9.11 未展示激动脉冲幅值低于 20V 或频率低于 10Hz 时的数据曲线）。综上所述，X 轴步进作动分辨率为 1.2μm。

2. Y 轴直线平动的步进作动分辨率

与 X 轴类似，Y 轴也是采用非共振式压电直线作动机构直接输出驱动动子导轨机构，由导轨机构实现步进作动定位输出。因此，可以参照 X 轴直线平动步进分辨率实验的方法测量 Y 轴直线平动的步进分辨率。Y 轴步进作动模式下仍施加图 9.9 所示的脉冲信号，通过在每个驱动波形后设置较长的间歇段便可测得 Y 轴直线平移运动的步进分辨率。

图 9.12 所示是步进作动模式下 Y 轴直线平动分辨率。图 9.12（a）～（c）分别是将脉冲方波电压设置为 20V、30V、40V，脉冲频率设置为 10Hz 时 Y 轴输出的步进作动分辨率。从图 9.12 中可以发现：当激励脉冲为 20V、10Hz 时，Y 轴步进作动分辨率为 1.4μm；当激励脉冲为 30V、10Hz 时，Y 轴步进作动分辨率为 2.7μm；当激励脉冲为 40V、10Hz 时，Y 轴步进作动分辨率为 3.3μm；当激励脉冲幅值低于 20V 或频率低于 10Hz 时，Y

轴在步进作动模式下的步距位移均表现出极大的不稳定性（图 9.12 未展示激励脉冲幅值低于 20V 或频率低于 10Hz 时的数据曲线）。综上所述，Y 轴步进作动分辨率为 $1.4\mu m$。

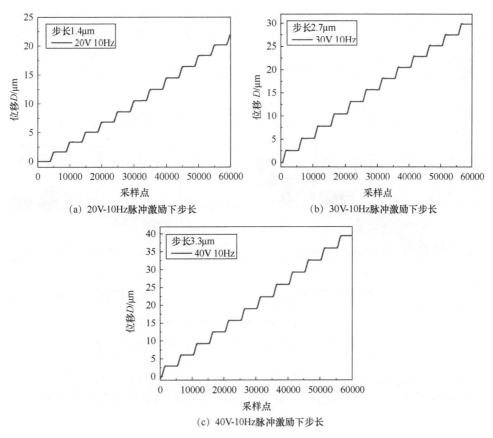

(a) 20V-10Hz 脉冲激励下步长　　　　　　(b) 30V-10Hz 脉冲激励下步长

(c) 40V-10Hz 脉冲激励下步长

图 9.12　步进作动模式下 Y 轴直线平动分辨率

3. Z 轴旋转运动的步进作动分辨率

旋转运动平台采用柔性正交式双驱动足压电致动器进行驱动，在理想情况下，在一个驱动足开始驱动旋转平台时，另一驱动足应该恰好离开旋转平台。但因为加工装配误差的存在及压电叠堆的迟滞特性，两个驱动足不可能完全实现理想的交替驱动。鉴于此，在给双驱动足的四组压电叠堆施加激励电压信号时，应该选择相位彼此交错的激励信号，以减小双驱动足交替驱动误差带来的影响。

对柔性正交式压电致动器的双驱动足四组压电叠堆施加的脉冲电压波形如图 9.13 所示。通过在每个驱动波形后设置较长的间歇段，便可测得旋转平台的步进作动分辨率。

图 9.14（a）和（b）分别是 100V、1Hz 脉冲

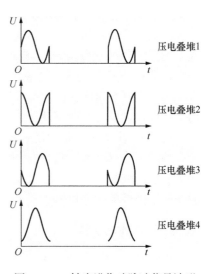

图 9.13　Z 轴步进作动脉冲信号波形

信号激励和 50V、1Hz 脉冲信号激励下，Z 轴旋转平台步进作动模式下的步长。当脉冲电压峰峰值为 100V、偏置为 50V、频率为 1Hz 时，从旋转平台输出的角位移曲线上可以发现，五步累积角位移为 30μrad，则可以认为每一步的角位移约为 6μrad；当脉冲电压峰峰值为 50V、偏置为 25V、频率为 1Hz 时，从旋转平台输出的角位移曲线上可以发现，五步累积角位移为 15μrad，则可以认为每一步的角位移约为 3μrad。

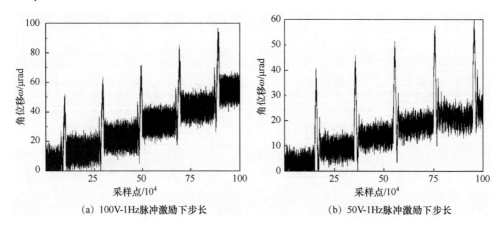

(a) 100V-1Hz脉冲激励下步长　　　　　　　(b) 50V-1Hz脉冲激励下步长

图 9.14　步进作动模式下 Z 轴旋转运动分辨率

另外，从图 9.14 中还可以发现，当每一步脉冲激励刚开始作用时，角位移在发生跳变上升后都会出现快速回落现象。产生这一现象的主要原因是脉冲电压信号作用于压电叠堆时会产生冲击振动，从而使得非共振柔性压电作动机构在驱动运动时产生冲击振动。

使脉冲信号的激励电压从 100V 开始下降，理论上激励电压幅值降低可以带来更高精度的步长运动，即可以实现更高分辨率的步进作动；但是，继续降低脉冲信号的激励电压，可以发现当脉冲电压低于 50V 时，旋转平台出现极不稳定的抖动。因此可以认为，当脉冲电压峰峰值为 50V、偏置为 25V、频率为 1Hz 时，可以获得旋转平台步进作动模式下的步进分辨率为 3μrad。进一步分析可知，当激励电压幅值低于 50V 时，造成旋转平台出现极不稳定的抖动现象的根本原因是双驱动足在交替驱动圆柱形动子部件时没有完全实现理想时序上的交替驱动，而是发生了双驱动足干涉现象。要完全避免双驱动的干涉现象，需要从以下两个方面优化设计：

1）进一步优化双驱动足定子机构，改善双驱动足交替驱动动子部件的结构。

2）对压电驱动控制系统进行优化，充分考虑压电迟滞效应对双驱动足交替驱动时序的影响，降低双驱动足激励驱动的干涉程度，实施精密驱动控制，改善双驱动足交替驱动动子部件的时序机制。

9.3.4　连续作动实验

1. X 轴直线平动的连续作动速度

X 轴是采用压电直线致动器直接驱动动子导轨，由导轨滑块输出宏观平动定位。因此，3-DOF 串联平台中的 X 轴直线平动输出速度数据可以很方便地用高精度激光位移传感器测量。图 9.15 是 3-DOF 串联平台连续作动模式下 X 轴输出的运动速度与电压幅值、电压频率之间的关系。

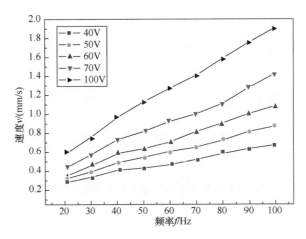

图 9.15　3-DOF 串联平台连续作动模式 X 轴输出
的运行速度与电压幅值、电压频率之间的关系

采用方波-三角波激励信号驱动柔性杠杆式压电直线致动器，其电压峰峰值范围为 40～100V，电压频率范围为 20～100Hz。从图 9.15 中可以发现如下规律：

1）随着驱动电压频率的增加，3-DOF 串联平台 X 轴输出的速度呈线性缓慢增加趋势。

2）当激励电压峰值保持固定时，X 轴导轨输出的运动速度随着激励电压信号的频率升高而缓慢线性增大。

3）当激励电压峰值较低时，X 轴导轨输出的运动速度普遍存在一定程度的波动；当激励电压峰值提高时，X 轴导轨输出的运动速度的波动性逐渐减小，线性度逐渐提高。

4）随着激励电压峰值的逐渐提高，X 轴导轨输出的运动速度也在逐渐增大；当激励电压峰峰值为 100V、电压频率为 100Hz 时，X 轴导轨输出的运动速度最大可达 1.82mm/s，其运动行程范围理论上取决于 X 轴导轨滑块的长度。

综上所述，X 轴导轨输出的宏观运动能够满足大行程定位区间的性能要求。

2．Y 轴直线平动的连续作动速度

Y 轴也是采用非共振式柔性杠杆式压电直线作动机构直接输出驱动动子导轨机构，由导轨机构输出实现宏观平动定位。因此，3-DOF 串联平台中的 Y 轴直线平动输出速度数据可以采用与 X 轴相同的实验测量方案。图 9.16 是 3-DOF 串联平台连续作动模式下 Y 轴输出的运动速度与电压幅值、电压频率之间的关系。

采用方波-三角波激励信号驱动柔性杠杆式压电直线致动器，其电压峰峰值范围为 40～100V，电压频率范围为 20～100Hz。从图 9.16 中可以发现如下规律：

1）随着驱动电压频率增加，3-DOF 串联平台 Y 轴输出的运动速度呈线性缓慢增加趋势。

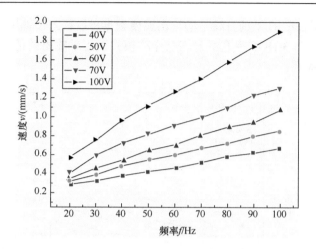

图 9.16　3-DOF 串联平台连续作动模式 Y 轴输出的
运动速度与电压幅值、电压频率之间的关系

2）当激励电压峰值保持固定时，Y 轴导轨输出的运动速度随着激励电压信号的频率升高而缓慢线性增大。

3）当激励电压峰值较低时，Y 轴导轨输出的运动速度普遍存在一定程度的波动；当激励电压峰值提高时，Y 轴导轨输出的运动速度的波动性逐渐减小，线性度逐渐提高。

4）随着激励电压峰值的逐渐提高，Y 轴导轨输出的运动速度也在逐渐增大；当激励电压峰峰值为 100V、电压频率为 100Hz 时，Y 轴导轨输出的运动速度最大可达 1.89mm/s，其运动行程范围理论上取决于 Y 轴导轨滑块的长度。

综上所述，Y 轴导轨输出的宏观运动能够满足大行程区间的性能要求。

3. Z 轴旋转运动的连续作动角速度

Z 轴是采用非共振式柔性正交式压电直线作动机构直接输出驱动旋转动子机构，由圆柱形动子机构输出实现宏观转动定位。Z 轴宏观旋转运动的实验目的是探寻旋转动子的旋转角位移、旋转角速度与激励脉冲信号的电压峰峰值及电压频率之间的关系，以期能够确定适合旋转动子平台连续转动的合适稳定的驱动脉冲信号电压值和频率。

在本实验中，由于旋转动子的旋转角度较小，因此可以通过采用高精度激光位移传感器测量标记点的直线位移代替旋转角位移，再通过计算得到旋转动子的旋转角位移和角速度。图 9.17 所示是 3-DOF 串联平台连续作动模式下 Z 轴输出的转动角速度与电压幅值、电压频率之间的关系。

采用正相偏置正弦电压信号驱动柔性正交式压电直线致动器，其电压峰峰值范围为 80~120V，电压频率范围为 160~200Hz。从图 9.17 中可以发现如下规律：

1）随着驱动电压频率的增加，3-DOF 串联平台 Z 轴输出的转动角速度呈线性缓慢增加趋势。

2）当激励脉冲电压峰值保持固定时，Z 轴旋转动子输出的运动角速度随着激励电压信号的频率升高而缓慢线性增大。

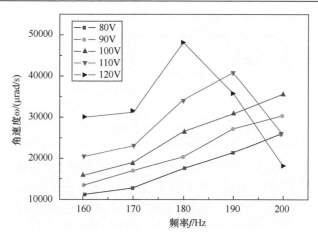

图 9.17　3-DOF 串联平台连续作动模式 Z 轴输出的
转动角速度与电压幅值、电压频率之间的关系

3）当激励电压峰值较低时，Z 轴旋转动子输出的运动角速度普遍存在一定程度的波动；当激励电压峰值提高时，Z 轴旋转动子输出的运动角速度的波动性逐渐减小，线性度逐渐得到改善。

4）随着激励电压峰值的逐渐提高，Z 轴旋转动子输出的运动角速度也在逐渐增大。当激励脉冲电压峰值持续提高至 110V、120V，电压频率提高至 180Hz 以上时，Z 轴旋转动子输出的运动角速度反而出现了下滑现象。这是由于当激励脉冲电压过高时，压电叠堆的输出特性会发生改变，此时柔性正交式压电直线致动器的驱动足无法合成预期的椭圆运动轨迹，并且随着激励脉冲电压的峰值和频率的提高，驱动足与旋转动子之间存在滑动现象，导致旋转动子输出的运动角速度出现了较大幅度的下滑。实际上，当激励脉冲信号电压峰值过大、频率过高时，旋转动子输出的运动角速度极不稳定，此时的激励脉冲信号不再具有实际意义。

从图 9.17 可以看出，当激励脉冲信号的电压峰峰值为 80V、90V 和 100V 时，Z 轴旋转动子输出的运动角速度具有较好的线性度，并且通过调节电压频率，可以实现对旋转动子输出的运动角速度的稳定调节。优先选择电压峰峰值为 80V 的激励脉冲信号，此时 Z 轴旋转动子输出的运动角速度最大可达 26400μrad/s，其运动角位移的行程范围理论上取决于 Z 轴旋转动子的圆周长度。因此，Z 轴旋转动子输出的宏观运动同样也能够满足大行程定位区间的性能要求。

9.3.5　实验结果讨论

根据 3-DOF 串联精密定位平台的步进作动模式和连续作动模式的实验结果，将 3-DOF 串联精密定位平台的各轴定位运动的分辨率和宏观运动速度进行汇总，如表 9.1 所示。

表 9.1　3-DOF 串联精密定位平台的各轴定位运动参数汇总

轴	步进作动分辨率 （微观定位精度）	连续作动速度 （宏观定位速度）	连续作动位移 （宏观定位行程）
X 轴平动	1.2μm	1.82mm/s	可以实现， 取决于水平导轨长度

轴	步进作动分辨率 （微观定位精度）	连续作动速度 （宏观定位速度）	连续作动位移 （宏观定位行程）
Y 轴平动	1.4μm	1.89mm/s	可以实现， 取决于水平导轨长度
Z 轴转动	3μrad	26400μrad/s	可以实现， 取决于旋转动子弧长

从表 9.1 中的实验数据可以发现，3-DOF 串联精密定位平台各轴的步进作动实验中，X 轴、Y 轴的直线平动分辨率分别为 1.2μm 和 1.4μm，绕 Z 轴旋转运动的分辨率为 3μrad；在连续作动实验中，X 轴、Y 轴的直线平动和 Z 轴的旋转运动的连续作动行程均取决于水平导轨长度或旋转动子弧长，说明能够实现宏观上大行程工作区间。实验结果也说明了本课题设计的 3-DOF 串联精密定位平台在制造、装配、实验手段及测量方法等方面都存在着不可避免的误差因素，这些误差因素在很大程度上直接降低了 3-DOF 串联精密定位平台各个轴的运动性能及其稳定性。

另外，对前面的实验过程与实验结果进行分析可知，当激励脉冲信号的电压峰峰值为 100V 时，X 轴、Y 轴的直线运动速度随频率调节表现出最佳的线性度；当激励脉冲信号的电压峰峰值为 80V 时，Z 轴的旋转运动速度随频率调节表现出最佳的线性度。这对于驱动 3-DOF 串联精密定位平台各轴运动的驱动与控制选择合适的激励脉冲信号提供了参考与借鉴。

本 章 小 结

1）设计了 3-DOF 串联精密定位平台的拓扑结构，采用柔性杠杆式压电致动器直接驱动直线导轨构建 X 轴和 Y 轴直线运动平台，采用柔性正交式压电致动器直接驱动圆柱形动子构建 Z 轴旋转运动平台。利用压电精密致动器直接驱动动子部件，大大简化了系统结构，同时也避免了平台系统的误差累积。

2）面向所设计的 3-DOF 串联精密定位平台的结构构型，借助于齐次坐标变换方法，构建了 3-DOF 串联精密定位平台的运动学模型，给出了 3-DOF 串联平台的位姿正反解；利用拉格朗日动力学模型构建了 3-DOF 串联平台的动力学模型，给出了广义驱动力的解和运动微分方程。

3）面向 3-DOF 串联精密定位平台搭建了实验平台系统，开展了 3-DOF 串联精密定位平台的步进作动实验和连续作动实验。实验结果表明，步进作动实验中，X 轴的直线平动分辨率为 1.2μm，其连续作动速度最大可达 1.82mm/s；Y 轴的直线平动分辨率为 1.4μm，其连续作动速度最大可达 1.89mm/s；Z 轴旋转运动的分辨率为 3μrad，其连续作动速度最大可达 26400μrad/s。三个轴的连续作动行程均能够满足现阶段光学精密工程领域中的大行程要求。

4）借助于柔性压电精密致动器的两种工作模式即可实现 3-DOF 串联精密定位平台的高精度定位与快速宏观运动，简化了定位平台的驱动控制模式，有助于推进多自由度精密定位平台的集成化设计与应用。

参 考 文 献

[1] 叶果，李威，王禹桥，等. 柔性桥式微位移机构位移放大比特性研究 [J]. 机器人，2011, 33 (1)：251-256.

[2] 闫国荣，高学山，穆勇. 一种基于基本坐标变换的运动学方程建立方法 [J]. 哈尔滨工业大学学报，2001, 33 (1)：120-123.

第 10 章　压电致动的 3-DOF 并联精密定位平台

　　第 9 章对 3-DOF 串联精密定位平台进行了设计与实验研究。从结构设计与实验结果可以发现，串联平台体积较大，各个自由度运动之间彼此是完全独立解耦的，因此控制模式简单。另外，采用柔性压电精密致动器替代传统的压电陶瓷材料直接驱动动子部件，虽然简化了系统结构与控制方式，扩充了工作行程，但是其定位精度相对而言并不特别高，尤其是相对于现有的并联平台，串联平台容易引起机构末端误差的累积。因此，如何进一步提高串联定位平台的末端定位精度是下一步研究的方向之一。

　　一般而言，串联平台的定位精度不及并联平台，这是由二者的拓扑结构方式决定的。在结构方式上，串联平台一般采用多层结构，并联平台一般采用多杆结构。多层结构工作台各自由度的运动多为相互独立，各运动自由度的定位误差会累积到最终末端执行机构，从而对末端执行机构的定位误差产生影响。多杆结构工作台各自由度的运动是相关的，这就导致了每个运动自由度的运动精度、运动行程都将互相关联、互相耦合。因此，多杆并联平台往往通过复杂的控制系统实现高精度定位。但是多杆并联平台无法做到很大的运动行程，限制了其进一步应用。

　　如何在满足高精度定位的同时实现较大的工作行程区间，是并联机构的研究热点问题。尽管目前很多学者提出了新型的大行程柔性铰链机构或者串并混联机构，但是普遍存在着驱动控制模型复杂、体积较大等不足，因而其应用也受到了限制。本章设计了一种新型的并联拓扑结构构型，利用柔性压电精密致动器直接驱动动子部件，依靠动子部件的并联耦合形成期望的直线平动或者旋转运动；另外，由于采用柔性压电精密致动器替代了传统的压电陶瓷材料，因此直驱模式在简化了系统结构复杂度的同时，也能够实现较大的工作行程区间。

10.1　并联平台拓扑结构设计

10.1.1　总体设计

　　采用非共振式压电直线致动器直接驱动的三自由度并联精密定位平台略去了复杂的转换机构和传动机构，避免了传统并联机构所固有的运动控制复杂、运动区间过小等问题，同时依托并联机构的导轨运动，可同时实现定位平台的高精度与大行程特性。该平台基于并联机构设计，利用设计的三条并联支路协同运动，能够实现绕 X 轴、Y 轴的旋转运动和沿 Z 轴的直线移动，故该平台可简称为 2R1T 并联平台。图 10.1 所示是 3-DOF 并联精密定位平台整体结构。

　　如图 10.1 所示，2R1T 并联精密定位平台由三台压电直线致动器、三条并联支路、静平台及动平台等构成。3 条并联支路在静平台上互成 120° 布置，每条并联支路能够产生水平和斜面两个方向上的运动，利用一体化、大行程圆柱型柔性铰链共同连接动平台，

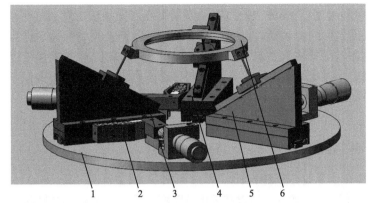

彩图 10.1

1—静平台；2—压电直线作动器；3—并联支路 1；4—并联支路 2；5—并联支路 3；6—动平台。

图 10.1　3-DOF 并联精密定位平台整体结构

从而实现动平台绕 X 轴、Y 轴的旋转运动和沿 Z 轴的升降直线运动。本研究课题设计的三自由度并联平台采用全对称斜面牵引结构方案，结构紧凑，承载能力强，控制便于实现；另外，该三自由度并联平台同样采用压电直线作动机构直接驱动水平导轨滑块，经斜面牵引滑块实现动平台的三个自由度的运动，同样能够实现大行程工作区间，有效地避免了传统并联机构工作精度高但工作行程小的不足。

10.1.2　并联支路设计

2R1T 精密定位平台采用三条完全一样的并联支路，共同固定在底部静平台，同时依靠一体化圆柱型柔性铰链共同连接动平台，从而构成并联机构。依靠外力直接驱动各并联支路的导轨，实现动平台绕 X 轴、Y 轴的旋转运动和沿 Z 轴的直线平动。图 10.2 所示是并联支路结构。

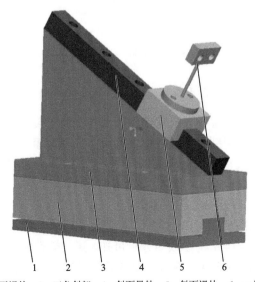

彩图 10.2

1—水平导轨；2—水平滑块；3—三角斜架；4—斜面导轨；5—斜面滑块；6—一体化圆柱型柔性铰链。

图 10.2　并联支路结构

如图 10.2 所示，水平滑块在外力驱动作用下在水平导轨上做直线平动，三角斜架由于与水平滑块固定而同步运动，斜面导轨由于与三角斜架固定而做斜面直线移动，进而使得斜面滑块在斜面导轨上做斜面直线移动。由于一体化圆柱型柔性铰链同时与斜面滑块和动平台固定，因此斜面滑块的斜面直线移动必然会引起动平台做倾斜运动。只要三条并联支路协同运动，即可实现动平台绕 X 轴、Y 轴的旋转运动，以及沿 Z 轴的直线升降运动。

10.1.3 大行程圆柱型柔性铰链设计与分析

1. 大行程圆柱型柔性铰链设计

如第 2 章分析所述，柔性铰链以其无机械摩擦、无间隙及运动灵敏度高等优点成为精密定位平台及仪器的首选。但由于柔性铰链的微位移是利用自身结构薄弱部分的微小弹性变形及其自回复特性实现的，其范围一般在几微米到几十微米之间，因此无法满足精密定位平台的大行程要求。Lobontiu 和 Paine[1]、Schotborgh 等[2] 及孙立宁团队[3] 等国内外学者通过研究发现，相较于传统的柔性铰链，圆柱型柔性铰链在受力（或力矩）后其位移更加显著，更适合应用于要求大行程工作区间的场合。根据第 2 章中关于柔性铰链结构参数的分析可知，当柔性铰链的最小切割厚度 t 一定时，增大柔性铰链切口的长度 l_x 可以提高铰链的工作行程范围。将图 10.3（a）所示的传统柔性铰链进行切口长度优化，得到了图 10.3（b）所示的圆柱型柔性铰链；结合 3-DOF 并联精密定位平台的结构设计要求与工作行程要求，将图 10.3（b）优化成图 10.3（c）所示的大行程圆柱型柔性铰链；同时为了进一步降低误差，减少装配关系，最终设计出一体化、大行程圆柱型柔性铰链，如图 10.3（d）所示。

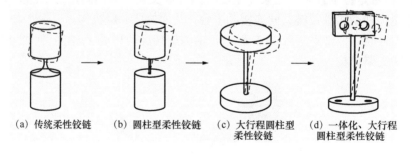

（a）传统柔性铰链　　（b）圆柱型柔性铰链　　（c）大行程圆柱型　　（d）一体化、大行程
　　　　　　　　　　　　　　　　　　　　　　柔性铰链　　　　　圆柱型柔性铰链

图 10.3　圆柱型柔性铰链示意图

一体化、大行程圆柱型柔性铰链顶部和底部各预留了装配螺栓孔，分别用于紧固连接动平台和斜面滑块。利用圆柱型柔性铰链在受力（或力矩）后产生的大位移变形，使动平台产生不同方向的转动。相较于文献 [4] 采用的装配式圆柱型柔性铰链，一体化圆柱型柔性铰链直接连接运动部件，减少了装配关系，有效地控制了系统的运动误差，在一定程度上也提高了系统的运动定位精度。

2. 大行程圆柱型柔性铰链结构参数优化设计

根据第 2 章对柔性铰链结构参数的分析可知，影响柔性铰链转动性能的敏感因素依次是最小切割厚度 t、切口长度 l_x 及圆柱型柔性铰链宽度 w。在圆柱型柔性铰链中，铰链宽度 w 实际上就是最小切割厚度 t。因此，对于本研究课题设计的大行程圆柱型柔性铰链，其主要结构参数是最小切割厚度 t 及切口长度 l_x。图 10.4 所示是大行程圆柱型柔性铰链微元变形分析，以圆柱型柔性铰链的切口中心线建立 xOy 坐标系，并在 x 轴上取一小段微元 Δ_x。

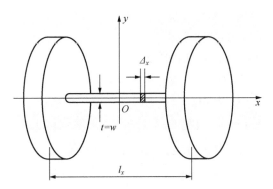

图 10.4　大行程圆柱型柔性铰链微元变形分析

大行程圆柱型柔性铰链受转矩 M_z 作用的转角变形 α_z 为[5]

$$\alpha_z = \int_{-\frac{l_x}{2}}^{\frac{l_x}{2}} \frac{12M_z}{Ewt^3} \mathrm{d}x = \frac{12M_z}{Et^4} l_x \tag{10-1}$$

由式（10-1）可以得到大行程圆柱型柔性铰链绕 Z 轴转动的转动柔度 $C_{\alpha_z\_M_z}$ 为

$$C_{\alpha_z\_M_z} = \frac{\alpha_z}{M_z} = \frac{64l_x}{\pi Et^4} \tag{10-2}$$

式中：$C_{\alpha_z\_M_z}$——由外力矩 M_z 引起的绕 Z 轴产生的角位移 α_z。

结合文献［6］和文献［7］中对柔性铰链各个轴在力或力矩作用下的变形分析可以推导出圆柱型柔性铰链在其他方向上的柔度表达式，这里直接给出相关结果表达式，具体推导过程不做赘述。

$$C_{\Delta_x\_F_x} = \frac{\Delta_x}{F_x} = \frac{4l_x}{\pi Et^2} \tag{10-3}$$

$$C_{\Delta_y\_F_y} = \frac{\Delta_y}{F_y} = \frac{64l_x^3}{3\pi Et^4} + \frac{4l_x}{\pi Gt^2} \tag{10-4}$$

$$C_{\Delta_y\_M_z} = \frac{\Delta_y}{M_z} = \frac{32l_x^2}{\pi Et^4} \tag{10-5}$$

$$C_{\Delta_z\_F_z} = \frac{\Delta_z}{F_z} = \frac{64l_x^3}{3\pi Et^4} + \frac{4l_x}{\pi Gt^2} \tag{10-6}$$

$$C_{\Delta_z\_M_y} = \frac{\Delta_z}{M_y} = -\frac{32l_x^2}{\pi Et^4} \tag{10-7}$$

$$C_{\alpha_y\_F_z} = \frac{\alpha_y}{F_z} = -\frac{32l_x^2}{\pi Et^4} \tag{10-8}$$

$$C_{\alpha_y\_M_y} = \frac{\alpha_y}{M_y} = \frac{64l_x}{\pi Et^4} \tag{10-9}$$

$$C_{\alpha_z\_F_y} = \frac{\alpha_z}{F_y} = \frac{32l_x^2}{\pi E t^4} \tag{10-10}$$

式中：E——柔性铰链材料的弹性模量；

$\quad\quad\quad$ G——柔性铰链材料的剪切模量；

$\quad\quad\quad$ t——柔性铰链材料的最小切割厚度；

$\quad\quad\quad$ l_x——柔性铰链材料的切口长度；

$\quad\quad\quad$ $C_{\Delta_x\_F_y}$——由外力 F_x 引起的沿 x 轴产生的线位移 Δ_x；

$\quad\quad\quad$ $C_{\Delta_y\_M_z}$——由外力矩 M_z 引起的沿 y 轴产生的线位移 Δ_y；

$\quad\quad\quad$ $C_{\alpha_z\_F_y}$——由外力 F_y 引起的绕 Z 轴产生的角位移 α_z。

其余依此类推。

根据第 4 章关于柔度比 λ 的分析，结合式（10-2）可知，在所受外部转动转矩不变的情况下，转动角度 α_z 应尽量大，才能够实现圆柱型柔性铰链的大行程工作能力。

采用 4.3 节的多参数模糊优化设计方法对大行程圆柱型柔性铰链的关键结构参数进行优化设计，相关优化设计过程不予赘述，这里直接给出相关的优化设计结果：最小切割厚度 $t = 1.0\text{mm}$，切口长度 $l_x = 12.5\text{mm}$。

为了保证 3-DOF 并联精密定位平台整体结构的紧凑性，以及整体运动性能的高精度和可靠性，将一体化、大行程圆柱型柔性铰链的两端设计成图 10.3（d）所示的结构，其具体结构尺寸如图 10.5 所示。

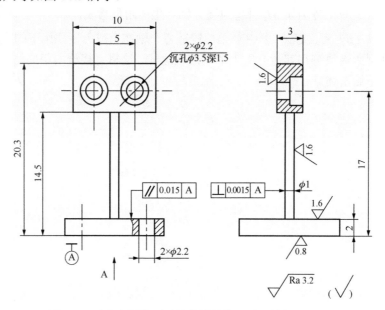

图 10.5　大行程圆柱型柔性铰链结构尺寸（单位：mm）

3. 模糊优化设计验证

选取三组结构参数：第一组取经验值 $\boldsymbol{X}^{(0)}=[x_1^{(0)},\ x_2^{(0)}]^{\text{T}}=[0.5,\ 20]^{\text{T}}$，第二组取经过模糊优化设计后的优化值 $\boldsymbol{X}^*=[x_1^*,\ x_2^*]^{\text{T}}=[1.0,\ 12.5]^{\text{T}}$，第三组取值 $\boldsymbol{X}^{(1)}=[x_1^{(1)},\ x_2^{(1)}]^{\text{T}}=[0.8,\ 10]^{\text{T}}$。

对上述三组结构参数，采用有限元分析软件 ANSYS 对大行程圆柱型柔性型铰链在相同约束和外力（力矩）作用下的转动角位移进行有限元仿真，以验证一体化、大行程圆柱型柔性铰链结构参数的模糊优化设计的有效性与可行性。

三组结构参数下的大行程圆柱型柔性铰链施加相同的外力（力矩），在仿真过程中仅考虑外力矩 M_z 和外力 F_y，其中 $M_z = 2000\text{N} \cdot \text{mm}$，$F_y = 20\text{N}$。以大行程圆柱型柔性铰链的转动角位移为考察目标，则三组结构参数下的大行程圆柱型柔性铰链有限元仿真结果对比如表 10.1 所示。

表 10.1　三组结构参数下的大行程圆柱型柔性铰链有限元仿真结果对比

参数	优化前圆柱型柔性铰链（取经验值 $\boldsymbol{X}^{(0)}$）	优化后圆柱型柔性铰链（取优化值 $\boldsymbol{X}^*$）	对比圆柱型柔性铰链（取对比值 $\boldsymbol{X}^{(1)}$）
最小切厚度 t/mm	0.5	1	0.8
切口长度 l_x/mm	20	12.5	10
外力矩 M_z/N · mm	2000	2000	2000
外力 F_y/N	20	20	20
最大位移/mm	0.01049	0.008875	0.009366
旋转角度/rad	0.00052	0.00071	0.00094
最大应力/MPa	502	545	669

如表 10.1 所示，当圆柱型柔性铰链结构参数取经验值 $\boldsymbol{X}^{(0)}$ 时，该铰链绕 Z 轴转动的最大角度为 0.00052rad。当圆柱型柔性铰链结构参数取优化值 $\boldsymbol{X}^*$ 时，该铰链绕 Z 轴转动的最大角度为 0.00071rad。相较于经验值，其输出的运动行程范围提高了 36.5%。当圆柱型柔性铰链结构参数取对比值 $\boldsymbol{X}^{(1)}$ 时，圆柱型柔性铰链绕 Z 轴转动的最大角度为 0.00094rad。尽管此时圆柱型柔性铰链的运动行程能力得到了进一步的提高，但是此时圆柱型柔性铰链的最大应力从 545MPa 急速蹿升至 669MPa，已经接近普通碳素钢的应力极限，故无法保障圆柱型柔性铰链运动精度的稳定性。由此说明本次模糊优化设计得到的优化值 $\boldsymbol{X}^*$ 是可行有效的。

需要说明的是，关于本研究课题中采用的模糊优化设计方法，由于优化设计目标影响因素、权重值等不同，会导致最终优化解的不同。因此，本次优化设计得出的优化解并不是唯一优化解。

4. 大行程圆柱型柔性铰链失效分析

结合材料力学的基本原理可知，细长的梁结构在承受载荷作用下，屈曲失效是最容易发生的一种失效。在本研究课题中，大行程圆柱型柔性铰链同样属于细长梁结构，为此必须要对其展开屈曲失效分析。

经典的欧拉公式给出了细长梁结构在受载荷作用下发生屈曲失效的最大临界载荷计算方法，如下 [1,3]：

$$F = \frac{\eta \pi^2 EI}{l^2} \tag{10-11}$$

式中：η——稳定系数，对于两端固定的细长梁结构，η 取 4 [1,3]；

　　　E——材料的弹性模量；

　　　I——细长梁结构的惯性矩；

l——细长梁结构的有效长度。

在本研究课题中，为减轻 3-DOF 并联精密定位平台的整体质量，大行程圆柱型柔性铰链采用 65 锰钢制造，按图 10.5 零件图尺寸加工制造。65 锰钢的弹性模量约为 $2.06×10^{11}$Pa，结合图 10.5 的结构尺寸，计算可得大行程圆柱型柔性铰链最大临界载荷 $F = 2554.92$N。

一般情况下，圆柱型柔性铰链在系统中并不是孤立的梁结构，因而其所能够承受的最大临界载荷并不能严格按照欧拉公式［式（10-11）］进行计算。但是，其仍然可以利用欧拉公式做出适当且合理的评判：由于 3-DOF 并联精密定位平台整体质量在 2kg 左右（约20N），由此可以预估大行程圆柱型柔性铰链在 3-DOF 并联精密定位平台中所受到的力（力矩）一般不会超过 20N，该临界值远远低于上述根据欧拉公式计算出来的最大临界载荷 $F = 2554.92$N。因此，大行程圆柱型柔性铰链在并联平台系统中不会发生屈曲失效。

10.1.4 3-DOF 并联精密定位平台刚度模型

要构建 3-DOF 并联精密定位平台的刚度模型，首先应当分析大行程圆柱型柔性铰链的刚度模型。由于大行程圆柱型柔性铰链的两端分别受力，因此其在力或力矩的作用下会产生微位移。根据材料力学基本原理和有限元基本思想可知，大行程圆柱型柔性铰链的基本刚度模型可用下式表述：

$$\overline{p} = \overline{k} \cdot \overline{d} \tag{10-12}$$

式中：$\overline{p}$——大行程圆柱型柔性型铰链的负载矢量；

$\overline{k}$——大行程圆柱型柔性型铰链的刚度矢量；

$\overline{d}$——大行程圆柱型柔性型铰链的变形位移矢量。

为了表征出大行程圆柱型柔性铰链的变形位移情况，将大行程圆柱型柔性铰链简化为细长梁结构，分别对其两端进行受力分析和位移变形分析。大行程圆柱型柔性铰链在本地坐标系统下的受力简图如图 10.6 所示。大行程圆柱型柔性铰链在本地坐标系统下的位移简图如图 10.7 所示。

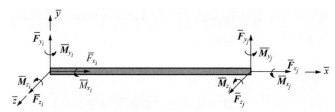

图 10.6 大行程圆柱型柔性铰链在本地坐标系统下的受力简图

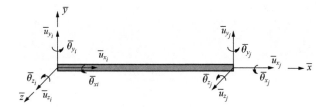

图 10.7 大行程圆柱型柔性铰链在本地坐标系统下的位移简图

如图 10.6 和图 10.7 所示，分别将大行程圆柱型柔性铰链的两个端部视为节点 i 和节

点 j，则两个节点在受外力（外力矩）作用下都会产生变形位移。借助有限元的节点装配思想，两端节点 i、j 的外力、刚度、变形位移均可以写成两节点的矩阵形式，如下：

$$[\overline{\boldsymbol{p}}_i,\ \overline{\boldsymbol{p}}_j]^{\mathrm{T}} = \overline{\boldsymbol{k}} \cdot [\overline{\boldsymbol{d}}_i,\ \overline{\boldsymbol{d}}_j]^{\mathrm{T}} \tag{10-13}$$

将刚度欠量矩阵 $\overline{\boldsymbol{k}}$ 写成子矩阵表达式[3]，即可表征出大行程圆柱型柔性铰链的两端节点的刚度关系，如下：

$$\overline{\boldsymbol{k}} = [\overline{\boldsymbol{k}}_i,\ \overline{\boldsymbol{k}}_j]^{\mathrm{T}} = \begin{bmatrix} \overline{\boldsymbol{k}}_{11} & \overline{\boldsymbol{k}}_{12} \\ \overline{\boldsymbol{k}}_{21} & \overline{\boldsymbol{k}}_{22} \end{bmatrix} \tag{10-14}$$

结合基本柔性铰链刚度模型的相关研究结论[5-8]，以及上文对大行程圆柱型柔性铰链各轴运动柔度公式［式（10-2）～式（10-10）］的分析，式（10-14）中的各元素可以写成如下表达式：

$$\overline{\boldsymbol{k}}_{11} = \begin{bmatrix} \dfrac{EA}{l_x} & 0 & 0 & 0 & 0 & 0 \\ 0 & \dfrac{1}{\frac{3EI_y}{l_x^3}+\frac{GA}{l_x}} & 0 & 0 & 0 & \dfrac{2EI_y}{l_x^2} \\ 0 & 0 & \dfrac{1}{\frac{3EI_z}{l_x^3}+\frac{GA}{l_x}} & 0 & -\dfrac{2EI_z}{l_x^2} & 0 \\ 0 & 0 & 0 & \dfrac{GJ}{l_x} & 0 & 0 \\ 0 & 0 & -\dfrac{2EI_y}{l_x^2} & 0 & \dfrac{EI_y}{l_x} & 0 \\ 0 & \dfrac{2EI_z}{l_x^2} & 0 & 0 & 0 & \dfrac{EI_z}{l_x} \end{bmatrix}_{6\times6} \tag{10-15}$$

$$\overline{\boldsymbol{k}}_{12} = \begin{bmatrix} -\dfrac{EA}{l_x} & 0 & 0 & 0 & 0 & 0 \\ 0 & -\dfrac{1}{\frac{3EI_y}{l_x^3}+\frac{GA}{l_x}} & 0 & 0 & 0 & \dfrac{2EI_y}{l_x^2} \\ 0 & 0 & -\dfrac{1}{\frac{3EI_z}{l_x^3}+\frac{GA}{l_x}} & 0 & -\dfrac{2EI_z}{l_x^2} & 0 \\ 0 & 0 & 0 & -\dfrac{GJ}{l_x} & 0 & 0 \\ 0 & 0 & \dfrac{2EI_y}{l_x^2} & 0 & \dfrac{EI_y}{l_x} & 0 \\ 0 & -\dfrac{2EI_z}{l_x^2} & 0 & 0 & 0 & \dfrac{EI_z}{l_x} \end{bmatrix}_{6\times6} \tag{10-16}$$

$$\bar{k}_{21} = \begin{bmatrix} -\dfrac{EA}{l_x} & 0 & 0 & 0 & 0 & 0 \\[3mm] 0 & -\dfrac{1}{\dfrac{3EI_y}{l_x^3}+\dfrac{GA}{l_x}} & 0 & 0 & 0 & -\dfrac{2EI_y}{l_x^2} \\[3mm] 0 & 0 & -\dfrac{1}{\dfrac{3EI_z}{l_x^3}+\dfrac{GA}{l_x}} & 0 & \dfrac{2EI_z}{l_x^2} & 0 \\[3mm] 0 & 0 & 0 & -\dfrac{GJ}{l_x} & 0 & 0 \\[3mm] 0 & 0 & -\dfrac{2EI_y}{l_x^2} & 0 & \dfrac{EI_y}{l_x} & 0 \\[3mm] 0 & \dfrac{2EI_z}{l_x^2} & 0 & 0 & 0 & \dfrac{EI_z}{l_x} \end{bmatrix}_{6\times6} \tag{10-17}$$

$$\bar{k}_{22} = \begin{bmatrix} \dfrac{EA}{l_x} & 0 & 0 & 0 & 0 & 0 \\[3mm] 0 & \dfrac{1}{\dfrac{3EI_y}{l_x^3}+\dfrac{GA}{l_x}} & 0 & 0 & 0 & -\dfrac{2EI_y}{l_x^2} \\[3mm] 0 & 0 & \dfrac{1}{\dfrac{3EI_z}{l_x^3}+\dfrac{GA}{l_x}} & 0 & \dfrac{2EI_z}{l_x^2} & 0 \\[3mm] 0 & 0 & 0 & \dfrac{GJ}{l_x} & 0 & 0 \\[3mm] 0 & 0 & \dfrac{2EI_y}{l_x^2} & 0 & \dfrac{EI_y}{l_x} & 0 \\[3mm] 0 & -\dfrac{2EI_z}{l_x^2} & 0 & 0 & 0 & \dfrac{EI_z}{l_x} \end{bmatrix}_{6\times6} \tag{10-18}$$

式（10-15）～式（10-18）中的各参数含义同式（10-2）～式（10-10）。

将圆柱型柔性铰链的惯性矩、极惯性矩等公式代入式（10-15）～式（10-18），矩阵中的各元素经计算推导后与式（10-2）～式（10-10）的柔度模型算式保持一致（刚度是柔度的倒数，即 $K_{\alpha_z\_M_z}=1/C_{\alpha_z\_M_z}$），这也从侧面验证了本课题中建立的关于圆柱型柔性铰链的相关柔度模型的正确性。

可以利用有限元中刚度装配的基本思想对大行程圆柱型柔性铰链的刚度模型进行各支链的刚度装配[3]，从而构建 3-DOF 并联精密定位平台的整体刚度模型。现以 3-DOF 并联精密定位平台的其中一条并联支路为研究对象，研究其刚度模型。图 10.8 所示是并联支路力学链路模型。将 3-DOF 并联精密定位平台的任意一条并联支路视作由大行程圆柱型柔性铰链 CF、刚体 1 和刚体 2 组成，并假设大行程圆柱型柔性铰链 CF 受外力（力矩）作用产生的微变形位移集中在节点 a 和节点 b，则该并联支路的刚度模型表达式可写作：

$$\boldsymbol{p}_{ZL_i} = \boldsymbol{k}_{ZL_i} \cdot \boldsymbol{d}_{ZL_i} \tag{10-19}$$

式中：$\boldsymbol{p}_{ZL_i}$　　　并联支路的外部载荷，$i=1$，2，3；

　　　　$\boldsymbol{k}_{ZL_i}$——并联支路刚度，$i=1$，2，3；

　　　　$\boldsymbol{d}_{ZL_i}$——并联支路变形位移量，$i=1$，2，3。

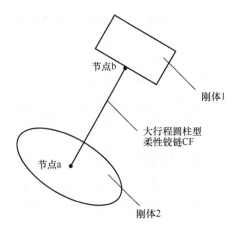

图 10.8　并联支路力学链路模型

$$\boldsymbol{p}_{ZL_i} = [p_{a_i}, p_{b_i}]^{\mathrm{T}} \tag{10-20}$$

$$\boldsymbol{k}_{ZL_i} = \begin{bmatrix} k_{11a_i} + k_{11b_i} & k_{12a_i} + k_{12b_i} \\ k_{21a_i} + k_{21a_i} & k_{22a_i} + k_{22a_i} \end{bmatrix} = \begin{bmatrix} k_{a_i} \\ k_{b_i} \end{bmatrix} \tag{10-21}$$

$$\boldsymbol{d}_{ZL_i} = [d_{a_i}, d_{b_i}]^{\mathrm{T}} \tag{10-22}$$

由于假设大行程圆柱型柔性铰链 CF 受外力（力矩）作用产生的微变形位移集中在节点 a 和节点 b，因此对于 3-DOF 并联精密定位平台的动平台而言，其运动位移应该是三条并联支路上的节点 b 的变形位移矢量和，故有

$$\boldsymbol{L} = [u_x, u_y, u_z, \theta_x, \theta_y, \theta_z] = \sum_{i=1}^{3} \overline{d}_{b_i} \tag{10-23}$$

另外，以 3-DOF 并联精密定位平台的动平台为研究对象，其运动同时受外部载荷力（力矩）和节点 b 的载荷力（力矩）影响，因而存在以下力平衡方程：

$$[\boldsymbol{p}_w]^{\mathrm{T}} + \sum_{i=1}^{3} [\boldsymbol{p}_{b_i}]^{\mathrm{T}} = 0 \tag{10-24}$$

式中：$[\boldsymbol{p}_w]^{\mathrm{T}}$——动平台所受的外部载荷矢量；

　　　　$[\boldsymbol{p}_{b_i}]^{\mathrm{T}}$——并联支路 i 上的大行程圆柱型柔性铰链节点 b 所受的载荷矢量，$i=1$，2，3。

综上所述，式（10-19）～式（10-24）构建出了 3-DOF 并联精密定位平台的刚度模型。当已知外部施加载荷力（力矩）时，动平台的位姿位移 L 是能够求解出来的。

10.2　并联平台运动特性

10.2.1　运动学分析

10.2.1.1　运动轨迹规划

由于 3-DOF 并联精密定位平台采用三条并联支路协同驱动实现动平台绕 X 轴转动、绕 Y 轴转动及沿 Z 轴的升降运动，因此首先需要对 3-DOF 并联平台的运动轨迹进行规划，以便为后文构建 3-DOF 并联平台的运动学和动力学模型提供理论分析基础。

1. 平移运动规划

若三条并联支路的水平滑块在外力驱动下同时向着或者背离静平台的圆心运动，则可以实现动平台沿 Z 轴的升降运动，此时三条并联支路上的水平滑块应当具有相同的位移。动平台平移运动规划如图 10.9 所示。对坐标系的建立说明如下：以动平台的中心作为坐标系的原点 O，Z 轴通过原点 O 且垂直于动平台，铅垂向上为 Z 轴正方向；分别将三条并联支路与动平台的铰接中点命名为 A、B、C，X 轴通过原点 O 且平行于 AB，指向静平台的圆周方向为 X 轴正方向；根据左手定则确定 Y 轴及其正方向。

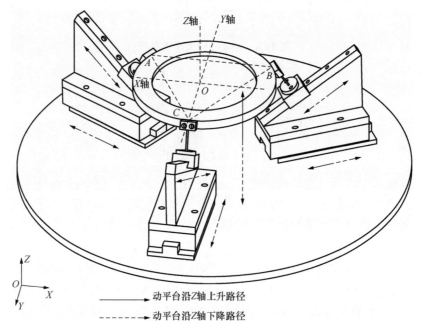

图 10.9　动平台平移运动规划

2. 旋转运动规划

若三条并联支路中任意一条支路的水平滑块在外力作用下向着或者背离底部静平台的圆心运动，另外两条并联支路的水平滑块在外力作用下同时反向运动，则可以实现动平台的旋转运动，运动规划如图 10.10 所示。对坐标系的建立说明如下：仍然以动平台的中心作为坐标系的原点 O，Z 轴通过原点 O 且垂直于动平台，铅垂向上为 Z 轴正方向；分别将三条并联支路与动平台的铰接中点命名为 A、B、C，X 轴通过原点 O 且平行于 AB，指向静平台的圆周方向为 X 轴正方向；根据左手定则确定 Y 轴及其正方向。动平台能够绕 X 轴、Y_U 轴及 Y_V 轴三个轴旋转，其中 Y_U 轴及 Y_V 轴分别为 Y 轴在动平台表面绕原点 O 旋转 $\pm30°$ 所得。

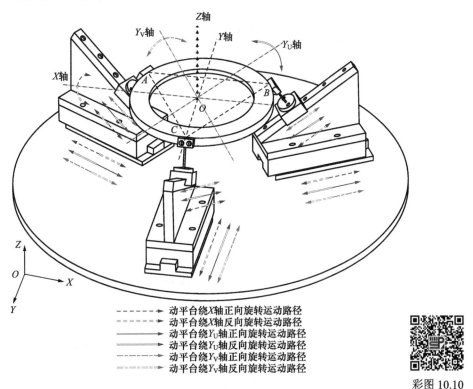

- - - →	动平台绕 X 轴正向旋转运动路径
- - →	动平台绕 X 轴反向旋转运动路径
⎯⎯→	动平台绕 Y_U 轴正向旋转运动路径
⎯⎯→	动平台绕 Y_U 轴反向旋转运动路径
⎯⎯→	动平台绕 Y_V 轴正向旋转运动路径
⎯⎯→	动平台绕 Y_V 轴反向旋转运动路径

彩图 10.10

图 10.10　动平台旋转运动规划

10.2.1.2　坐标系的建立

机构运动学建模的传统方法是 **D-H** 法，这种方法简单、方便，但其唯一的不足是需要严格按照 D-H 法则为整个机构建立正确的坐标系，尤其是当机构为多自由度系统时，坐标系的建立非常困难[9]，会为多自由度系统的运动学与动力学分析带来不便。

建立坐标系的方法有很多，本研究课题借鉴坐标变换理论，采用坐标矩阵齐次变换方法构建 3-DOF 并联精密定位平台的运动学模型。首先，为 2R1T 并联精密定位平台构建参考坐标系，整个参考坐标系由静坐标系 S_1（O_1-$X_1Y_1Z_1$）和动坐标系 S（O-XYZ）构成。静坐标系 S_1 的坐标原点 O_1 位于底座静平台中心，以三条并联支路的水平导轨底部中心点构建等边三角形 $C_1C_2C_3$，X_1 轴通过原点 O_1 且平行于 C_1C_2，指向静平台的圆周方向为 X_1 轴的正方向；Z_1 轴通过原点 O_1 且垂直于静平台表面，铅垂向上为 Z_1 轴的正方向；根据左手定则确定 Y_1 轴及其正方向。动坐标系 S 的坐标原点 O 位于动平台中心，以三条并联支路的一体化圆柱型柔性铰链与动平台铰接中心点构建等边三角形 $A_1A_2A_3$，X 轴通过原点 O 且平行于 A_1A_2，指向动平台的圆周方向为 X 轴的正方向；Z 轴通过原点 O 且垂直于动平台表面，铅垂向上为 Z 轴的正方向；根据左手定则确定 Y 轴及其正方向。3-DOF 并联精密定位平台坐标系如图 10.11 所示。

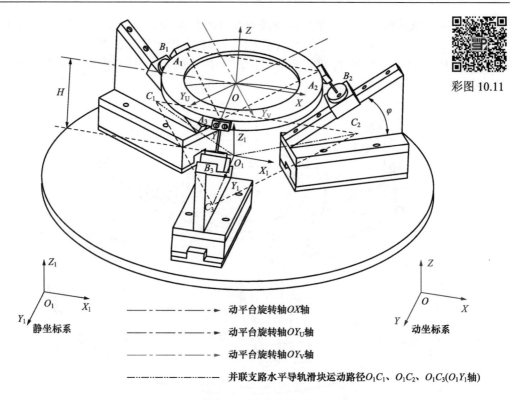

彩图 10.11

Z_1
O_1
X_1
Y_1
静坐标系

─ ─ ─ ─ ─ ─→ 动平台旋转轴OX轴

─ ─ ─ ─ ─ ─→ 动平台旋转轴OY_U轴

─ ─ ─ ─ ─ ─→ 动平台旋转轴OY_V轴

──────── 并联支路水平导轨滑块运动路径O_1C_1、O_1C_2、$O_1C_3(O_1Y_1$轴)

Z
O
Y
X
动坐标系

图 10.11　3-DOF 并联精密定位平台坐标系统

如图 10.11 所示，动平台能够绕 X 轴、Y_U 轴及 Y_V 轴三个轴旋转，其中 Y_U 轴及 Y_V 轴分别为 Y 轴在动平台表面绕原点 O 旋转±30°所得。在初始位姿时，三条并联支路上的一体化柔性圆柱铰链与斜面滑块分别位于斜面导轨的中点，且动坐标系 S 和静坐标系 S_1 原点之间的铅垂距离为 $OO_1 = H$。

10.2.1.3　坐标系的齐次变换

根据坐标变换矩阵相关理论可知，动坐标系 S 跟随动平台沿 Z 轴升降距离为 h_Z（上升时 h_Z 为一正数，下降时 h_Z 为一负数）。动坐标系 S 相对于静坐标系 S_1 的变换矩阵为[9]

$$\mathbf{Tran}(Z,\ h_Z) = \begin{bmatrix} 1 & 0 & 0 & 0 \\ 0 & 1 & 0 & 0 \\ 0 & 0 & 1 & h_Z + H \\ 0 & 0 & 0 & 1 \end{bmatrix} \tag{10-25}$$

当动坐标系 S 跟随动平台绕 X 轴旋转角度为 α 时，相对于静坐标系 S_1 的变换矩阵为[9]

$$\mathbf{Rot}(X,\ \alpha) = \begin{bmatrix} 1 & 0 & 0 & 0 \\ 0 & \cos\alpha & -\sin\alpha & 0 \\ 0 & \sin\alpha & \cos\alpha & 0 \\ 0 & 0 & 0 & 1 \end{bmatrix} \tag{10-26}$$

在 Y_U 轴上任取一点，记其坐标为（a_U, b_U, 0），因 Y_U 轴为 Y 轴在动平台表面内绕原点 O 顺时针旋转 30° 所得，故 a、b 异号，且

$$|b_U| = \sqrt{3}|a_U| \tag{10-27}$$

将 Y_U 轴用单位矢量 $\boldsymbol{P}_U$ 表示，有

$$\boldsymbol{P}_U = \left[-\frac{1}{2}, \frac{\sqrt{3}}{2}, 0\right]^{\mathrm{T}} \tag{10-28}$$

当动坐标系 S 跟随动平台绕 Y_U 轴旋转角度为 β 时，相对于静坐标系 S_1 的变换矩阵为

$$\mathbf{Rot}(Y_U, \beta) = \begin{bmatrix} \dfrac{1+3\cos\beta}{4} & -\dfrac{\sqrt{3}(1-\cos\beta)}{4} & -\dfrac{\sqrt{3}}{2}\sin\beta & 0 \\ -\dfrac{\sqrt{3}(1-\cos\beta)}{4} & \dfrac{3+\cos\beta}{4} & -\dfrac{1}{2}\sin\beta & 0 \\ \dfrac{\sqrt{3}}{2}\sin\beta & \dfrac{1}{2}\sin\beta & \cos\beta & 0 \\ 0 & 0 & 0 & 1 \end{bmatrix} \tag{10-29}$$

同理，将 Y_V 轴用单位矢量 $\boldsymbol{P}_V$ 表示，有

$$\boldsymbol{P}_V = \left[\frac{1}{2}, \frac{\sqrt{3}}{2}, 0\right]^{\mathrm{T}} \tag{10-30}$$

当动坐标系 S 跟随动平台绕 Y_V 轴旋转角度为 γ 时，相对于静坐标系 S_1 的变换矩阵为

$$\mathbf{Rot}(Y_V, \gamma) = \begin{bmatrix} \dfrac{1+3\cos\gamma}{4} & \dfrac{\sqrt{3}(1-\cos\gamma)}{4} & -\dfrac{\sqrt{3}}{2}\sin\gamma & 0 \\ \dfrac{\sqrt{3}(1-\cos\gamma)}{4} & \dfrac{3+\cos\gamma}{4} & \dfrac{1}{2}\sin\gamma & 0 \\ \dfrac{\sqrt{3}}{2}\sin\gamma & -\dfrac{1}{2}\sin\gamma & \cos\gamma & 0 \\ 0 & 0 & 0 & 1 \end{bmatrix} \tag{10-31}$$

由此可得，在动坐标系下任一点的空间位置矢量 $\boldsymbol{P}$ 转换为静坐标系下的空间位置矢量 $\boldsymbol{P}_1$ 时，其转换矩阵表达式为

$$\boldsymbol{T} = \mathbf{Tran}(Z, h_z) \cdot \mathbf{Rot}(X, \alpha) \cdot \mathbf{Rot}(Y_U, \beta) \cdot \mathbf{Rot}(Y_V, \gamma) \tag{10-32}$$

$$\boldsymbol{P}_1 = \boldsymbol{T} \cdot \boldsymbol{P} \tag{10-33}$$

由此可以证明 3-DOF 并联精密定位平台的坐标变换矩阵与动平台的旋转顺序无关[9]。

由于并联精密定位平台的转角足够小，依据极限的思想，在上述变换矩阵中有

$\sin\alpha\rightarrow\alpha$、$\cos\alpha\rightarrow1$、$\sin\beta\rightarrow\beta$、$\cos\beta\rightarrow1$、$\sin\gamma\rightarrow\gamma$、$\cos\gamma\rightarrow1$。

同时忽略高阶无穷小，可得坐标变换矩阵 T：

$$T = \begin{bmatrix} 1 & 0 & -\dfrac{\sqrt{3}}{2}(\beta+\gamma) & 0 \\ 0 & 1 & \dfrac{\gamma-(2\alpha+\beta)}{2} & 0 \\ \dfrac{\sqrt{3}}{2}(\beta+\gamma) & \dfrac{2\alpha+\beta-\gamma}{2} & 1 & h_z+H \\ 0 & 0 & 0 & 1 \end{bmatrix} \qquad (10\text{-}34)$$

10.2.1.4　运动学位姿的正反解

运动学位姿的正解与反解是实现对并联精密定位平台运动特性与动态特性控制的基础和前提。运动学位姿正解就是给定机构原动件的输入，确定机构被动件的位姿；运动学位姿反解就是当确定了被动件的位姿时，能够确定机构原动件的输入。

在本研究课题设计的 2R1T 并联精密定位平台机构中，被动件是动平台，被动件的位姿即为动平台的位置状态 $W(h_z,\ \alpha,\ \beta,\ \gamma)$。原动件是三条并联支路中的水平滑块，原动件的输入位移是水平滑块在水平导轨上的位移，用 $\Delta l_{i\_j}(i=h_z,\ \alpha,\ \beta,\ \gamma;$ $j=1,\ 2,\ 3)$表示，其下标表示第 i 条并联支路上的某一运动位移。例如，当 $i=\beta$，$j=2$ 时，Δl_{β_2} 表示动平台绕着 Y_U 轴旋转角度为 β 时并联支路 2 上的水平滑块的输入位移。

令动平台的外径为 $2R$，即 $OA_1=OA_2=OA_3=R$，则在动坐标系下，柔性铰链与动平台的铰接点的空间位置矢量 $\boldsymbol{S}_{A_i}$（$i=1,\ 2,\ 3$）分别为

$$\begin{cases} \boldsymbol{S}_{A_1} = \left[-\dfrac{\sqrt{3}}{2}R,\ -\dfrac{1}{2}R,\ 0\right]^{\mathrm{T}} \\[2mm] \boldsymbol{S}_{A_2} = \left[\dfrac{\sqrt{3}}{2}R,\ -\dfrac{1}{2}R,\ 0\right]^{\mathrm{T}} \\[2mm] \boldsymbol{S}_{A_3} = [0,\ R,\ 0]^{\mathrm{T}} \end{cases} \qquad (10\text{-}35)$$

令 T_1 为动坐标系向静坐标系的旋转变换矩阵，则 T_1 为式（10-34）的 3×3 阶矩阵，即

$$T_1 = \begin{bmatrix} 1 & 0 & -\dfrac{\sqrt{3}}{2}(\beta+\gamma) \\ 0 & 1 & \dfrac{\gamma-(2\alpha+\beta)}{2} \\ \dfrac{\sqrt{3}}{2}(\beta+\gamma) & \dfrac{2\alpha+\beta-\gamma}{2} & 1 \end{bmatrix} \qquad (10\text{-}36)$$

根据式（10-33），在静坐标系下，柔性铰链与动平台的铰接点的空间位置矢量 $\boldsymbol{S}_{1A_i}$（$i=1,\ 2,\ 3$）为

$$\boldsymbol{S}_{1A_i} = \boldsymbol{T}_1 \cdot \boldsymbol{S}_{A_i} + (0,\ 0,\ h_z + H)^{\mathrm{T}} \tag{10-37}$$

将式（10-35）和式（10-36）代入式（10-37）中，可得在静坐标系下，柔性铰链与动平台的铰接点的空间位置矢量 $\boldsymbol{S}_{1A_i}$（i=1，2，3）分别为

$$\begin{cases} \boldsymbol{S}_{1A_1} = \left[-\dfrac{\sqrt{3}}{2}R,\ -\dfrac{1}{2}R,\ -\dfrac{R}{2}(\alpha + 2\beta + \gamma) + h_z + H \right]^{\mathrm{T}} \\[3mm] \boldsymbol{S}_{1A_2} = \left[\dfrac{\sqrt{3}}{2}R,\ -\dfrac{1}{2}R,\ \dfrac{R}{2}(\beta + 2\gamma - \alpha) + h_z + H \right]^{\mathrm{T}} \\[3mm] \boldsymbol{S}_{1A_3} = \left[0,\ R,\ \dfrac{R}{2}(2\alpha + \beta - \gamma) + h_z + H \right]^{\mathrm{T}} \end{cases} \tag{10-38}$$

令静平台的中心到水平导轨底部中心的距离为 R_1，即 $O_1C_1=O_1C_2=O_1C_3=R_1$，则静平台上水平导轨中心点 C_1、C_2、C_3 三点在静坐标系下的坐标分别为

$$\begin{cases} \boldsymbol{S}_{C_1} = \left[-\dfrac{\sqrt{3}}{2}R_1,\ -\dfrac{1}{2}R_1,\ 0 \right]^{\mathrm{T}} \\[3mm] \boldsymbol{S}_{C_2} = \left[\dfrac{\sqrt{3}}{2}R_1,\ -\dfrac{1}{2}R_1,\ 0 \right]^{\mathrm{T}} \\[3mm] \boldsymbol{S}_{C_3} = [0,\ R_1,\ 0]^{\mathrm{T}} \end{cases} \tag{10-39}$$

令一体化圆柱型柔性铰链的高度（不含铰链底座高度）为 b，且三条并联支路上的圆柱型柔性铰链发生转动的转角为 θ_{i_j}（$i=h_z$，α，β，γ；j=1，2，3），并联支路中三角斜架的斜角为 φ。根据机构构型的尺寸及几何关系，三条并联支路中的一体化圆柱型柔性铰链底座中心在静坐标系下的空间位置矢量 $\boldsymbol{S}_{1B_i}$（i=1，2，3) 分别为

$$\begin{cases} \boldsymbol{S}_{1B_1} = \left[-\dfrac{\sqrt{3}}{2}(R_1 + b\cos\varphi\tan\theta_{i\_j}),\ -\dfrac{1}{2}(R_1 + b\cos\varphi\tan\theta_{i\_j}),\ H - b\cos\varphi + b\sin\varphi\tan\theta_{i\_j} \right]^{\mathrm{T}} \\[3mm] \boldsymbol{S}_{1B_2} = \left[\dfrac{\sqrt{3}}{2}(R_1 + b\cos\varphi\tan\theta_{i\_j}),\ -\dfrac{1}{2}(R_1 + b\cos\varphi\tan\theta_{i\_j}),\ H - b\cos\varphi + b\sin\varphi\tan\theta_{i\_j} \right]^{\mathrm{T}} \\[3mm] \boldsymbol{S}_{1B_3} = [0,\ R_1 + b\cos\varphi\tan\theta_{i\_j},\ H - b\cos\varphi + b\sin\varphi\tan\theta_{i\_j}]^{\mathrm{T}} \end{cases}$$

$$\tag{10-40}$$

由于一体化圆柱型柔性铰链的高度（不含铰链底座高度）为 b，故有

$$\left| \boldsymbol{S}_{1A_i} - \boldsymbol{S}_{1B_i} \right| = b \tag{10-41}$$

式中：i=1，2，3。

将式（10-39）和式（10-40）代入式（10-41）中，得

$$\begin{cases} \left[-\dfrac{\sqrt{3}}{2}(R_1+b\cos\varphi\tan\theta_{i\_j})+\dfrac{\sqrt{3}}{2}R\right]^2+\left[-\dfrac{1}{2}(R_1+b\cos\varphi\tan\theta_{i\_j})+\dfrac{1}{2}R\right]^2+ \\[2mm] \qquad \left[H-b\cos\varphi+b\sin\varphi\tan\theta_{i\_j}+\dfrac{R}{2}(\alpha+2\beta+\gamma)-h_z-H\right]^2=b^2 \\[4mm] \left[\dfrac{\sqrt{3}}{2}(R_1+b\cos\varphi\tan\theta_{i\_j})-\dfrac{\sqrt{3}}{2}R\right]^2+\left[-\dfrac{1}{2}(R_1+b\cos\varphi\tan\theta_{i\_j})+\dfrac{1}{2}R\right]^2+ \\[2mm] \qquad \left[H-b\cos\varphi+b\sin\varphi\tan\theta_{i\_j}-\dfrac{R}{2}(\beta+2\gamma-\alpha)-h_z-H\right]^2=b^2 \\[4mm] 0^2+(R_1+b\cos\varphi\tan\theta_{i\_j}-R)^2+\left[H-b\cos\varphi+b\sin\varphi\tan\theta_{i\_j}-\dfrac{R}{2}(2\alpha+\beta-\gamma)-h_z-H\right]^2=b^2 \end{cases}$$

$$\tag{10-42}$$

式中：$i=\alpha$，β，γ；$j=1$，2，3。

由于该精密并联平台的柔性铰链转角十分微小，因此有 $\tan\theta_{i\_j}\to\theta_{i\_j}$（$i=h_Z$，$\alpha$，$\beta$，$\gamma$；$j=1$，$2$，$3$）。忽略高阶无穷小，式（10-42）可求解得

$$\begin{cases} \theta_{i\_1}=\dfrac{b^2\sin^2\varphi-m^2+2nb\cos\varphi}{2mb\cos\varphi+2nb\sin\varphi-2b^2\sin\varphi\cos\varphi} \\[4mm] \theta_{i\_2}=\dfrac{b^2\sin^2\varphi-m^2-2pb\cos\varphi}{2mb\cos\varphi-2pb\sin\varphi-2b^2\sin\varphi\cos\varphi} \\[4mm] \theta_{i\_3}=\dfrac{b^2\sin^2\varphi-m^2-2qb\cos\varphi}{2mb\cos\varphi-2qb\sin\varphi-2b^2\sin\varphi\cos\varphi} \end{cases}$$

$$\tag{10-43}$$

式中：$i=\alpha$，β，γ；

$m=R_1-R$；

$n=(\alpha+2\beta+\gamma)\cdot R/2-h_Z$；

$p=(\beta+2\gamma-\alpha)\cdot R/2+h_Z$；

$q=(2\alpha+\beta-\gamma)\cdot R/2+h_Z$。

显而易见，当动平台做旋转运动时，$h_Z=0$。

从 3-DOF 并联系统的机构构型及结构几何关系可知，三条支路中的大行程圆柱型柔性铰链的转角 θ_{i_j}（$i=\alpha$，β，γ；$j=1$，2，3）与相应的原动件——水平滑块的输入微位移 Δl_{i_j}（$i=\alpha$，β，γ；$j=1$，2，3）存在如下关系：

$$\Delta l_{i\_j}/\cos\varphi=-b\tan\theta_{i\_j} \tag{10-44}$$

式中：$i=\alpha$，β，γ；$j=1$，2，3。

联立式（10-43）和式（10-44），并忽略高阶无穷小，可求得该 3-DOF 并联精密定位平台的运动学位姿反解方程为

$$\begin{cases} \sum\limits_{i=\alpha}^{\gamma} \Delta l_{i\_1} = \dfrac{m^2 - b^2 \sin^2 \varphi - 2nb\cos\varphi}{2m + 2n\tan\varphi - 2b\sin\varphi} \\[3mm] \sum\limits_{i=\alpha}^{\gamma} \Delta l_{i\_2} = \dfrac{m^2 - b^2 \sin^2 \varphi + 2pb\cos\varphi}{2m - 2p\tan\varphi - 2b\sin\varphi} \\[3mm] \sum\limits_{i=\alpha}^{\gamma} \Delta l_{i\_3} = \dfrac{m^2 - b^2 \sin^2 \varphi + 2qb\cos\varphi}{2m - 2q\tan\varphi - 2b\sin\varphi} \end{cases} \tag{10-45}$$

$$\frac{(m - b\sin\varphi)(m + b\sin\varphi - 2\sum\limits_{i=\alpha}^{\gamma}\Delta l_{i\_1})}{R(b\cos\varphi + \tan\varphi \cdot \sum\limits_{i=\alpha}^{\gamma}\Delta l_{i\_1})} = \frac{(m - b\sin\varphi)(m + b\sin\varphi - 2\sum\limits_{i=\alpha}^{\gamma}\Delta l_{i\_2})}{R(b\cos\varphi + \tan\varphi \cdot \sum\limits_{i=\alpha}^{\gamma}\Delta l_{i\_2})}$$

$$+ \frac{(m - b\sin\varphi)(m + b\sin\varphi - 2\sum\limits_{i=\alpha}^{\gamma}\Delta l_{i\_3})}{R(b\cos\varphi + \tan\varphi \cdot \sum\limits_{i=\alpha}^{\gamma}\Delta l_{i\_3})} \tag{10-46}$$

式中：$i=\alpha$，β，γ；

$\qquad m=R_1-R$；

$\qquad n=(\alpha+2\beta+\gamma) \cdot R/2-h_Z$；

$\qquad p=(\beta+2\gamma-\alpha) \cdot R/2+h_Z$；

$\qquad q=(2\alpha+\beta-\gamma) \cdot R/2+h_Z$。

若已知动平台的某一位姿（h_Z，α，β，γ），根据式（10-45）即可反求出并联机构的运动学位姿反解，即原动件的位移输入量 $\Delta l_{i\,j}$（$i=\alpha$，β，γ；$j=1$，2，3）。实际上，当给定一组位姿（h_Z，α，β，γ），且求出三个原动件的位移输入量 Δl_{i_1}、Δl_{i_2}、Δl_{i_3}（$i=\alpha$，β，γ）中的任意两个时，如已经求出 Δl_{i_1}、Δl_{i_2}，则由式（10-45）可知，第三个原动件的位移输入量 Δl_{i_3} 也已经被唯一确定。

特别地，当动平台沿 Z 轴做升降平移运动时，给定位姿变量 h_Z，显然有

$$\alpha=\beta=\gamma=0 \tag{10-47}$$

此时有

$$\Delta l_{h_z\_1} = \Delta l_{h_z\_2} = \Delta l_{h_z\_3} = \frac{m^2 - b^2 \sin^2 \varphi + 2h_z b\cos\varphi}{2m - 2h_z \tan\varphi - 2b\sin\varphi} \tag{10-48}$$

根据机构运动学的位姿反解表达式，并且忽略高阶无穷小，由式（10-45）即可求得该并联精密定位平台的运动位姿正解方程为

$$\begin{aligned} \alpha &= \frac{(m - b\sin\varphi)(m + b\sin\varphi - 2\Delta l_{\alpha\_1})}{R(b\cos\varphi + \Delta l_{\alpha\_1}\tan\varphi)} \\[3mm] &= -\frac{(m - b\sin\varphi)(m + b\sin\varphi - 2\Delta l_{\alpha\_2})}{R(b\cos\varphi + \Delta l_{\alpha\_2}\tan\varphi)} \\[3mm] &= \frac{1}{2}\frac{(m - b\sin\varphi)(m + b\sin\varphi - 2\Delta l_{\alpha\_3})}{R(b\cos\varphi + \Delta l_{\alpha\_3}\tan\varphi)} \end{aligned} \tag{10-49}$$

$$\beta = \frac{1}{2} \frac{(m - b\sin\varphi)(m + b\sin\varphi - 2\Delta l_{\beta\_1})}{R(b\cos\varphi + \Delta l_{\beta\_1}\tan\varphi)}$$

$$= \frac{(m - b\sin\varphi)(m + b\sin\varphi - 2\Delta l_{\beta\_2})}{R(b\cos\varphi + \Delta l_{\beta\_2}\tan\varphi)}$$

$$= \frac{(m - b\sin\varphi)(m + b\sin\varphi - 2\Delta l_{\beta\_3})}{R(b\cos\varphi + \Delta l_{\beta\_3}\tan\varphi)} \tag{10-50}$$

$$\gamma = \frac{(m - b\sin\varphi)(m + b\sin\varphi - 2\Delta l_{\gamma\_1})}{R(b\cos\varphi + \Delta l_{\gamma\_1}\tan\varphi)}$$

$$= \frac{1}{2} \frac{(m - b\sin\varphi)(m + b\sin\varphi - 2\Delta l_{\gamma\_2})}{R(b\cos\varphi + \Delta l_{\gamma\_2}\tan\varphi)}$$

$$= -\frac{(m - b\sin\varphi)(m + b\sin\varphi - 2\Delta l_{\gamma\_3})}{R(b\cos\varphi + \Delta l_{\gamma\_3}\tan\varphi)} \tag{10-51}$$

$$\alpha + 2\beta + \gamma = \frac{(m - b\sin\varphi)(m + b\sin\varphi - 2\sum_{i=\alpha}^{\gamma}\Delta l_{i\_1})}{R(b\cos\varphi + \tan\varphi \cdot \sum_{i=\alpha}^{\gamma}\Delta l_{i\_1})} \tag{10-52}$$

式中：$i = h_Z$，α，β，γ。

若已知原动件的位移输入量Δl_{i_j}（$i = h_Z$，α，β，γ；$j = 1$，2，3），根据式（10-49）～式（10-52）即可求出并联机构的运动学正解，即确定动平台的位姿（h_Z，α，β，γ）。实际上，当求出系统的三个欧拉角α、β、γ中的任意两个时，如α、β已经被确定，由式（10-52）可知，动平台的第三个欧拉角γ也已经被唯一确定。

特别地，当动平台沿Z轴升降时，显然有$\alpha = \beta = \gamma = 0$，且此时有

$$\Delta l_{h_Z\_1} = \Delta l_{h_Z\_2} = \Delta l_{h_Z\_3} \tag{10-53}$$

若给定原动件的位移输入量$\Delta l_{h_Z\_j}$（$j = 1$，2，3），则由式（10-48）可求得

$$h_Z = -\frac{(m - b\sin\varphi)(m + b\sin\varphi - 2\Delta l_{h_Z\_1})}{2(b\cos\varphi + \Delta l_{h_Z\_1}\tan\varphi)} \tag{10-54}$$

通过对机构运动学位姿正解式（10-46）～式（10-54）的分析，可以得到如下结论：

1）位姿变量h_Z是唯一完全独立的变量，与3-DOF并联平台动平台的其他位姿变量α、β、γ无关。

2）机构具有三个自由度。表征机构动平台的位姿有四个位姿变量，即（h_Z，α，β，γ），其中任意确定三个位姿变量，动平台的位姿即可被唯一确定。在任意选定的三个位姿变量中，必须包含位姿变量h_Z，另外两个位姿变量可以在三个欧拉角α、β、γ中任意选取；反之，当确定了动平台的一组位姿（h_Z，α，β，γ）时，三条并联支路中的原动件的输入位移Δl_{i_j}（$i = h_Z$，α，β，γ；$j = 1$，2，3）即可被确定；当其中任意两个原动件的输入位移确定时，第三个原动件的输入位移也随之被确定。

3）当机构沿Z轴做升降平移时，$h_Z \neq 0$，此时$\alpha = \beta = \gamma = 0$，三条并联支路中的水平滑块具有完全相同的原动件输入量，即$\Delta l_{h_Z\_1} = \Delta l_{h_Z\_2} = \Delta l_{h_Z\_3}$；当机构做绕$X$轴、$Y$轴（$Y_U$

轴、Y_V 轴）旋转运动时，此时 $h_Z=0$，α、β、γ 中至少有一个不为 0，此时系统的三个欧拉角 α、β、γ 只有两个可以自由选择，当选定欧拉角 α、β、γ 中任意两个时，如 α、β 被确定，此时动平台的位姿被唯一确定。

　　该 3-DOF 并联精密定位平台的运动学位姿相关结论与 3-RRS 并联机器人运动学位姿参数关系一致[10]，这也从侧面印证了该运动学模型的正确性。

10.2.2　动力学分析

　　9.2.2 节给出了拉格朗日方程的一般形式，后续将会用到的物理参量如下：

h_1——三条并联支路中的水平滑块的质心点到静平台表面 X_1OY_1 的高度；

M_E——三条并联支路中的水平滑块的质量；

M_F——三条并联支路中的斜面滑块的质量；

M_D——动平台的质量；

R——动平台外圆半径；

r——动平台内圆半径；

J_{DX}，J_{DY_U}、J_{DY_V}——动平台分别绕 X 轴、Y_U 轴、Y_V 轴旋转的转动惯量。

　　设三条并联支路中的水平滑块均质，质量均为 M_E，三个水平滑块的质心分别为 E_1、E_2、E_3。根据机构构型及几何尺寸可知，水平滑块的质心坐标 $E_k (k=1, 2, 3)$ 分别为

$$E_1 = \left[x_{E_1}, y_{E_1}, z_{E_1} \right]^T = \left[-\frac{\sqrt{3}}{2}(R_1 + \Delta l_{i\_1}), \ -\frac{1}{2}(R_1 + \Delta l_{i\_1}), \ h_1 \right]^T \tag{10-55}$$

$$E_2 = \left[x_{E_2}, y_{E_2}, z_{E_2} \right]^T = \left[\frac{\sqrt{3}}{2}(R_1 + \Delta l_{i\_2}), \ -\frac{1}{2}(R_1 + \Delta l_{i\_2}), \ h_1 \right]^T \tag{10-56}$$

$$E_3 = \left[x_{E_3}, y_{E_3}, z_{E_3} \right]^T = \left[0, \ (R_1 + \Delta l_{i\_3}), \ h_1 \right]^T \tag{10-57}$$

式中：$i=h_Z$，α，β，γ。

　　因此，三条并联支路中水平滑块的直线平动的动能 $V_{E_k} (k=1, 2, 3)$ 分别为

$$V_{E_k} = \frac{1}{2} M_E (\dot{x}_{E_k}^2 + \dot{y}_{E_k}^2 + \dot{z}_{E_k}^2) \tag{10-58}$$

　　设三条并联支路中的斜面滑块均质，质量均为 M_F，三个斜面滑块的质心分别为 F_1、F_2、F_3。根据机构构型及几何尺寸可知，斜面滑块的质心坐标 $F_k (k=1, 2, 3)$ 分别为

$$F_1 = \left[x_{F_1}, y_{F_1}, z_{F_1} \right]^T = \left[-\frac{\sqrt{3}}{2}(R_1 + \Delta l_{i\_1}), \ -\frac{1}{2}(R_1 + \Delta l_{i\_1}), \ H - b\cos\varphi + \Delta l_{i\_1}\tan\varphi \right]^T \tag{10-59}$$

$$F_2 = \left[x_{F_2}, y_{F_2}, z_{F_2} \right]^T = \left[\frac{\sqrt{3}}{2}(R_1 + \Delta l_{i\_2}), \ -\frac{1}{2}(R_1 + \Delta l_{i\_2}), \ H - b\cos\varphi + \Delta l_{i\_2}\tan\varphi \right]^T \tag{10-60}$$

$$F_3 = \left[x_{F_3}, y_{F_3}, z_{F_3} \right]^T = \left[0, \ (R_1 + \Delta l_{i\_3}), \ H - b\cos\varphi + \Delta l_{i\_3}\tan\varphi \right]^T \tag{10-61}$$

式中：$i=h_Z$，α，β，γ。

　　因此，三条并联支路中斜面滑块在斜面导轨上的直线平动的动能 $V_{F_k} (k=1, 2, 3)$

分别为

$$V_{F_k} = \frac{1}{2} M_F (\dot{x}_{F_k}^2 + \dot{y}_{F_k}^2 + \dot{z}_{F_k}^2) \tag{10-62}$$

动平台的惯性矩矩阵 $\boldsymbol{I}_D = \begin{bmatrix} J_{DX}, & J_{DY_U}, & J_{DY_V} \end{bmatrix}^T$。由动平台的几何尺寸可知，其绕各轴的旋转惯量为

$$J_{DX} = J_{DY_U} = J_{DY_V} = \frac{1}{2} M_D (R^2 + r^2) \tag{10-63}$$

动平台的运动速度 $\boldsymbol{v}_D$ 与角速度 $\boldsymbol{\omega}_D$ 可分别表示为

$$\boldsymbol{v}_D = \begin{bmatrix} 0, & 0, & \dot{h}_z \end{bmatrix}^T \tag{10-64}$$

$$\boldsymbol{\omega}_D = \begin{bmatrix} \dot{\alpha}, & \dot{\beta}, & \dot{\gamma} \end{bmatrix}^T \tag{10-65}$$

由此可得动平台的动能为

$$V_D = \frac{1}{2} \boldsymbol{\omega}_D^T \boldsymbol{I}_D \boldsymbol{\omega}_D + \frac{1}{2} M_D \boldsymbol{v}_D^T \boldsymbol{v}_D \tag{10-66}$$

由于三条并联支路上的柔性铰链的转角 θ_{i_j}（$i=h_Z,~\alpha,~\beta,~\gamma$；$j=1,~2,~3$）十分微小，因此柔性铰链的转动动能可以忽略不计。

取静平台表面 $X_1 O Y_1$ 为零势能位置，重力加速度为 g，不计构件弹性势能和摩擦，则三条并联支路上的水平滑块的重力势能为

$$U_{E_k} = M_E g h_1 \tag{10-67}$$

式中：$k=1,~2,~3$。

三条并联支路上的斜面滑块的重力势能为

$$U_{F_{i\_j}} = M_F g (H - b \cos \varphi + \Delta l_{i\_j} \tan \varphi) \tag{10-68}$$

式中：$i=h_Z,~\alpha,~\beta,~\gamma$；$j=1,~2,~3$。

动平台的势能可表示为

$$U_D = M_D g (H + h_Z) \tag{10-69}$$

至此，系统的总动能为

$$\begin{aligned}
V &= \sum_{k=1}^3 (V_{E_k} + V_{F_k}) + V_D \\
&= \sum_{k=1}^3 \left[\frac{1}{2} M_E (\dot{x}_{E_k}^2 + \dot{y}_{E_k}^2 + \dot{z}_{E_k}^2) + \frac{1}{2} M_F (\dot{x}_{F_k}^2 + \dot{y}_{F_k}^2 + \dot{z}_{F_k}^2) \right] \\
&\quad + \left(\frac{1}{2} \boldsymbol{\omega}_D^T \boldsymbol{I}_D \boldsymbol{\omega}_D + \frac{1}{2} M_D \boldsymbol{v}_D^T \boldsymbol{v}_D \right) \\
&= \frac{1}{2} M_E \sum_{j=1}^3 \Delta \dot{i}_{i\_j}^2 + \frac{1}{2} M_F (1 + \tan^2 \varphi) \sum_{j=1}^3 \Delta \dot{i}_{i\_j}^2 \\
&\quad + \frac{1}{2} M_D (R^2 + r^2)(\dot{\alpha}^2 + \dot{\beta}^2 + \dot{\gamma}^2) + \frac{1}{2} M_D \dot{h}_z^2
\end{aligned} \tag{10-70}$$

系统的总势能为

$$U = U_{E_k} + U_{F_{i\_j}} + U_D$$

$$= \sum_{k=1}^{3} M_E g h_1 + \sum_{j=1}^{3} M_F g (H - b\cos\varphi + \Delta l_{i\_j} \tan\varphi) + M_D g (H + h_z) \tag{10-71}$$

式中：$i = h_Z$，α，β，γ；$j = 1$，2，3。

以三条并联支路的水平滑块输入位移作为广义的运动自由度，将式（10-70）和式（10-71）代入式（9-13）和式（9-14）中，即可求得系统运动所需的广义力 τ_{i_j}，如下：

$$\tau_{i\_j} = M_E \sum_{j=1}^{3} \Delta \ddot{l}_{i\_j} + M_F (1 + \tan^2\varphi) \sum_{j=1}^{3} \Delta \ddot{l}_{i\_j} - \left[M_D (R^2 + r^2) \cdot \sum_{j=1}^{3} P_{i\_j} - M_F g \tan\varphi \right] \tag{10-72}$$

式中：

$$P_{i\_j} = \frac{(2ku + wuv)(4w^3 u \Delta l_{i\_j}^2 + f_1 \Delta l_{i\_j} + g_1)}{(k + w\Delta l_{i\_j})^6}$$

式中：

$f_1 = 8w^2 uk + 2R^3 uv\tan^3\varphi + 4R^3 ub\sin\varphi\tan\varphi$；

$g_1 = 4wuk^2 + 2R^3 uvb\sin\varphi\tan\varphi + 4R^3 ub^2 \sin\varphi\cos\varphi$；

$u = m - b\sin\varphi$；

$v = m + b\sin\varphi$；

$k = Rb\cos\varphi$；

$w = R\tan\varphi$；

$m = R_1 - R$；

$i = \alpha$，β，γ；

$j = 1$，2，3。

将上述求得的广义力 τ_{i_j} 代入拉格朗日动力学方程［式（10-56）］中，得到关于各个广义自由度 Δl_{i_j} 的二阶微分超越方程，进而可以分析出 3-DOF 并联平台各轴运动的微分方程及其运动规律。

特别地，当动平台沿 Z 轴做升降直线运动时，此时动平台的旋转角位移必为零，即 $\alpha = \beta = \gamma = 0$。在理想情况下有

$$\Delta l_{h_z\_1} = \Delta l_{h_z\_2} = \Delta l_{h_z\_3} \tag{10-73}$$

忽略一切摩擦阻力，在理想同步驱动的情况下，有

$$\Delta \ddot{l}_{h_z\_1} = \Delta \ddot{l}_{h_z\_2} = \Delta \ddot{l}_{h_z\_3} \tag{10-74}$$

将式（10-75）和式（10-76）代入拉格朗日动力学方程中可得

$$\tau_{h_z\_1} = \tau_{h_z\_2} = \tau_{h_z\_3} \tag{10-75}$$

$$\tau_{h_z\_j} = M_E \sum_{j=1}^{3} \Delta \ddot{l}_{h_z\_j} + M_F (1 + \tan^2\varphi) \sum_{j=1}^{3} \Delta \ddot{l}_{h_z\_j}$$

$$- \left[M_D \sum_{j=1}^{3} Q_{h_z\_j} - M_F g \tan\varphi - M_D g \sum_{j=1}^{3} W_{h_z\_j} \right] \tag{10-76}$$

式中：

$$Q_{h_z\_j} = \frac{(2ku + wuv)(4w^3 u \Delta l_{h_z\_j}^2 + f_2 \Delta l_{i\_j} + g_2)}{(k + w\Delta l_{h_z\_j})^6}$$

$$W_{h_z\_j} = -\frac{2ku + wuv}{(k + w\Delta l_{h_z\_j})^2}$$

式中：

$f_2 = 8w^2 uk + 16uv\tan^3\varphi + 32ub\sin\varphi\tan\varphi$；

$g_2 = 4wuk^2 + 16uvb\sin\varphi\tan\varphi + 32ub^2\sin\varphi\cos\varphi$；

$u = m - b\sin\varphi$；

$v = m + b\sin\varphi$；

$k = Rb\cos\varphi$；

$w = R\tan\varphi$；

$m = R_1 - R$；

$i = \alpha,\ \beta,\ \gamma$；

$j = 1,\ 2,\ 3$。

　　事实上，3-DOF 并联平台的动平台不论是做旋转运动还是做沿 Z 轴的垂直升降运动，根据拉格朗日动力学方程求得的广义力 τ_{ij} 及其运动微分方程 Δl_{ij}，其表达式都是二阶超越方程，无法获取其解析解。因此，可以借助 MATLAB 开展数值求解，将上述动力学模型输入 MATLAB 中，定义变量域，即可得到系统广义力 τ_{ij} 与系统原动件水平滑块输入位移 Δl_{ij} 关于时间 t 的数值解图谱。限于篇幅，这里不做赘述。

10.3　实　验　研　究

10.3.1　3-DOF 并联平台步进作动实验

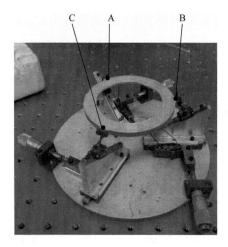

图 10.12　3-DOF 并联精密定位平台样机

　　要完成对 3-DOF 并联平台的相关性能实验，不论是步进作动实验还是连续作动实验，首先需要验证所设计的三自由度并联平台具有良好的可动性；其次，3-DOF 并联平台的动平台运动是由三台柔性菱形致动器同步驱动实现的，因此三台柔性菱形致动器的同步性同样需要实验验证。为此，首先通过实验手段验证 3-DOF 并联平台具有良好的同步运动性能。

　　3-DOF 并联精密定位平台的实验平台系统仍然采用 9.3.1 节介绍的实验平台系统，只是实验对象从串联定位平台更改为并联定位平台。3-DOF 并联精密定位平台样机如图 10.12 所示。

　　如图 10.12 所示，将动平台与大行程圆柱型柔性铰链的铰接点分别标记为 A 点、B 点和 C 点。这三点标记点有助于实现激光位移传感器对动平台在空间中的运动位移实施精密测量。

10.3.1.1　3-DOF 并联平台运动同步性实验验证

1. 运动同步性验证

当 3-DOF 并联平台的三台柔性菱形致动器同步驱动水平导轨时,若三台菱形压电致动器能够实现理想的同步驱动,则最终动平台应该在铅垂方向上沿 Z 轴做直线升降运动。当三台柔性菱形致动器同步驱动水平导轨时,采用高分辨率激光位移传感器同步测量 A 点、B 点和 C 点的位移曲线,只有当这三个点的位移曲线完全重合,才能说明动平台的确是沿着 Z 轴做铅垂方向的升降运动,此时才能证明三台柔性菱形致动器是同步驱动 3-DOF 并联平台的三个水平导轨。

图 10.13 所示是 3-DOF 并联平台上标记的三个点: A 点、B 点和 C 点的运动位移曲线。三台柔性菱形致动器均采用峰峰值为 120V、频率为 100Hz 的锯齿波脉冲信号同步驱动。从图 10.13 中可以发现如下规律:

1) 当三台柔性菱形致动器同步驱动水平导轨时,在位移初始阶段,三个标记点的位移曲线几乎完全重合。

2) 在采样后段,随着采样数据样本容量的逐渐增大,三个标记点的位移误差不断累积,最终导致三个点的位移出现偏差,最大位移偏差达到了 3.14μm。

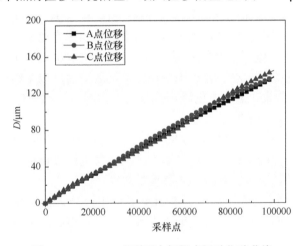

图 10.13　3-DOF 并联平台标记点运动位移曲线

尽管 A 点、B 点和 C 点的位移误差在逐步累积,但是图 10.13 仍然足以说明:在足够多的采集数据样本容量内,3-DOF 并联平台的三台柔性菱形致动器具有良好的驱动同步性,且 3-DOF 并联平台具有良好的运动性。

2. 运动重复性验证

下面验证 3-DOF 并联平台具有良好的运动重复特性。实验方案如下:采用不同电压峰峰值、不同脉冲频率的激励脉冲信号作用于三台柔性菱形压电直线致动器,采用高精度的激光位移传感器分别采集动平台的三个标记点在上升运动和下降运动过程中的速度数据,进而获取动平台的平均运动速度。通过对速度数据的分析,验证 3-DOF 并联平台在铅垂方向上的升降运动具有良好的重复性。

激励脉冲信号电压峰峰值分别设定为 60V、80V 和 100V，脉冲信号频率设定为从 20Hz 到 100Hz，分别测量 3-DOF 并联平台的动平台在上升运动和下降运动中的平均运动速度，绘制成图 10.14 所示的运动速度曲线。

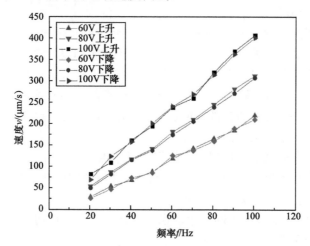

图 10.14   3-DOF 并联平台的动平台标记点平均运动速度曲线

从图 10.14 中可以发现如下运动规律：

1）当激励脉冲信号电压峰峰值分别为 60V、80V 和 100V 时，保持电压峰峰值固定，随着脉冲信号频率的提高，动平台上升运动的平均运动速度也呈线性化缓慢提高。

2）当激励脉冲信号电压峰峰值分别为 60V、80V 和 100V 时，保持电压峰峰值固定，随着脉冲信号频率的提高，动平台下降运动的平均运动速度也呈线性化缓慢提高。

3）在相同的激励脉冲信号电压峰峰值与电压频率下，动平台在上升运动和下降运动的平均速度均具有较好的重合性。

4）当激励脉冲信号电压峰峰值为 80V 时，动平台在上升运动和下降运动过程中的平均运动速度具有最佳的重合特性；当激励脉冲信号电压峰峰值为 100V 时，动平台的上升运动和下降运动的重合性出现了小程度的波动。

综上所述，图 10.14 已充分说明了 3-DOF 并联平台沿 Z 轴的升降运动具有良好的运动重复特性，这也说明了三台柔性菱形压电致动器具有良好的重复运动特性。

10.3.1.2   Z 轴升降运动的步进作动分辨率

上文已经验证了 3-DOF 并联平台具有良好的运动性，且三台柔性菱形致动器也具有良好的同步性。因此，可以不断降低驱动电压，利用高分辨率激光位移传感器同步采集动平台上三个点：A 点、B 点和 C 点的步进位移，驱动电压降至无法获取动平台的稳定步进位移，即可获得 3-DOF 并联平台动平台沿 Z 轴升降运动的步进分辨率。

三台柔性菱形致动器仍然采用锯齿波脉冲信号同步驱动，当激励电压峰峰值为 60V、脉冲频率为 30Hz 时，利用高分辨率激光位移传感器可以测得动平台上 A 点、B 点和 C 点的步进位移曲线；当继续降低脉冲信号的电压幅值时，三个标记点的步进作动都呈现出了不稳定现象，且脉冲作用后回撤现象十分明显。因此，可以认为峰峰值为 60V、脉冲频率为 30Hz 时的锯齿波脉冲信号是动平台沿 Z 轴做升降运动的步进驱动激励电压。

A 点、B 点和 C 点的步进位移曲线如图 10.15 所示。从图 10.15 中可以发现，当激励电压峰峰值为 60V、频率为 30Hz 时，动平台上三个标记点的步进位移分别约为 0.86μm、1.13μm 和 1.02μm。考虑到 3-DOF 并联平台的制造误差、装配误差，以及三台柔性菱形致动器驱动的同步性存在误差，在沿 Z 轴做升降运动时，动平台上的三个标记点 A 点、B 点和 C 点不可能完全同步。在本研究课题中，对动平台标记的 A 点、B 点和 C 点的步进作动分辨率取其平均值，经计算得 1.00μm。因此，3-DOF 并联平台动平台沿 Z 轴做升降运动的步进分辨率为 1.00μm。

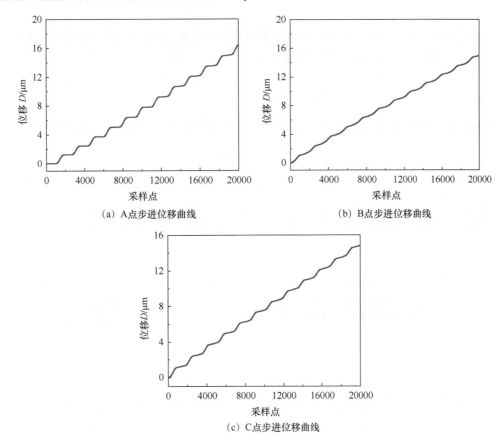

(a) A点步进位移曲线　　　　　　　　　(b) B点步进位移曲线

(c) C点步进位移曲线

图 10.15　3-DOF 并联平台动平台沿 Z 轴升降运动步进位移曲线

10.3.1.3　X 轴旋转运动的步进作动分辨率

动平台在空间旋转时，由于缺乏基准参考平面，因此无法直接采用测量仪器实现转动角度的实时测量。为此，在测量 3-DOF 并联平台动平台的旋转运动步进分辨率时，采用如下实验测量方案：给平台上 A 点所在并联支路的柔性菱形致动器施加脉冲信号，而动平台上 B 点和 C 点所在并联支路的柔性菱形致动器不施加脉冲信号，并通过预紧机构将 B 点和 C 点所在并联支路的水平导轨滑块预紧，使其不产生运动；当 A 点所在并联支路的柔性菱形致动器受到脉冲信号激励作用后，依靠驱动足与水平导轨滑块之间的摩擦力驱动水平导轨滑块运动，最终实现动平台的 A 点步进作动，此时动平台即实现围绕 X 轴转动。通过高分辨率激光位移传感器测量 A 点的步进作动位移，由于动平台的转动角度 α 十分微小，因此 $\alpha \approx \tan\alpha$，则动平台绕 X 轴旋转运

动的步进分辨率实际上就是 A 点步进作动位移曲线上一个"台阶"的高度 h 除以动平台的直径 d，即

$$\alpha \approx \tan\alpha = \frac{h}{d} \tag{10-77}$$

图 10.16（a）～（c）分别是增大采集数据容量之后的 A 点、B 点和 C 点的步进位移曲线。从图 10.16 中可以发现，当 A 点做步进作动时，B 点和 C 点由于预紧机构的作用而被固定，但是由于装配误差的存在，仍然发生了十分微小的位移。在采样数据容量内，B 点和 C 点的位移分别约为 0.6μm 和 1.5μm，仅为 A 点步进作动位移的 1.81% 和 4.54%，因此可以认为动平台绕 X 轴进行旋转运动。由图 10.16（a）可得，A 点的步进作动分辨率为 0.86μm，已知动平台直径为 100mm，代入式（10-79）可知动平台绕 X 轴转动的步进分辨率为 0.86μm/100mm = 8.6μrad。

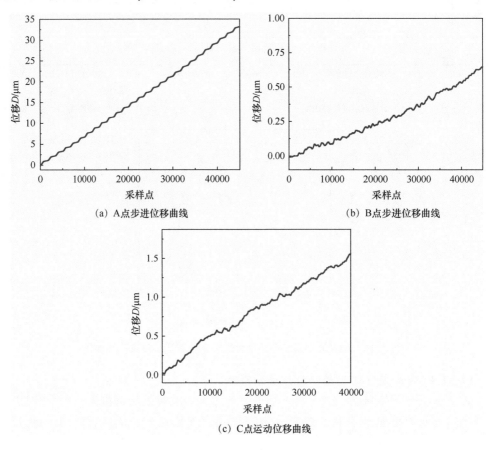

图 10.16　3-DOF 并联平台动平台绕 X 轴旋转运动步进位移曲线

10.3.1.4　Y 轴旋转运动的步进作动分辨率

采用与上文绕 X 轴旋转测量相类似的实验方法，对 B 点施加脉冲激励信号，A 点和 C 点由预紧机构预紧固定，可以获取 3-DOF 并联平台动平台绕 Y_{U} 轴旋转运动的步进分辨率；改变三个柔性菱形压电致动器的作动方向，对 C 点施加脉冲激励信号，C 点和 A 点由预紧机构预紧固定，可以获取 3-DOF 并联平台动平台绕 Y_{V} 轴旋转运动的步

进分辨率。

3-DOF 并联精密定位平台的动平台绕 Y_U 轴和 Y_V 轴旋转运动的步进位移曲线分别如图 10.17 和图 10.18 所示。

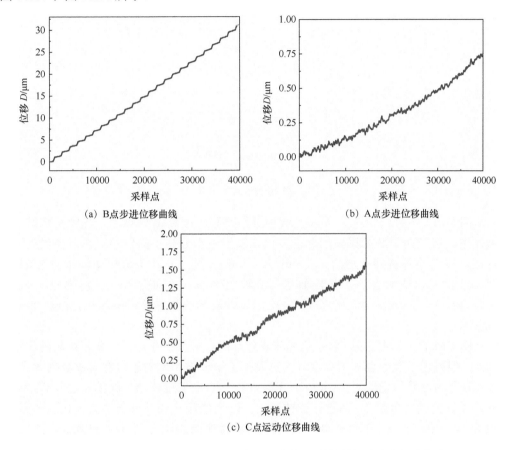

(a) B点步进位移曲线　　　　　　　　　　　(b) A点步进位移曲线

(c) C点运动位移曲线

图 10.17　3-DOF 并联精密定位平台动平台绕 Y_U 轴旋转运动步进位移曲线

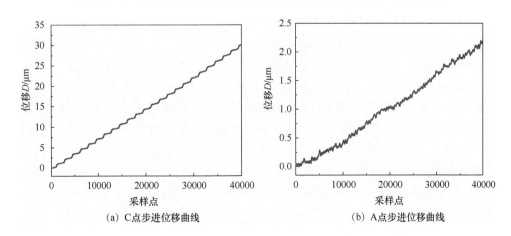

(a) C点步进位移曲线　　　　　　　　　　　(b) A点步进位移曲线

图 10.18　3-DOF 并联精密定位平台动平台绕 Y_V 轴旋转运动步进位移曲线

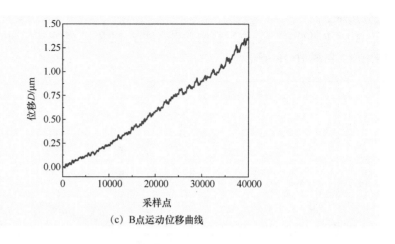

(c) B点运动位移曲线

图 10.18（续）

从图 10.17 中可以发现，当 B 点做步进作动时，A 点和 C 点由于预紧机构的作用而被固定，但是由于装配误差的存在，仍然发生了十分微小的位移。在采样数据容量内，A 点和 C 点的位移分别约为 2.1μm 和 1.3μm，仅为 B 点步进作动位移的 5.88% 和 3.71%，因此可以认为动平台绕 Y_U 轴进行旋转运动。B 点的步进作动分辨率为 1.13μm，动平台直径为 100mm，因此动平台绕 Y_U 轴旋转运动的步进分辨率为 1.13μm/100mm=11μrad。

从图 10.18 中可以发现，当 C 点做步进作动时，A 点和 B 点由于预紧机构的作用而被固定，但是由于装配误差的存在，仍然发生了十分微小的位移。在采样数据容量内，A 点和 B 点的位移分别约为 2.1μm 和 1.38μm，仅为 C 点步进作动位移的 6.22% 和 3.94%，因此可以认为动平台绕 Y_V 轴进行旋转运动。C 点的步进作动分辨率为 1.02μm，动平台直径为 100mm，因此动平台绕 Y_V 轴旋转运动的步进分辨率为 1.02μm/100mm=10μrad。

10.3.2　3-DOF 并联平台连续作动实验

10.3.2.1　*Z* 轴升降运动的连续作动速度

3-DOF 并联平台的动平台在柔性菱形压电直线致动器的连续作动模式下，可以沿 Z 轴做宏观升降运动，该运动实验已经在 3-DOF 并联平台的运动重复性实验中实现，因此这里不再重复。借助于对图 10.14 的分析可以发现，当激励脉冲信号电压峰峰值分别为 60V、80V 和 100V 时，随着脉冲信号频率的提高，动平台的平均运动速度也呈线性化缓慢提高，且上升运动和下降运动的平均速度具有较好的重合性；当激励脉冲信号电压峰峰值为 80V 时，动平台在上升运动和下降运动过程中的平均运动速度具有最佳的重合特性，当激励脉冲信号的频率设定为 100Hz 时，动平台沿 Z 轴做升降运动的最大运动速度达 312μm/s。

10.3.2.2　*X* 轴旋转运动的连续作动角速度

采用与旋转运动步进分辨率相同的实验方案，对柔性菱形压电致动器施加激励电压，能够实现连续作动模式下的宏观旋转运动，通过高分辨率激光位移传感器采集其标记点的旋转运动参数, 经计算得到其角速度数据。通过改变激励电压峰峰值和频率参数, 考察动平台绕 X 轴的旋转性能。图 10.19 所示是 3-DOF 并联平台动平台绕 X 轴旋转角速度曲线。

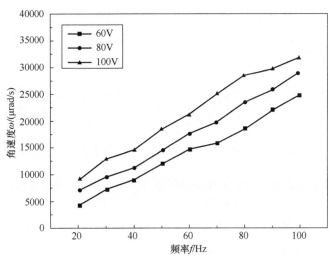

图 10.19　3-DOF 并联平台动平台绕 X 轴旋转角速度曲线

从图 10.19 中可以发现如下规律:

1) 当激励脉冲电压峰值保持固定时, 动平台绕 X 轴旋转运动输出的运动角速度随着激励电压信号的频率升高而缓慢线性增大。

2) 当激励电压峰值较低时, 动平台绕 X 轴旋转运动输出的角速度普遍存在一定程度的波动; 当激励电压峰值提高时, 动平台绕 X 轴旋转运动输出的角速度的波动性逐渐减小, 线性度逐渐得到改善。

3) 随着激励电压峰值的逐渐提高, 动平台绕 X 轴旋转运动输出的角速度也在逐渐增大。

4) 当激励脉冲信号的电压峰峰值为 80V 时, 动平台绕 X 轴旋转运动输出的角速度具有较好的线性度, 并且通过调节电压频率, 可以实现对动平台转动角速度的稳定调节。

综上所述, 优先选择电压峰峰值为 80V 的激励脉冲信号, 此时动平台绕 X 轴旋转运动输出的角速度最大可达 29000μrad/s (激励电压频率为 100Hz)。由此可见, 动平台绕 X 轴的旋转运动能够满足大行程定位区间的性能要求。

10.3.2.3　Y 轴旋转运动的连续作动角速度

采用与绕 X 旋转运动角速度相同的实验测量方案, 可以获得动平台绕 Y 轴旋转运动的连续运动角速度数据。图 10.20 所示是 3-DOF 并联平台动平台绕 Y 轴 (Y_U 轴、Y_V 轴) 旋转角速度曲线。

从图 10.20 中可以发现如下规律:

1) 当激励脉冲电压峰值保持固定时, 动平台绕 Y 轴 (Y_U 轴、Y_V 轴) 旋转运动输出的运动角速度随着激励电压信号的频率升高而缓慢线性增大。

2) 当激励电压峰值较低时, 动平台绕 Y 轴 (Y_U 轴、Y_V 轴) 旋转运动输出的角速度

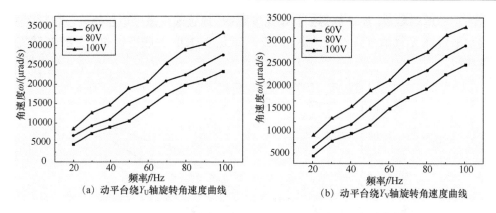

图 10.20　3-DOF 并联平台动平台绕 Y 轴旋转角速度曲线

普遍存在一定程度的波动；当激励电压峰值提高时，动平台绕 Y 轴（Y_U 轴、Y_V 轴）旋转运动输出的角速度的波动性逐渐减小，线性度逐渐得到改善。

3）随着激励电压峰值的逐渐提高，动平台绕 Y 轴（Y_U 轴、Y_V 轴）旋转运动输出的角速度也在逐渐增大。

4）当激励脉冲信号的电压峰峰值为 80V 时，动平台绕 Y 轴（Y_U 轴、Y_V 轴）旋转运动输出的角速度具有较好的线性度，并且通过调节电压频率，可以实现对动平台转动角速度的稳定调节。

综上所述，优先选择电压峰峰值为 80V 的激励脉冲信号，此时动平台绕 Y_U 轴旋转运动输出的角速度最大可达 29400μrad/s，绕 Y_V 轴旋转运动输出的角速度最大可达 28000μrad/s。由此可见，动平台绕 Y 轴（Y_U 轴、Y_V 轴）的旋转运动能够满足大行程定位区间的性能要求。

10.3.2.4　实验结果讨论

1. 实验结果分析

由 3-DOF 并联平台的步进作动模式和连续作动模式的实验结果可知，本研究课题设计的 3-DOF 并联精密定位平台的各轴定位运动的分辨率和宏观运动速度如表 10.2 所示。

表 10.2　3-DOF 并联精密定位平台的各轴运动参数汇总

轴		步进作动分辨率（微观定位精度）	连续作动速度（宏观定位速度）	连续作动位移（宏观定位行程）
Z 轴平动		1.0μm	312μm/s	
X 轴转动		8.6μrad	29000μrad/s	可以实现，取决于水平导轨长度
Y 轴转动	Y_U 轴	11μrad	29400μrad/s	
	Y_V 轴	10μrad	28000μrad/s	

从表 10.2 中的实验数据可以发现，3-DOF 并联精密定位平台的各轴运动中，Z 轴的直线平动分辨率为 1.0μm；绕 X 轴、Y_U 轴和 Y_V 轴的转动分辨率分别为 8.6μrad、10μrad 和 11μrad。Z 轴的直线平动，以及 X 轴和 Y 轴转动的连续作动行程均取决于并联支路水

平导轨长度，这说明宏观上大行程工作区间已经实现了预期的设计目标。实验结果也说明了本章设计的 3-DOF 并联精密定位平台在制造、装配、实验手段及测量方法等方面都存在着不可避免的误差因素，这些误差因素在很大程度上直接降低了 3-DOF 并联精密定位平台各个轴的运动精度。

另外，从前面的实验过程与实验结果的分析可知，当激励脉冲信号的电压峰峰值为80V 时，Z 轴的直线平动，以及 X 轴、Y 轴的旋转运动速度随频率调节表现出最佳的线性度，这对于驱动 3-DOF 并联精密定位平台各轴运动选择合适的激励脉冲信号提供了参考与借鉴。

2. 误差分析

从实验结果可知，3-DOF 并联精密定位平台各轴平动的精度存在不可避免的误差，本节分析主要的误差来源。系统中的误差主要来源于制造误差、装配误差、实验手段、测量方法及微振动等方面，下面对这些误差因素进行简单的分析。

（1）制造误差

本研究课题设计的 3-DOF 并联精密定位平台的主要零部件，其加工精度要求都较高。非共振式压电精密致动器的预紧机构、夹持机构及大行程圆柱型柔性铰链都是基于柔性铰链参数优化设计的，结构参数精度要求较高；另外，上述精度要求较高的零部件均整体采用一体化线切割加工而成，在加工过程中，柔性铰链的参数，尤其是铰链的最小切割厚度 t，加工要求非常高。本研究课题中的平台委托校办加工工厂加工，其精度难以达到预期的设计要求，因此从制造方面就存在着先天性的误差。

（2）装配误差

3-DOF 并联精密定位平台的装配误差主要来源于两个方面：

1）非共振式压电精密致动器的装配误差。本研究课题中设计的柔性压电直线致动器以压电叠堆为基础，依靠夹持机构、预紧机构等零部件装配实现整体作动功能。在柔性压电直线致动器的装配过程中，压电叠堆的嵌入式装配、夹持机构的装配、预紧机构的装配等都存在着细微的误差。

2）3-DOF 并联精密定位平台的整体装配中也存在误差。三条并联支路的装配中涉及大行程圆柱型柔性铰链的整体装配，对装配精度要求较高，同时对动平台的初始位姿和水平度也有较高的要求，这些都将影响 3-DOF 并联精密定位平台的整体运动精度和运动性能。

（3）实验手段

虽然面向 3-DOF 并联精密定位平台的实验研究都是在 10 万级超静间内的气浮隔振台上进行的，但是整个实验系统中并未涉及对干扰噪声的滤波处理；尽管功率放大器内部集成了抗干扰模块，但是对于功率放大器后向通道内的干扰噪声无法实现滤波和处理。这些由系统外部窜入的或系统内部耦合产生的干扰和噪声会对压电叠堆的激励脉冲信号产生干扰，进而影响压电叠堆的伸缩运动，给 3-DOF 并联精密定位平台的运动带来干扰与误差。

（4）测量方法

在本研究课题中，面向 3-DOF 并联精密定位平台开展的实验研究，其中各轴平动的运动性能参数采用高精度激光位移传感器直接测量,各轴转动的运动性能参数采用激光位移传感器测量直线移动位移后换算成转动角位移。上述测量方法没有对干扰数据进行分析,而是直接将全部数据作为测量数据进行分析,因此会不可避免地带来测量误差。另外,对于转动的性能参数测量是通过间接测量获取相关数据的,必然会影响转动性能参数的精度。

（5）微振动

微振动是指振动幅值小（一般≤10μm）、频带宽（0.1～200Hz）的微小扰动[11]。微振动的产生原因十分复杂,既有可能来自系统内部耦合,也有可能来自系统外部的激励。在机械系统中,尤其是精密机械系统中,微振动的存在极大地影响到系统终端执行器的作动精度及其稳定性。在本研究课题中,当未对柔性压电直线作动机构施加激励电压时,采用高分辨率激光位移传感器仍然可以检测到系统导轨、系统动平台均存在着不同程度的微小位移（0.1～5μm）,这足以证明所设计的 3-DOF 并联精密定位平台系统内部存在着微振动,而微振动却极大地影响了 3-DOF 并联精密定位平台的定位精度。

综上所述,由于系统在制造、装配、实验手段、测量方法及微振动干扰等方面存在着不可避免的误差因素,因此总体上必然会降低所设计的 3-DOF 并联精密定位平台各轴的平动及转动精度。由此可见,本研究课题只有明确了上述误差因素的影响规律,才能够进一步提高所设计的 3-DOF 并联精密定位平台的运动精度与运动稳定性等关键性能指标。

3. 优化建议

针对上述分析的实验误差,可以从以下三个方面对系统运动性能实施优化:

1）提高系统零部件的加工精度与装配精度。采用数控精加工重新加工关键零部件,对于涉及柔性铰链结构的零部件采用慢速线切割精密加工,保证零部件的整体加工精度;对于装配,尽量采用标准件和通用件,优化装配工艺,提高装配质量,以期提高 3-DOF 并联精密定位平台的整体加工与装配精度。

2）改进实验手段和测量方案。在实验系统中增加滤波和抗干扰模块,以提高激励脉冲信号对压电叠堆的驱动精度;另外,在实验测量阶段,应当增加测量角位移的专用传感器,同时增加对测量数据的分析,以提高数据的准确性。

3）采取必要微振动抑制措施。由于微振动不同于普通的振动干扰,因此采用传统的抗振仪器或者振动抑制措施无法实现对微振动的有效抑制。应当全面分析本系统中的微振动的频谱特性,有针对性地研制微振动抑制与控制方法,从而提高 3-DOF 并联精密定位平台的精度。

本 章 小 结

1）3-DOF 并联平台创新性地设计了全对称斜面牵引结构,并联支路采用水平导轨运动与斜面导轨运动耦合、三条并联支路对称布置、协同运动的方式实现了并联平台的三个自由度的运动;采用柔性菱形压电致动器直接驱动三条并联支路的直线导轨,依靠三条并联支路的运动耦合生成 Z 轴直线平动和 X 轴、Y 轴的旋转运动,大大简化了系统结构。整体机构结构紧凑，体积小，承载能力强，在避免了平台系统误差累积的同时，能够有效降低系统的压电驱动控制复杂度。

2）在前人的大行程柔性铰链的研究基础之上，设计了一体化、大行程圆柱型柔性铰链，给出了大行程圆柱型柔性铰链的结构设计方案，采用多参数模糊优化设计方案对大行程圆柱型柔性铰链的结构参数进行了优化，并对其进行了屈曲失效验证。另外，将所设计的大行程圆柱型柔性铰链应用于 3-DOF 并联精密定位平台，避免了使用装配式圆柱铰链带来的装配误差及使用球铰带来的低重复性等问题，同时能够满足并联平台的高精度定位和大行程连续作动要求，为设计 3-DOF 并联精密定位平台的结构构型提供了新的方法。

3）面向所设计的 3-DOF 并联精密定位平台的结构构型，借助齐次坐标变换方法，构建了 3-DOF 并联精密定位平台的运动学模型，给出了 3-DOF 串联平台的位姿正反解；利用拉格朗日动力学模型构建了 3-DOF 并联平台的动力学模型，给出了广义驱动力的解和运动微分方程；借助有限元的刚度装配思想，从大行程圆柱柔性铰链的刚度模型入手，构建了 3-DOF 并联平台的整体刚度模型。

4）面向 3-DOF 并联精密定位平台搭建了实验平台系统，开展了 3-DOF 并联精密定位平台的步进作动实验和连续作动实验。实验结果表明，步进作动实验中，沿 Z 轴的直线平动分辨率为 $1.0\mu m$，其连续作动速度最大可达 $312\mu m/s$；绕 X 轴、Y_U 轴和 Y_V 轴的旋转运动，其步进作动分辨率分别为 $8.6\mu rad$、$11\mu rad$ 和 $10\mu rad$，其连续作动平均速度分别可达 $29000\mu rad/s$、$29400\mu rad/s$ 和 $28000\mu rad/s$。三个轴的步进定位分辨率及连续作动行程均能够满足现阶段光学精密工程领域中的高精度与大行程的性能需求。

5）详细分析了造成 3-DOF 并联精密定位平台运动误差的原因，分析了主要误差来源，包括制造误差、装配误差、实验手段及测量方法等。在误差分析的基础上有针对性地给出了优化设计建议，对于进一步提高所设计的 3-DOF 并联精密定位平台的定位精度和运动性能具有很好的指导意义。

6）借助于柔性压电菱形精密致动器的两种工作模式即可实现 3-DOF 并联精密定位平台的高精度定位与快速宏观运动，简化了定位平台的驱动控制模式，有助于推进多自由度精密定位平台的集成化设计与应用。

参 考 文 献

[1] LOBONTIU N，PAINE J S N. Design of circular cross-section corner-filleted flexure hinges for three-dimensional compliant mechanisms [J]. Journal of Mechanical Design，2002，124（3）：479-484.

[2] SCHOTBORGH W O，KOKKELER F G M，HANS T，et al. Dimensionless design graphs for flexure elements and a comparison between three flexure elements [J]. Precision Engineering，2005，29（1）：41-47.

[3] DONG W，SUN L，DU Z. Stiffness research on a high-precision，large-workspace parallel mechanism with compliant joints [J]. Precision Engineering，2008，32（3）：222-231.

[4] DONG W，SUN L N，DU Z J. Design of a precision compliant parallel positioner driven by dual piezoelectric actuators [J]. Sensors and Actuators A：Physical，2007，135（1）：250-256.

[5] 赵磊，巩岩，华洋洋. 直梁圆角形柔性铰链的柔度矩阵分析 [J]. 中国机械工程，2013，24（18）：2462-2468.

［6］卢倩，黄卫清，王寅，等. 深切口椭圆柔性铰链优化设计［J］. 光学精密工程，2015，23（1）：206-215.

［7］叶果，李威，王禹桥，等. 柔性桥式微位移机构位移放大比特性研究［J］. 机器人，2011，33（1）：251-256.

［8］左行勇，刘晓明. 三种形状柔性铰链转动刚度的计算与分析［J］. 仪器仪表学报，2006，27（12）：1725-1728.

［9］闫国荣，高学山，穆勇. 一种基于基本坐标变换的运动学方程建立方法［J］. 哈尔滨工业大学学报，2001，33（1）：120-123.

［10］刘善增，余跃庆，佀国宁，等. 3自由度并联机器人的运动学与动力学分析［J］. 机械工程学报，2009，45（8）：11-17.

［11］王红娟，王炜，王欣，等. 航天器微振动对空间相机像质的影响［J］. 光子学报，2013，42（10）：1212-1217.

第 11 章　压电精密致动技术应用展望

前述章节围绕着基于压电精密致动技术探讨了压电柔性致动机构，以及压电致动的多自由度运动定位机构，包括串联定位平台和并联定位平台。随着压电驱动与控制技术的发展，压电精密致动技术的应用领域也越来越广泛，压电精密致动技术逐渐出现了新的发展方向和应用领域，下面简要概述。

1）压电传感器件。压电传感器件具有灵敏度高、频带宽、响应快、信噪比高、性能稳定可靠等优势。例如，压电聚偏氟乙烯 PVDF 高分子膜（压电薄膜）就是目前广泛研究和应用的医用压电传感器件，能够实现对生命信号的精确监测。如何研究设计新型压电传感器替代传统的电学模拟量的测量，进而实现更高精度、更快响应及更稳定可靠的精密测量，是当前压电致动技术发展的主要方向之一。

2）压电式微动力器件。MEMS 是 21 世纪非常重要的研究领域之一，而在 MEMS 领域中必然需要微型动力器件，因此微动力器件是 MEMS 衍生出的一个重要研究分支。基于压电材料的微动力器件具有突出的结构简单、体积微小、转换效率高、动力损失小、性能稳定可靠等优势。因此，基于压电致动技术研究新型、高效、便携、长寿命的微动力器件将有力地推动 MEMS 研究的进一步发展。

3）超高精密隔振结构。对于一些具有超高精度要求的应用领域，如航空飞行器结构、生物医疗操作结构等，即使很微小的振动往往也能够引起致命的误差，而利用压电材料的高分辨率特性能够很好地实现超高精度的隔振应用。事实上，如何利用基于压电材料的智能结构实现对微振动实施超高精度的抑制与控制是目前国内外压电致动技术领域的研究热点之一。

4）压电式能量器件。由于正压电效应和逆压电效应能够实现电能与机械能之间的相互转换，因此压电式能量器件逐渐成为 MEMS 领域新的研究热点方向之一。压电式能量器件可以分为压电式发电器件和压电能量收集器件两大类。压电式发电器件利用正压电效应将机械能转换为电能输出，尽管目前实验室测定的压电发电器件的输出仅为微瓦级至毫瓦级，但是对于 MEMS 器件而言已经足够，因此对实现 MEMS 器件的长寿命周期至关重要。压电能量收集器件从能量转换的效率角度出发，研究如何利用逆压电效应提高 MEMS 器件输出的机械能，从能量转换、机构优化等角度实现对 MEMS 器件的大负载应用。

本章主要探讨压电精密致动技术的新发展和新应用，重点从精密隔振结构和压电式能量器件两个角度简要分析压电精密致动技术在该领域的新应用，以期能够从中获得发展压电精密致动技术的一些思路。

11.1　基于压电致动的微振动抑制智能结构

11.1.1　压电致动技术在微振动抑制中的应用基础

光学通信技术、航空航天技术、生物医学技术、超精密加工等高新技术的飞速发展，迫切需要高精度、高稳定性的精密机械系统，而微振动的控制问题已经成为制约系统精度和稳定性的重要瓶颈技术之一。研究团队在基于压电致动的多自由度并联精密定位平台的研究中，也已经通过实验证实并联精密定位平台中存在着微振动，其极大地影响了并联精密定位平台的定位精度及其性能的稳定性。

微振动是指振动幅值小（一般≤10μm）、频带宽（0.1~200Hz）的微小扰动[1]。微振动的产生原因十分复杂，既有可能来自系统内部耦合，也有可能来自系统外部的激励。在机械系统中，尤其是精密机械系统中，微振动的存在极大地影响到系统终端执行器的作动精度及稳定性。例如，在光学精密工程领域中，目前我国用于光纤封装定位的六自由度定位平台，其定位精度为100nm，远低于美国NEWPORT公司光纤定位平台20nm的定位精度。相关研究表明，精密定位平台的微振动和外部干扰是影响其定位精度的主要因素[2]。再如，国外的高分辨率遥感卫星已经实现了厘米级的分辨率，比我国在2020年12月发射的高分十四号卫星0.1m的分辨率高了整整一个数量级。究其原因，宇宙中的太阳风、引力场所引发的微振动干扰是影响高分辨率卫星指向精度和成像质量的主要因素之一[3]。由此可见，微振动对高精密系统的精度和稳定性影响巨大，微振动的控制已经成为包括精密机械系统在内的高端技术装备的关键基础问题之一。

传统的振动控制方法主要包括隔振装置、阻尼减振器或滤波模块等，以实现对振动信号的抑制与控制，其仅适用于振幅较大、频段集中的振动信号，对振动速度、安装空间体积等有较高要求。精密机械系统中安装隔振装置的空间一般很限，且微振动具有微振幅、宽频域和多自由度的特性，传统的振动检测技术和控制方法难以满足精密机械系统高精度和高稳定性的性能要求。为此，有必要面向微振动控制探索和研究更加有效的控制方法。

随着智能材料技术的发展，利用智能材料设计智能材料结构进行微振动控制已成为国内外的研究热点。目前，研究较多的智能材料包括压电陶瓷材料、电（磁）流变体、磁致伸缩材料及形状记忆合金等。表11.1[4-5]对比了几种智能材料的主要性能参数。

表 11.1　常用智能材料性能参数对比

参数	压电陶瓷材料	电（磁）流变体	磁致伸缩材料	形状记忆合金
灵敏度	高	高	高	中
频带范围	大	中	中	中
作动精度	高	高	中	中
响应实时性	高	高	中	低
控制复杂度	简单	简单	稍复杂	简单
系统稳定性	高	高	中	低
尺寸、质量	小	小	小	小

从表11.1中可以发现，压电陶瓷材料综合性能优越，具有工作频带宽、响应速度快、作动精度高、性能稳定、控制简单等优点。利用压电陶瓷材料的传感特性和作动特性设计压电智能结构，并应用于振动控制，越来越受到国内外研究学者的青睐。国外有美国、日本、法国、澳大利亚和英国等国家的高校和科研院所，国内有上海交通大学、浙江大

学、西安交通大学、北京航空航天大学、南京航空航天大学、哈尔滨工业大学、北京理工大学、华南理工大学、中国科技大学、天津大学及西北工业大学等高校都开展了相关研究工作，并取得了丰硕的成果（限于篇幅，没有列出具体参考文献）。绝大多数研究主要以压电陶瓷材料作为传感器和致动器的智能板、梁结构为研究对象，对控制算法进行设计和验证，提出了加速度反馈[6]、PID 控制[7]、自适应控制[8]及神经网络控制[9]等多种控制算法，并取得了良好的效果。上述研究大多基于一维压电梁智能结构和二维压电板、壳智能结构。由于微振动具有多自由度特性，因此现有的基于一维压电梁智能结构和二维压电板、壳智能结构无法实现对微振动的有效抑制。因此，微振动严重影响精密机械系统的精度与稳定性，需要对微振动实施有效控制，提高精密机械系统的精度和稳定性，促进我国高端技术装备向高精度、超高精度的飞跃发展。

11.1.2 微振动抑制技术的发展与应用

1. 多维微振动的抑制与控制

由于微振动在精密机械系统及精密控制领域中的危害性，国内外很多科研机构与学者都给予了微振动控制极大的关注。目前，微振动控制的研究主要集中于微振动特性研究及其控制方法研究：魏克湘等[10]、Ying 等[11]研究了电流、磁流变黏弹性液体的微振动特性及控制方法，郭咏新等[12]、莫杭杰等[13]设计了基于磁致伸缩技术的微振动主动控制实验平台，杨智春和孙浩[14]、Kwon 等[15]基于压电分流阻尼技术对精密机械系统中的微振动展开了实验研究，Wang 等[16]、张尧和张景瑞[17]面向航空航天飞行器、高分辨率卫星等航空宇航精密系统开展了微振动控制新方法的研究，Keun[18]和 Chahira[19]面向光学精密成像系统研究了微振动控制模型及其参数优化设计。微振动抑制系统按照所应用智能材料类型的不同可分为黏性/弹性流体、磁致伸缩、电（磁）流变液及压电分流阻尼等几类技术，其中采用黏性/弹性流体、磁致伸缩和电（磁）流变液等方法实现的微振动控制对高频振动（200Hz 以上）控制效果优越，但对低频振动（200Hz 以下，特别是 0～20Hz）的控制鲜有涉及。基于压电致动技术实现微振动的控制，是利用正压电效应设计分流电路产生阻尼以实现振动能量的衰减耗散，与压电智能结构相匹配的分流电路设计和实现相对复杂。

2. 压电致动的智能结构

近年来，利用智能结构进行振动控制的研究得到了很大的发展，这一研究领域也越来越多地引起人们的重视。按照研究对象不同，压电智能结构可以分为一维压电柱（梁）、二维压电板（壳）和三维压电体。目前，有关压电智能结构的控制研究主要集中在一维压电柱（梁）和二维压电板（壳），其研究方法是针对不同的结构特点的压电智能结构提出对应的控制模型和有效的控制方法。其中，张书扬等[20]、白亮等[21]以一维压电梁智能结构为研究对象设计了不同的智能控制方法和控制策略；Zamani 等[22]、Belyaev 等[23]面向压电智能梁结构给出了不同的阻尼器优化模型，并设计了相应的控制方法。面向振动控制的压电智能结构外，除了上述的一维压电梁智能结构外，二维压电薄板、薄壁结构也逐渐受到广大学者的关注和研究。其中，Yan 等[24]、马天兵等[25]面向压电板智能结构设计了新的振动控制模型，闫旭等[26]、郭空明和徐亚兰[27]采用压电分流阻尼技术探讨了薄板结构的振动特性和振动控制方法。上述用于微振动控制的压电智能结构以一维、二维压电智能梁、板结构为主,以理论建模、数值仿真和悬臂梁实验为主要研究手段,在单自由度微振动控制方面进行了系统性的实验研究与机理分析,并取得了较好的控制效果。但由于多自由度结构耦合、压电智能结构力电耦合及在多自由度下的非线性动力学建模复杂等因素的限制,在二自由度和多自由度微振动控制方面还需要从多自由度结构解耦、非线性动力学线性化及压电智能结构力电耦合机理与特性等方面开展系统性的研究。

3. 压电致动的多维微振动抑制平台

考虑到微振动具有多自由度且各向异性的特征,传统的一维或二维压电智能结构难以实现精准的微振动抑制,因此国内外研究机构与学者开始研究多维微振动抑制平台,利用基于压电致动的多维微振动抑制平台实现对振幅微小、多自由度的微振动信号的检测与隔离。

美国研制了一种基于 Stewart 并联结构的多维隔振平台[28],如图 11.1 所示。该隔振平台利用了 Stewart 并联结构,能够实现六自由度的精密运动,因此能够有效地屏蔽与抑制具有多自由度特点的微振动信号;另外,该隔振平台采用压电陶瓷材料与弹簧阻尼构成主被动结合的振动抑制结构,压电陶瓷材料实现主动隔振,弹簧阻尼结构实现被动隔振。比利时布鲁塞尔自由大学研究机构设计了一种刚性主动阻尼平台[29],如图 11.2 所示。该平台采用压电陶瓷材料设计了传感器和致动器,利用压电传感器实现精密隔振,利用压电致动器实现精密定位,将精密定位与隔振进行结合,在一定程度上提高了精密定位平台的分辨率及其性能的稳定性。

图 11.1　基于 Stewart 并联结构的多维隔振平台　　　图 11.2　刚性主动阻尼平台

国内在微振动抑制与控制领域的发展相较于国外起步较晚,但也出现了一些较为成功的应用研究。哈尔滨工业大学[30-31]、燕山大学[32-33]及江苏大学[34-35]等科研院所近几年在微振动控制领域逐步取得了一些成果。纵观这些对微振动实施抑制与控制的平台结构,多数仍采用六杆结构,其中基于 Stewart 平台的立方结构或两两正交结构为最佳选择,这是由于正交结构能够实现多自由度的最大程度解耦。但是,微振动具有频带分布宽、多个自由度且各向异性的特点;尤其是在低频段(0~20Hz),微振动具有较强的随机性和非线性,传统的多维压电智能结构难以实现对微振动的有效控制。因此,在微振动抑制主动杆件的精密驱动与控制方法方面仍需要进一步深入研究。

11.1.3　压电致动的微振动抑制研究趋势

微振动的控制效果不仅取决于压电智能结构的集成设计,控制系统、控制方法的设计同样是关键环节。振动控制方法从过去的被动控制逐渐发展到主动控制。借助于压电智能结构，配合一定智能控制算法，能够实现较好的振动主动控制效果。但现有的控制模型普遍没有考虑压电智能结构自身的迟滞效应，或者建立了压电智能结构的静态迟滞模型，而仅依赖于优化控制参数实现对振动控制效果的优化，未涉及压电智能结构的动态非线性迟滞机理与特性的研究，难以实现对微振动的精准控制。

1. 压电迟滞效应的补偿研究

迟滞非线性是压电陶瓷结构的固有非线性现象，严重影响压电结构的控制精度和系统性能，且不同的压电结构，其迟滞特性曲线也不一致[36]。迟滞模型可分为物理迟滞模型和数学迟滞模型两大类。物理迟滞模型是从迟滞材料的基本物理原理出发建模，其建模方法比较困难，目前研究的并不多；数学迟滞模型可分为静态模型和动态模型，直接采用数学模型描述迟滞非线性输入与输出关系，而不考虑其内在的物理特性。静态模型被广泛应用于智能材料迟滞补偿[37-38]，但难以精确表征智能材料的迟滞变化规律，故实际应用效果有限。有关动态模型的研究主要集中在土壤行为[39]、黏弹性流体控制[40]及结构振动控制[41]等领域，这些动态模型普遍以 Bouc-Wen 模型为基础，面向流固耦合结构与黏弹性结构研究了其动态迟滞特性。由于 Bouc-Wen 模型基于一系列非线性微分方程，其运算和实现相对较简单，因此上述研究基础可以为微振动抑制研究建立压电智能结构迟滞特性的动态模型提供有限的参考，但面向压电智能结构迟滞效应的动态非线性特征有待深入研究。

综上所述，现有的压电迟滞模型都不是面向微振动控制领域建立的，已有的迟滞非线性模型均以静态迟滞模型为基础，目前尚未见到面向压电智能阵列结构的动态非线性迟滞模型的理论分析、参数设计与实验研究。

2. 主动补偿控制方法研究

压电陶瓷结构自身所固有的迟滞非线性会影响系统的稳定性，会对微振动控制产生不利影响。如何有效地补偿迟滞非线性是压电智能结构实现微振动控制的关键任务，国内外很多学者也详细研究了不同领域内的振动控制补偿机理与实现方法。马天兵[42]团队针对压电智能结构建模的不确定性，设计了饱和补偿控制器及补偿函数，并成功将其应用于结构振动控制领域；张喆等[43]、Christian 等[44]分别面向一维压电梁结构和二维压电板结构设计了结构耗能减振与补偿控制模型；Truong 和 Kwan[45]通过构建迟滞逆模型设计补偿控制器，实现对振动的补偿控制。以上针对振动补偿控制的研究中，多数研究未考虑动态迟滞效应，而是直接通过控制参数的优化实现对振动控制的补偿，且对于补偿机制缺乏系统的参数分析、规律总结和机理揭示，尚有很多关键基础问题需要解决。

综上所述，现有的振动控制补偿方法的研究以设计补偿控制算法或补偿控制器为主，未涉及基于动态非线性迟滞模型的补偿原理与实现机理研究，目前在面向压电智能结构的微振动主动补偿控制方面，尚有关键基础问题未解决。

11.2　基于压电致动的智能结构能量问题

11.2.1　问题的提出

在 MEMS 领域，由于致动器件、传动器件及执行器件等都处于微纳尺度下，因此经过传动系统最终传递到末端执行器件，最终实现末端执行动作或者功能的能量微乎其微。如何在微纳尺度的前提下获得尽可能大的能量输出，实现 MEMS 器件的大负载应用，成为当前 MEMS 研究的技术瓶颈之一。

压电致动器在激励电压作用下，由于逆压电效应输出机械位移，实现将电能转换为机械能。但是，由于压电陶瓷材料存在机电耦合效应，因此电能不可能全部转换为机械能，且机械能也不可能全部转换为最终的执行部件的输出机械能。鉴于此，有必要对压电致动器的能量转换效率问题进行探讨。

实际上，从能量转换角度考察压电致动器件作动过程中的能力利用问题，机电耦合系数至关重要。无论是考虑电学加载过程或机械加载过程，还是电能转化为机械能过程或机械能转化为电能过程，都可以推导出同样的表达式。对于压电致动应用，通常考虑机械载荷下电能转化为机械能的过程。因此，在压电致动应用 33 模式下，压电陶瓷材料机电耦合系数 k_{33} 表达式推导为[46]

$$k_{33}^2 = \frac{U_{\text{转化为机械能}}}{U_{\text{输入电能}}} = \frac{d_{33}}{\varepsilon_{33}^{\text{T}} s_{33}^{\text{E}}} \tag{11-1}$$

式中：d_{33}——压电材料的压电常数；

　　　$\varepsilon_{33}^{\text{T}}$——压电材料的介电常数；

　　　s_{33}^{E}——压电材料的弹性常数。

需要注意的是，机电耦合系数与机电效率不同。这是因为压电晶体中的偶极子与电容元件电学特性类似，给定加载循环中输入压电材料中的电能可以恢复。

最常见的压电陶瓷材料 PZT [Pb（ZrTiO₃），锆钛酸铅] 是由 PbTiO₃ 和 PbZrO₃ 晶体制成的混合陶瓷材料。PZT 材料的机电耦合系数特征值是 $k_{33} = 70\%$，这意味着至多仅有约 50% 的电能能够被转化为机械能，那么最终能够实现致动的输出机械能有多少？根据相关学者的研究[47]，压电致动输出的机械能范围可以用下式表达：

$$\lambda = \frac{U_{\text{输出机械能}}}{U_{\text{输入电能}}} = \left(\frac{1}{4} \sim \frac{1}{2}\right) k_{33}^2 \tag{11-2}$$

式（11-2）表明，压电致动输出的可用机械能最大约为 $0.5 k_{33}^2$。

图 11.3 所示为压电材料能量利用分配。

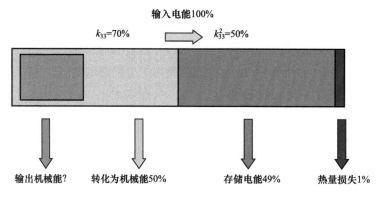

图 11.3　压电材料能量利用分配

彩图 11.3

综上所述，利用逆压电效应，将输入电能转换为机械能并输出，进而实现执行机构或负载部件的机械能应用，目前还存在着转换效率低、利用效率低等问题。因此，如何高效实现基于压电材料的智能结构能量转换利用是当前 MEMS 研究中的关键技术问题。

11.2.2　研究现状

1. 压电能量器件的理论研究

由于 MEMS 研究面向微纳尺度器件，对于加工精度、加工工艺等要求都比较高，加之基于压电材料的智能结构，尤其是基于压电材料的智能传感器、智能结构及智能致动器等领域研究尚不充分，因此压电能量器件、压电智能结构的理论研究是当前一个主要研究分支，国内外很多学者从不同方面对上述内容进行了深入的研究。Uchino[48-49]对当前研究者的一些误解进行了分析，主要分析了基于 PZT 器件的能量采集系统的详细能量流，为提高能量采集系统的效率提供了综合策略，并给出了压电式能量采收系统的一般准则；Sriramdas 等[50-51]分析了由压电、电动力学或电磁能量转换机制组成的混合式能量收集器（hybrid energy harvesters，HEH）的性能指标及其性能影响模型；Tian 等[52]从压电材料、压电模式和能量收集器结构三个方面阐述了压电能量收集器（piezoelectric energy harvesters，PEH）的研究进展，提出了三种优化 PEH 结构和匹配外激励频率的方法与理论模型，即调整谐振频率、频率上变频和拓宽频带；Mangaiyarkarasi 等[53]构建了单模压电式能量收集器的理论模型，确定了压电悬臂梁的电压和功率模型，研究了基于遗传算法和灰狼优化的 MEMS 单形压电式能量收集器性能优化设计方法；Zhou 等[54]建立并分析了压电管式能量收获机的激振和能量收获特性的理论模型；Kim 等[55]对不同类型的压电材料的压电耦合系数对共振频率下的输出功率的影响进行了对比研究；Xiang 等[56]基于现有的鲁棒有限元软件包和高效的降阶建模技术，提出了一种压电式能量收集器的全耦合建模方法；Saadatinasab 和 Afsharfard[57]将圆形压电器件（简称压电蜂鸣器）的振动行为模拟为变截面梁，从理论上和实验上研究了一种简单的圆形压电式能量收集模型。

从上面的研究进展可以发现，当前对基于压电材料的智能传感和智能结构的理论研究主要集中在压电智能结构（耦合）参数对能量转换效率的影响模型、压电功率转换模型及混合式能量转换模型三个方面。如何针对不同的智能结构采用合适的理论优化模型来研究其能量耦合、能量转换和能量输出模型，是当前理论研究的重要内容。

2. 压电能量器件智能结构应用研究

在基于 MEMS 压电致动的能量利用理论研究的基础上，国内外学者做了大量的压电智能结构能量应用研究。Shan 等[58]面向翼型飞机的能量捕获和振动控制设计了一种新型的弯曲平板振动能量收集器；Kouhpanji[59]推导并求解了由弹性支承、多层压电梁和自由端验证质量组成的压电能量采集装置的控制方程，研究了弹性支承对压电式能量采集装置发电和存储能力的影响；Rajarathinam 和 Ali[60]设计了一种结合压电和电磁传导机制的混合式能量收集器，以达到消除振动能量的目的；Li 等[61]研究了一种采用 X 结构与特殊排列的压电片耦合的振动能量采集系统；Ando 等[62]将非线性贯穿屈曲结构和两个压电传感器置于支撑系统动力学的势能函数拐点附近，研究了宽带振动能量采集系统；Palosaari 和 Leinonen[63]研究制备了四个压电双晶片式能量收获悬臂，并对其进行了测量和分析，以研究不同加速度下基板层厚度对能量收获效率和耐久性的影响。上述对压电智能结构能量转换与收集的研究主要集中在一维平面型压电智能结构上，研究对象以智能结构设计、能量转换效率为主，且研究多以数值仿真为主。

另外，随着 MEMS 工艺的不断提升及实际应用工况的复杂化，对压电智能结构能量的研究也逐渐从传统的 MEMS 压电振动能量利用向多层、多维、多自由度压电智能结构及多应用领域能量转换研究延伸。Zhao 等[64] 提出了一种新型的二自由度混合型分段线性压电电磁振动能量收集器，以获得更好的能量收获效率；Vyas 等[65] 以 M 型二自由度设计为例，论证了利用扩展应力分布和增强带宽制作微悬臂收集器的可行性；Wang 等[66] 提出了一种径向分布压电阵列的压电振动能量采集装置，用于采集二维振动能量；Lu 等[67] 利用碳纤维层压板（用作导电层）和玻璃纤维层压板（用作绝缘组件）构建了一种新型复合线性多层压电能收集器；Esmaeeli 等[68] 设计、分析和优化了安装在轮胎内层的彩虹形压电能量收集器，为监测智能轮胎所需的微电子设备提供足够的功率；Chamanian 等[69] 基于电磁源和压电源设计了一种混合式能量收集装置，利用微小振动实现储能式发电，并通过可穿戴式传感器验证了其性能的可靠性。

3. 压电能量功率调节控制研究

相关实验研究已经证明，压电能量结构或能量器件的功率调节器件或控制方法在很大程度上影响了压电能量收集的效率。Hsu 和 Yang[70] 提出了一种 0.18μm CMOS（complementary metal oxide semiconductor，互补金属氧化物半导体存储器）工艺中的并联 SSHI（synchronized switch harvesting on inductor，同步开关电感）压电能量采集系统，避免了传统的整流电路采用全桥二极管整流造成的效率损失较大的问题；Brenes 等[71] 验证了并联二极管整流器在基于线性负载自适应的压电振动能量收集器性能优化中的应用；Ye 等[72] 提出了一种用于压电能量采集的自供电零静态电流有源整流器；Chen 等[73] 面向低质量、高能量密度和高转换效率的目标，提出了一种采用脉宽调制策略级联双向半桥级控制的高阶跃比反激变换器，采用新的控制策略方法实现了能量转换效率的提高；Kwon 等[74] 为了有效地提高压电收获机的能量收集效率，提出了一种利用冲击现象的全部潜能的高频浪涌诱导同步开关（H-Shi-H-3）策略；Kitamura 和 Masuda[75] 提出了一种包括连接/断开负载电路的开关和正速度反馈电路在内的自激电路，通过数值分析和实验表明，所提出的自激控制方案能够为高能解提供全局稳定性，并能在较宽的共振频带内保持发电性能；Din 等[76] 提出了利用双开关（double switch，DS）有源整流器实现的压电能量收集控制方法。

从上面对压电能量功率调节和控制的研究来看，目前的研究主要集中在从电子电路设计角度对能量功率进行调节与优化。

11.2.3　研究趋势

基于压电致动的能量收集装置能够从环境中获取能量，将微振动或其他形式的机械能转化为电能，实现为传感器、芯片和 MEMS 小型应用系统提供动力。由于压电材料灵敏度高，无噪声，能量密度高，因此被广泛寄希望于解决日益增长的无线传感器节点及无线传感器网络的功率需求。但是，从上文对压电式能量器件或能量装置的研究现状分析来看，目前压电能量收集系统的研究仍集中在压电智能结构和能量转换效率方面，而忽略了压电能量收集装置自身与环境振动之间的相互影响和作用，这也是从根本上提高压电智能结构及能量转换效率的有效策略之一。因此，目前压电能量收集装置的研究趋势主要体现在以下两个方面。

1. 基于新型材料特性的压电能量收集器件研究

当 MEMS 应用领域对智能结构及其功率要求进一步提高时，如生物医疗领域的分子级微型医疗装置，其对结构体积要求十分苛刻，但是其传感灵敏度要求高，能量功率密度大，此时压电智能结构的微型化及提高能量转换效率的研究几乎接近极限。为此，采用新型材料，利用新型材料特性实现更高的能量转换效率，进而达到更大的功率输出成为科学家们的有效手段。Fetisov 等[77]研究了非晶态铁磁 FeBSiC 与压电共聚物聚三氟乙烯［p（VDF-TrFE）］在柔性结构中的直接和反向磁电效应，为能量传感器的设计提供了新的思路；Deutz 等[78]通过理论研究证明了通常使用的易碎的无机压电陶瓷可以被软的、机械柔性的聚合物和复合膜所取代，后者输出的能量功率优于前者；Karan 等[79]利用蜘蛛丝设计了基于自然驱动蜘蛛丝的机械稳健压电纳米发电机（piezoelectric nanogenerator，PNG），通过实验证明了该装置输出电压高，能量功率大，具有良好的生物相容性，且对动脉脉冲响应等生理信号监测具有超敏感性；Theng 等[80]用纳米石墨烯（nano crys talline graphene，NCG）代替压电悬臂梁中的硅支撑层，并对其性能进行了比较；Gaur 和 Kumar[81]证明了具有很高能量转换效率的坚固且易于加工的聚合物材料足以驱动小型化装置；Kim 等[82]提出了一种透明的生物相容性氮化硼纳米片材料，并将其应用于柔性压电传感器；Sultana 等[83]将硫化锌纳米棒（ZnS-NRs）掺入静电纺聚偏氟乙烯（poly vinylidene fluoride，PVDF）纳米纤维中，设计了一种无机-有机混合压电纳米发电机（hybrid piezoelectric nano generator，HPNG），实现了自供电的多功能传感。

综上所述，对新型材料的研究将极大地提高压电式传感器件、压电智能结构能量器件的能量转换效率和功率密度。借助于新材料技术的广泛研究与应用，基于压电致动的能量收集装置正朝着微型化、高功率密度化及智能化方向发展。

2. 基于压电能量收集的自供电传感网络研究

工业 4.0 的普及深入，我国"智能制造 2025"规划的大力实施，物联网技术的新兴应用，这些创新科技革命的落地离不开大量的基础智能传感器及其组建的传感网络系统。智能传感器，尤其是无线传感节点，其生命周期及可靠性已经成为物联网、大数据、云计算、人工智能等新兴科技的基础决定性因素之一[84]。显然，基于压电材料实现的能量收集装置对于自供电式智能传感器、无线传感节点及其传感网络的实现提供了一条极有潜力的途径。对此，国内外学者积极开展了基于压电能量收集实现新型智能传感器的研究及应用。Yang 等[85]提出了一种新型的小型压电式风能收集器，利用风能实现了电能转换并输出，能够将其应用于室外无线传感网络的电能功率需求；Gupta 等[86]、Vivekananthan 等[87]系统地分析了一维纳米结构的取向和长宽比等微结构参数，探讨了纳米压电发电机作为传感器自供电方案的可行性；Fuh 等[88]提出了一种新型石墨烯基压电发电机，并将其应用于自供电智能传感器领域；Faris 等[89]探讨了压电自供电能量收集装置作为植入式微型传感器能量来源的标准；Abdal 等[90]设计了一种采用压电和热电相互补充实现可持续性应用的混合能量收集器，并探讨了其应用于石油天然气工业中的无线传感节点供电的技术方案；Ahn 等[91]、Nia 等[92]面向智能公路设计了一种新型结构的道路式压电能量收集器，并通过性能实验对比了其压电能量的转换效率和输出功率；Malakooti 等[93]系统地研究了基于垂直纳米阵列结构的压电能量收集器特性，并将其应用于界面力学自供电传感器节点；He 等[94]提出了一种图案化的电致变色超级电容器（electrochromic supercapacitor，ESC）能量收集器，并结合静电纺丝技术制备了聚偏氟乙烯纳米纤维，建立了压电纳米发电机模型，并深入研究了自供电纳米发电技术应用于便携式医疗设备传感节点的技术方案；Elvira 等[95]提出了一种基于微机电系统压电振动能量反馈的设计方法，并将其作为自供电式压电传感节点布局应用于汽车传感器网络中，实现对汽车振动的立体测量。

从上述研究中不难发现，压电材料以其高灵敏度、易微型化和高功率密度的优势成为当前智能传感器、自供电能量器件及 MEMS 微机电器件的研究热点之一。

综上所述，当前基于压电能量收集自供电技术尚不成熟，压电能量收集的效率偏低，基于压电能量收集的自供电装置的商业化应用仍有很长的一段路要走。但随着无线传感网络技术、物联网技术、可携带电子免充电技术的快速发展，人们对低廉、低功耗、绿色可靠、不间断电力能源的需求不断增加。毫无疑问，压电能量收集自供电技术及其智能传感网络技术将极大地促进无线传感节点、无线传感网络及物联网技术的发展。基于压电能量收集自供电技术的智能传感器将广泛集成应用于消费领域（运动鞋、计步器、耳机）、医疗领域（心脏起搏器、助听器、健康监测设备、微型诊疗设备）、工业领域（振动抑制、故障诊断、结构监测）、交通领域（智能公路、新能源车、智慧城市）、能源领域（绿色发电、动能收集、矿业冶金）及生命科学（生命传感器、人工智能）等领域，进一步推动国民经济发展和科技应用水平的提高。

本 章 小 结

1）简要概述了压电精密致动技术在压电传感器件、压电式微动力器件、超高精密隔振结构及压电式能量器件等领域的应用特点和发展方向。

2）结合当前国内外的研究热点，重点探讨了压电致动技术在微振动抑制中的应用技术和基于压电致动的智能结构能量问题，分析了当前的研究现状与技术瓶颈，指出了压电精密致动技术在微振动抑制和智能结构能量收集领域中的研究趋势，对未来的高精度、超高精度微振动抑制智能结构及基于压电能量收集的智能传感器件发展方向做出了展望。

参 考 文 献

[1] 王红娟，王炜，王欣，等. 航天器微振动对空间相机像质的影响 [J]. 光子学报，2013，42（10）：1212-1217.
[2] 杨晓京，李庭树，刘浩. 压电超精密定位台的动态迟滞建模研究 [J]. 仪器仪表学报，2017，38（10）：2492-2499.
[3] 杨冬，吴蓓蓓，郝刚刚. 分布式微振动测量及成像质量影响分析 [J]. 导航与控制，2016，15（6）：107-113.
[4] 陶宝祺. 智能材料结构 [M]. 北京：国防工业出版社，1997.
[5] 黄尚廉，陶宝祺，沈亚鹏. 智能结构系统：梦想、现实与未来 [J]. 中国机械工程，2000，11（1-2）：32-35.
[6] 袁明，裘进浩，季宏丽. 基于同位加速度负反馈的振动主动控制研究 [J]. 振动测试与诊断，2014，34（2）：254-261.

［7］ZHANG J，BAI B，SHU Y F. A vibration control system of flexible manipulator based on incremental fuzzy self-tuning PID algorithm ［J］. Mechanical Science and Technology for Aerospace Engineering，2014，33（5）：625-629.

［8］ALBERTIN X S C，ALMEIDA C D，HIDEKI K E. Comparative Study of the Active Vibration Control using LQR and H-infinity Norm in a Beam of Composite Material ［C］// 12th IEEE/IAS International Conference on Industry Applications （INDUSCON）. Curitiba：IEEE，2016：1-6.

［9］邓旭东，胡和平. 基于神经网络模型的襟翼主动控制旋翼减振分析 ［J］. 南京航空航天大学学报，2017，49（2）：189-194.

［10］魏克湘，孟光，夏平. 磁流变弹性体隔振器的设计与振动特性分析 ［J］. 机械工程学报，2011，47（11）：69-74.

［11］YING Z G，NI Y Q，DUAN Y F. Stochastic micro-vibration response characteristics of a sandwich plate with MR visco-elastomer core and mass ［J］. Smart Structures and Systems，2015，16（1）：141-162.

［12］郭咏新，张臻，毛剑琴. 超磁致伸缩作动器的率相关 Hammerstein 模型与 H_∞鲁棒跟踪控制 ［J］. 自动化学报，2014，40（2）：197-207.

［13］莫杭杰，杨斌堂，喻虎. 超磁致伸缩微振动电驱系统设计与实现 ［J］. 噪声与振动控制，2017，37（2）：33-37.

［14］杨智春，孙浩. 基于拓扑优化的压电分流阻尼抑振实验研究 ［J］. 振动与冲击，2010，29（12）：148-154.

［15］KWON S C，JEON S H，HYUN H U O. Experimental investigation of complex system for electrical energy harvesting and vibration isolation ［J］. Journal of The Korean Society for Aeronautical and Space Sciences，2016，44（1）：40-48.

［16］WANG J，ZHAO S G，WU D F. The interior working mechanism and temperature characteristics of a fluid based micro-vibration isolator ［J］. Journal of Sound and Vibration，2016，360（1）：1-16.

［17］张尧，张景瑞. 隔振平台对姿态控制系统影响分析及参数选择 ［J］. 宇航学报，2013，34（5）：657-664.

［18］KEUN C C. The vibration control performance of a mechanical adjustable damping system for micro-vibration control of ultra-precision equipment［J］. Transactions of the Korean Society for Noise and Vibration Engineering，2017，27（4）：405-411.

［19］CHAHIRA S. Estimate of the effect of micro-vibration on the performance of the Algerian satellite（Alsat-1B）imager ［J］. Optics and Laser Technology，2017，96（11）：147-152.

［20］张书扬，张顺琦，李靖，等. 基于 PID 算法的压电智能结构形状与主动振动控制 ［J］. 西北工业大学学报，2017，35（1）：74-81.

［21］白亮，冯蕴雯，薛小锋. 压电智能结构振动的一致性 PID（CPID）控制 ［J］. 振动与冲击，2017，36（22）：192-198.

［22］ZAMANI A A，TAVAKOLI S，ETEDALI S. Control of piezoelectric friction dampers in smart base-isolated structures using self-tuning and adaptive fuzzy proportional-derivative controllers ［J］. Journal of Intelligent Material Systems and Structures，2017，28（10）：1287-1302.

［23］BELYAEV A K，FEDOTOV A V，IRSCHIK H. Experimental study of local and modal approaches to active vibration control of elastic systems ［J］. Structural Control & Health Monitoring，2018，25（2）：1-17.

［24］YAN X，GUO H，WANG Y S. Study on vibration control method of plates with periodic arrays of shunted piezoelectric patches ［J］. Piezoelectrics and Acoustooptics，2017，39（1）：126-130.

［25］马天兵，杜菲，钱星光. 用于智能结构振动主动控制的改进自适应 PD 算法 ［J］. 机械科学与技术，2016，35（5）：686-689.

[26] 闫旭，郭辉，王岩松，等. 周期性压电分流薄板结构振动控制方法研究 [J]. 压电与声光，2017，39（1）：126-130.

[27] 郭空明，徐亚兰. Kagome 夹心板的多模态压电分流振动控制研究 [J]. 振动与冲击，2017，36（19）：60-65.

[28] LIU L，WANG B. Development of Stewart platforms for active vibration isolation and precision pointing [J]. Proceedings of SPIE-The International Society for Optical Engineering，2007，6423（56）：1444-1447.

[29] HANIEH A. Active isolation and damping of vibrations via stewart platform [D]. Brussels：Université Libre de Bruxelles，2003.

[30] LI M M，FANG B，WANG L G. Whole-spacecraft active vibration isolation using piezoelectric stack actuators [C] // International Symposium on Systems and Control in Aeronautics and Astronautics. Harbin：IEEE，2010：1356-1360.

[31] LI H，CHEN Z B. Torsional sensor for conical shell in torsional vibrations [J]. Journal of Mechanical Engineering Science，2010（224）：1-8.

[32] 黄真，孔令富，方跃法. 并联机器人机构学理论及控制 [M]. 北京：机械工业出版社，1997.

[33] 王常武，孔令富，韩佩富. 改进的 6-DOF 并联机器人 Lagrange 动力模型及其并行处理 [J]. 计算机工程与应用，2000（3）：78-79.

[34] XIE J，DENG H，YANG Q Z，et al. Structural optimization of three translational parallel sorting robot [J]. Applied Mechanics & Materials，2014（552）：179-182.

[35] 吴伟光，马履中，杨启志，等. 车辆并联机构座椅三维减振研究 [J]. 农业机械学报，2011，42（6）：23-27.

[36] DOMENICO T，NATALIA M，ALEXANDER M. Propagation and filtering of elastic and electro magnetic waves in piezoelectric composite structures [J]. Mathematical Methods in the Applied Sciences，2017，40（9）：3202-3220.

[37] FRANCESCO V，BRUN P T，GALLAIRE F. Capillary hysteresis in sloshing dynamics：aweakly nonlinear analysis [J]. Journal of Fluid Mechanics，2018，837（2）：788-818.

[38] RADOSLAW J，CHWASTEK K. Modeling frequency dependent effects in the GRUCAD hysteresis model [C]. Progress in Applied Electrical Engineering （PAEE）. Koscielisko：IEEE，2017：1-8.

[39] ISMAIL M，IKHOUANE F，RODELLAR J. The Hysteresis Bouc-Wen Model，a Survey [J]. Archives of Computational Methods in Engineering，2009，16（2）：161-188.

[40] IRAKOZE R，YAKOUB K，KADDOURI A. Identification of piezoelectric LuGre model based on particle swarm optimization and real-coded genetic algorithm [C] // IEEE 28th Canadian Conference on Electrical and Computer Engineering （CCECE）. Halifax：IEEE，2015：1-10.

[41] ZHU W，BIAN L X，CHENG L. Non-linear compensation and displacement control of the bias-rate-dependent hysteresis of a magnetostrictive actuator [J]. Journal of International Societies for Precision Engineering and Nanotechnology，2017，50（10）：107-113.

[42] 马天兵，裴进浩，季宏丽. 基于鲁棒模型参考控制器的智能结构振动主动控制研究 [J]. 振动与冲击，2014，31（7）：14-18.

[43] 张喆，欧进萍，李冬生. 基于 Kriging 代理模型的连梁金属阻尼器性能研究与参数优化设计 [J]. 计算力学学报，2017，34（2）：131-136.

[44] CHRISTIAN B，MARCEL F，BIRK B. Multivariable control of active vibration compensation modules of a portal milling machine [J]. Journal of Vibration and Control，2018，24（1）：3-17.

[45] TRUONG B N M，KWAN A K. Modeling，control and experimental investigation of time average flow rate of a DEAP actuator based diaphragm pump[J]. International Journal of Precision Engineering and Manufacturing，2017，

18（8）：1119-1129.

［46］UCHINO K. Ferroelectric Devices［M］. New York：Marcel Dekker，INC，2000.

［47］UCHINO K. Micromechatronics（Second Edition）［M］. London：CRC Press/Taylor & Francis Group，2018.

［48］UCHINO K. Piezoelectric Energy Harvesting Systems-Essentials to Successful Developments［J］. Energy Technology，2018，6（5）：829-848.

［49］UCHINO K. Piezoelectric Energy Harvesting Systems：Essentials to Successful Developments［J］. Energy Technology，2018，6（5）：829-848.

［50］SRIRAMDAS R，RUDRA P. Performance analysis of hybrid vibrational energy harvesters with experimental verification［J］. Smart Materials and Structures，2018，27（7）：075008.

［51］SRIRAMDAS R，PRATAP R. An experimentally validated lumped circuit model for piezoelectric and electrodynamic hybrid harvesters［J］. IEEE Sensors Journal，2018，18（6）：2377-2384.

［52］TIAN W C，LING Z Y，YU W B. A review of MEMS scale piezoelectric energy harvester［J］. Applied Sciences-Basel，2018，8（4）：645.

［53］MANGAIYARKARASI P，LAKSHMI P. Design of piezoelectric energy harvester using intelligent optimization techniques［C］// 8th IEEE International Conference on Power Electronics，Drives and Energy Systems（PEDES）. Chennai：IEEE，2018：1-6.

［54］ZHOU M Y，FU Y，WANG B. Vibration analysis of a longitudinal polarized piezoelectric tubular energy harvester［J］. Applied Acoustics，2019（146）：118-133.

［55］KIM S W，LEE T G，KIM D H. Determination of the appropriate piezoelectric materials for various types of piezoelectric energy harvesters with high output power［J］. Nano Energy，2019（57）：581-591.

［56］XIANG H J，ZHANG Z W，SHI Z F. Reduced-order modeling of piezoelectric energy harvesters with nonlinear circuits under complex conditions［J］. Smart Materials and Structures，2018，27（4）：045004.

［57］SAADATINASAB A，AFSHARFARD A. Novel modeling of circular piezoelectric devices as vibration suppresser and energy harvester［J］. Journal of Mechanical Science and Technology，2019，33（5）：2029-2035.

［58］SHAN X B，TIAN H G，CHEN D P. A curved panel energy harvester for aeroelastic vibration［J］. Applied Energy，2019，249（9）：58-66.

［59］KOUHPANJI M R Z. Demonstrating the effects of elastic support on power generation and storage capability of piezoelectric energy harvesting devices［J］. Journal of Intelligent Material Systems and Structures，2019，30（2）：323-332.

［60］RAJARATHINAM M，ALI S F. Investigation of a hybrid piezo-electromagnetic energy harvester［J］. TM-Technisches Messen，2018，85（9）：541-552.

［61］LI M，ZHOU J J，JING X J. Improving low-frequency piezoelectric energy harvesting performance with novel X-structured harvesters［J］. Nonlinear Dynamics，2018，94（2）：1409-1428.

［62］ANDO B，BAGLIO S，MARLETTA V. A low-threshold bistable device for energy scavenging from wideband mechanical vibrations［J］. IEEE Transactions on Instrumentation and Measurement，2019，68（1）：280-290.

［63］PALOSAARI J，LEINONEN M J. The effects of substrate layer thickness on piezoelectric vibration energy harvesting with a bimorph type cantilever［J］. Mechanical Systems and Signal Processing，2018（106）：114-118.

［64］ZHAO D，LIU S G，XU Q T. Theoretical modeling and analysis of a 2-degree-of-freedom hybrid piezoelectric-electromagnetic vibration energy harvester with a driven beam［J］. Journal of Intelligent Material Systems and

Structures，2018，29（11）：2465-2476.

[65] VYAS A，STAAF H，RUSU C. A micromachined coupled-cantilever for piezoelectric energy harvesters [J]. Micromachines，2018，9（5）：252.

[66] WANG P H，LIU X，ZHAO H B. A two-dimensional energy harvester with radially distributed piezoelectric array for vibration with arbitrary in-plane directions [J]. Journal of Intelligent Material Systems and Structures，2019，30（7）：1094-1104.

[67] LU Q Q，LIU L W，SCARPA F. A novel composite multi-layer piezoelectric energy harvester [J]. Composite Structures，2018（201）：121-130.

[68] ESMAEELI R，ALINIAGERDROUDBARI H，HASHEMI S R. A rainbow piezoelectric energy harvesting system for intelligent tire monitoring applications [J]. Journal of Energy Resources Technology，2019，141（6）：062007.

[69] CHAMANIAN S，CIFTCI B，ULUSAN H. Power-efficient hybrid energy harvesting system for harnessing ambient vibrations [J]. IEEE Transactions on Circuits and Systems，2019，66（7）：2784-2793.

[70] HSU H，YANG C Y. A parellel-SSHI rectifier for piezoelectric energy harvesting [C] // IEEE International Conference on Consumer Electronics-Taiwan （ICCE-TW）. Taichung：IEEE，2018：1-2.

[71] BRENES A，LEFEUVRE E，BADEL A. Shunt-diode rectifier: a new scheme for efficient piezoelectric energy harvesting [J]. Smart Materials and Structures，2019，28（1）：015015.

[72] YE Y D，JIANG J M，KI W H. A self-powered zero-quiescent-current active rectifier for piezoelectric energy harvesting [J]. IEICE Electronics Express，2018，15（18）：20180739.

[73] CHEN C，LIU M，WANG Y Z. A dual stage low power converter driving for piezoelectric actuator applied in micro mobile robot [J]. Applied Sciences-Basel，2018，8（9）：1666.

[74] KWON S C，ONODA J，OH H U. Performance evaluation of a novel piezoelectric-based high frequency surge-inducing synchronized switching strategy for micro-scale energy harvesting [J]. Mechanical Systems and Signal Processing，2019（117）：361-382.

[75] KITAMURA N，MASUDA A. Efficiency and effectiveness of stabilization control of high-energy orbit for wideband piezoelectric vibration energy harvesting [C] // Conference on Active and Passive Smart Structures and Integrated Systems. Denver：SPIE，2018：1059503-9.

[76] DIN A U，KAMRAN M，MAHMOOD W. An Efficient CMOS dual switch rectifier for piezoelectric energy-harvesting circuits [J]. Electronics，2019，8（1）：66.

[77] FETISOV L Y，CHASHIN D V，SAVELIEV D V. Magnetoelectric direct and converse resonance effects in a flexible ferromagnetic-piezoelectric polymer structure [J]. Journal of Magnetism and Magnetic Materials，2019，485（17）：251-256.

[78] DEUTZ D B，PASCOE J A，SCHELEN B. Analysis and experimental validation of the figure of merit for piezoelectric energy harvesters [J]. Materials Horizons，2018，5（3）：444-453.

[79] KARAN S K，MAITI S，KWON O. Nature driven spider silk as high energy conversion efficient bio-piezoelectric nanogenerator [J]. Nano Energy，2018（49）：655-666.

[80] THENG L L，MOHAMED M A，YAHYA I. Piezoelectric energy harvester enhancement with graphene base layer [J]. Materials Today：Proceedings，2019（7）：792-797.

[81] GAUR A，KUMAR C，T S. Efficient energy harvesting using processed poly（vinylidene fluoride）nanogenerator [J]. ACS Applied Energy Materials，2018，1（7）：3019-3024.

［82］KIM K B，JANG W，CHO J Y. Transparent and flexible piezoelectric sensor for detecting human movement with a boron nitride nanosheet（BNNS）［J］. Nano Energy，2018（54）：91-98.

［83］SULTANA A，ALAM M M，GHOSH S K. Energy harvesting and self-powered microphone application on multifunctional inorganic-organic hybrid nanogenerator［J］. Energy，2019，166（1）：963-971.

［84］CHEN M，MIAO Y M，JIAN X. Cognitive-LPWAN：Towards intelligent wireless services in hybrid low power wide area networks［J］. IEEE Transactions on Green Communications and Networking，2019，3（2）：409-417.

［85］YANG C H，SONG Y，JHUN J. A high efficient piezoelectric windmill using magnetic force for low wind speed in wireless sensor networks［J］. Journal of the Korean Physical Society，2018，73（12）：1889-1894.

［86］GUPTA K，BRAHMA S，DUTTA J. Recent progress in microstructure development of inorganic one-dimensional nanostructures for enhancing performance of piezotronics and piezoelectric nanogenerators［J］. Nano Energy，2019（55）：1-21.

［87］VIVEKANANTHAN V，ALLURI N R，PURUSOTHAMAN Y. Biocompatible collagen nanofibrils：An approach for sustainable energy harvesting and battery-free humidity sensor applications［J］. ACS Applied Materials & Interfaces，2018，10（22）：18650-18656.

［88］FUH Y K，LI S C，CHEN C Y. A fully packaged self-powered sensor based on near-field electrospun arrays of poly（vinylidene fluoride）nano/micro fibers［J］. Express Polymer Letters，2018，12（2）：136-145.

［89］FARIS M A，OMAR A A，FARES O. Evaluating sustainable energy harvesting systems for human implantable sensors［J］. International Journal of Electronics，2018，105（3）：504-517.

［90］ABDAL K，ALI M，LEONG K S. Hybrid energy harvesting scheme using piezoelectric and thermoelectric generators［J］. International Journal of Integrated Engineering，2019，11（1）：19-26.

［91］AHN J H，HWANG W S，CHO J Y. A bending-type piezoelectric energy harvester with a displacement-amplifying mechanism for smart highways［J］. Journal of the Korean Physical Society，2018，73（3）：330-337.

［92］NIA E M，ZAWAWI N A W，SINGH B S M. Design of a pavement using piezoelectric materials［J］. Materialwissenschaft Und Werkstofftechnik，2019，50（3）：320-328.

［93］MALAKOOTI M H，ZHOU Z，SODANO H A. Enhanced energy harvesting through nanowire based functionally graded interfaces［J］. Nano Energy，2018（52）：171-182.

［94］HE Z. GAO B，LI T. Piezoelectric-driven self-powered patterned electrochromic supercapacitor for human motion energy harvesting［J］. ACS Sustainable Chemistry & Engineering，2019，7（1）：1745-1752.

［95］ELVIRA H E A，GARCIA W R M，LOPEZ H F. Design of a MEMS-Based piezoelectric vibration energy harvesting device for automotive applications［J］. Computacion Y Sistemas，2019，23（1）：71-79.